高等职业教育“十三五”规划教材

U0961443

数据库原理与应用

主　编　席　亮　邹贵红　李艳荣

副主编　张　莉　刘志军　任　华　田　娟

编　委　王丽丽

電子工業出版社

Publishing House of Electronics Industry

北京·BEIJING

内 容 简 介

本书由浅入深、循序渐进地讲解了 SQL Server 2008 数据库开发的实用技术。主要内容包括数据库的基本概念和基础理论、SQL Server 2008 的安装和配置、数据库与数据表的创建和管理、SQL 数据库查询、T-SQL 语言、视图和索引、游标、事务和锁、存储过程和触发器、数据完整性、数据库安全管理等内容。

本书图文并茂，条理清晰，通俗易懂，内容丰富，在讲解每个知识点时都配有相应的实例，方便读者上机实践。此外，本书配有大量综合实例和练习，让读者在实际操作中更加牢固地掌握书中讲解的内容。全书采用任务方式安排教学内容，注重实用性和可操作性，有助于提高实际动手能力。

本书可作为应用型和技能型人才培养的普通高等教育学校和高职高专院校计算机及相关专业数据库方面课程教材，也可作为计算机培训机构的数据库培训教材，还可供数据库软件应用和开发人员学习参考使用。

未经许可，不得以任何方式复制或抄袭本书之部分或全部内容。
版权所有，侵权必究。

图书在版编目（CIP）数据

数据库原理与应用 / 席亮，邹贵红，李艳荣主编. —北京：电子工业出版社，2017.8
ISBN 978-7-121-32047-7

Ⅰ. ①数… Ⅱ. ①席… ②邹… ③李… Ⅲ. ①数据库系统 Ⅳ. ①TP311.13

中国版本图书馆 CIP 数据核字（2017）第 146484 号

策划编辑：祁玉芹
责任编辑：张瑞喜
印　　刷：中国电影出版社印刷厂
装　　订：中国电影出版社印刷厂
出版发行：电子工业出版社
　　　　　北京市海淀区万寿路 173 信箱　邮编　100036
开　　本：787×1092　1/16　印张：17　字数：414 千字
版　　次：2017 年 8 月第 1 版
印　　次：2021 年 8 月第 4 次印刷
定　　价：42.00 元

凡所购买电子工业出版社图书有缺损问题，请向购买书店调换。若书店售缺，请与本社发行部联系，联系及邮购电话：（010）88254888，88258888。

质量投诉请发邮件至 zlts@phei.com.cn，盗版侵权举报请发邮件至 dbqq@phei.com.cn。

本书咨询联系方式：394992521@phei.com.cn。

前言 Preface

数据库技术是信息系统的核心和基础，是信息化建设的基础设施。数据库信息量的大小和使用频率已成为衡量一个国家信息化程度的重要标志，因此，作为当代的大学生，学习和掌握数据库知识是非常必要的，作为计算机相关专业的学生更要学好数据库技术。

“数据库原理与应用”是计算机类专业的核心课程，也是信息处理类专业的必修课程。课程教学目标是系统地介绍数据库基本原理，并结合具体的学生成绩管理系统介绍数据库理论知识的具体应用。通过该课程的学习，使读者在数据库应用软件的开发过程中能够设计合理的数据库，从而提高软件开发的质量，同时能够进行数据库的查找和维护操作，达到熟练地应用数据库技术的目的。

数据库基本原理抽象又很重要，但是，其实践操作更为重要。目前很多教材数据库的基本原理知识介绍非常详细，但是实践部分内容不足，或前后章节案例独立，学生获得的对完整系统后台数据库的设计和维护知识不完整。鉴于此，编者结合自己多年来的数据库理论及数据库技术实践教学经验编写了本教材。

本书的特点是，以应用为目的，以能力培养为目标，案例引导，内容全面，通俗易懂，图文并茂，知识连贯，概念清晰，实践性强。全书所有案例围绕一个完整的学生成绩管理系统展开，将数据库的相关知识恰当地融入到案例的分析和设计过程中，通过一个案例体现其应用。使学生通过案例的学习，掌握数据库知识及其在实际项目中的使用，避免学生学习了数据库理论而不知道如何使用的现象。同时，通过案例学习使读者对数据库的设计有一个完整、清晰的思路。书中每个案例后面配有针对性的习题，部分任务后面还配有具体的实训项目，供读者练习，有助于增强读者对相关知识的理解和实际应用能力的培养。

全书共分 10 个模块，模块 1 是数据库理论基础；模块 2 是数据库环境的搭建与使用；模块 3 是表的操作；模块 4 是数据库查询语句；模块 5 是 T-SQL 语句；模块 6 是数据库完整性；模块 7 是视图和索引；模块 8 是游标、事务和锁；模块 9 是存储过程和触发器；模块 10 是 SQL Server 安全管理。本书建议教学学时为 64 学时，其中理论 32 学时，实验 32

学时。书中模块 1、模块 3、模块 4、模块 7 为教学重点。

本书由哈尔滨理工大学计算机科学与技术学院席亮、广州华夏职业学院邹贵红、酒泉职业技术学院李艳荣担任主编，广东女子职业技术学院张莉、广东阳江职业技术学院刘志军、成都农业科技职业学院任华、克拉玛依职业技术学院田娟担任副主编，克拉玛依职业技术学院王丽丽老师参与编写。全书由席亮统稿审核。

在编写过程中，编者参阅了大量的资料，在此向各位参与编写的作者表示感谢，由于编者水平有限，书中难免存在疏漏之处，欢迎大家批评指正，衷心希望广大使用者尤其是任课教师提出宝贵的修订意见和建议，以便再版时及时加以修正。

本书既可以作为普通高等教育院校和高职高专院校的数据库原理及应用课程的教材，也可以作为有一定的面向对象编程基础和数据库基础进行 Web 应用程序开发人员的参考资料。

为了使本书更好地服务于授课教师的教学，我们为本书配了教学讲义，期中、末考卷答案，拓展资源，教学案例演练，素材库，教学检测，案例库，PPT 课件和课后习题、答案。请使用本书作为教材授课的教师，如果需要本书的教学软件，可到华信教育资源网 www.hxedu.com.cn 下载。如有问题，可与我们联系，联系电话：（010）69730296、13331005816。

编　者

2017 年 7 月

目录 Contents

模块 1

数据库理论基础

学习目标

通过本模块的学习，了解数据库的基本概念及数据库管理技术的发展过程；了解数据库系统结构及其组成；熟悉关系数据库的三个组成要素；熟练掌握关系优劣的判定及优化；掌握数据库设计的基本步骤和数据库的完整性约束机制。

主要内容

（1） 数据库基础。
（2） 关系数据库。
（3） 数据库设计。
（4） 数据库的完整性约束机制。

重点与难点

（1） 关系数据理论。
（2） 概念结构设计。
（3） 逻辑结构设计。

任务 1 数据库基础

一、四个基本概念

1. 数据（Data）

数据是数据库中存储的基本对象。由于早期的计算机常用于科学计算，因此所使用的数据多数是整数或者浮点数，因此通常人们对数据的理解是数值型数据是数据，但实质上数据类型有数值型数据、文本数据、图形、图像、视频、音频、学生的成绩信息、超市货物销售信息等。所有的数据与其语义是密不可分的，如下一组数据：

（刘冰，2010，北京大学，计算机）

这组数据如果没有语义约定，则可以理解为：2010 年刘冰在北京大学学习计算机专业，或者理解为：刘冰在 2010 年离开北京大学去外地从事计算机生意，或者理解为：刘冰是 2010 年在北京大学从事计算机教育工作。

如果对这组数据加上相应的语义：

（姓名，学习时间，学习地点，学习专业）

则对该组数据只能有一种确定的理解，即 2010 年刘冰在北京大学学习计算机专业。因此，所有进入数据库中的数据必须有相应的语义解释。

2. 数据库（DataBase，简写为 DB）

顾名思义就是按照数据结构来组织、长期存储和管理数据的仓库。它产生于 60 年前，随着信息技术和市场的发展，特别是 20 世纪 90 年代以后，数据管理不再仅仅是存储和管理数据，而转变成对用户所需要的各种数据的管理。数据库有很多种类型，从最简单的存储有各种数据的表格到能够进行海量数据存储的大型数据库系统，都在各个方面得到了广泛的应用。数据库中数据的三个基本特点是长期存储、有组织、可共享。

3. 数据库管理系统（DataBase Management System，简称 DBMS）

数据库管理系统是一种操纵和管理数据库的大型系统软件，用于建立、使用和维护数据库，它对数据库进行统一的管理和控制，以保证数据库的安全性和完整性。用户通过 DBMS 访问数据库中的数据，数据库管理员也通过 DBMS 进行数据库的维护工作。常见的数据库管理系统软件有：Sybase、DB2、Oracle、SQL Server、Access、PostgreSQL、Informix 等。DBMS 提供的功能有以下几个方面。

（1） 数据定义：DBMS 提供数据定义语言 DDL（Data Definition Language），主要用于建立、修改数据库的库结构。DDL 所描述的库结构仅仅给出了数据库的框架，数据库的框架信息被存放在数据字典（Data Dictionary）中。

（2） 数据操纵：DBMS 提供数据操纵语言 DML（Data Manipulation Language），供用户实现对数据的增加、删除、修改、查询等操作。

（3） 数据库的运行管理：数据库的运行管理功能是 DBMS 的运行控制、管理功能，包括多用户环境下的并发控制、安全性检查和存取限制控制、完整性检查和执行、运行日志的组织管理、事务的管理和自动恢复，即保证事务的原子性。这些功能保证了数据库系统的正常运行。

（4） 数据组织、存储与管理：DBMS 要分类组织、存储和管理各种数据，包括数据字典、用户数据、存取路径等，需确定以何种文件结构和存取方式在存储级上组织这些数据，如何实现数据之间的联系。数据组织和存储的基本目标是提高存储空间利用率，选择合适的存取方法提高存取效率。

（5） 数据库的维护：这一部分包括数据库的数据载入、转换、转储，数据库的重组和重构以及性能监控等功能，这些功能分别由各个实用程序来完成。

数据库管理系统是数据库系统的核心，是管理数据库的软件。数据库管理系统就是实现把用户意义下抽象的逻辑数据处理，转换成为计算机中具体的物理数据处理的软件。有了数据库管理系统，用户就可以在抽象意义下处理数据，而不必顾及这些数据在计算机中的布局和物理位置。

4. 数据库系统（DataBase System，简称 DBS）

数据库系统是指在计算机系统中引入数据库后的系统构成，一般由数据库、数据库管理系统（及其开发工具）、应用系统、数据库管理员和用户构成。应当指出的是，数据库的建立、使用和维护等工作只靠一个 DBMS 远远不够，还要有专门的人员来完成，这些人被称为数据库管理员（Data Base Administrator，简称 DBA）。

在一般不引起混淆的情况下常常把数据库系统简称为数据库。

二、数据管理技术

数据管理技术是指对数据进行分类、组织、编码、存储、检索和维护的技术，经历了人工管理、文件管理、数据库管理三个阶段。数据管理技术是应数据管理任务的需要而产生的，主要有数据处理和数据管理两方面内容，数据的处理是指对各种数据进行收集、存储、加工和传播的一系列活动的总和；数据管理则是指对数据进行分类、组织、编码、存储、检索和维护，它是数据处理的中心问题。

1. 人工管理时期

在计算机出现之前，人们运用常规的手段从事记录、存储和对数据加工，也就是利用纸张来记录和利用计算工具（算盘、计算尺）来进行计算，并主要使用人的大脑来管理和利用这些数据。

到了 20 世纪 50 年代中期，计算机主要用于科学计算。当时没有磁盘等直接存取设备，只有纸带、卡片、磁带等外存，也没有操作系统和管理数据的专门软件。数据处理的方式是批处理。该阶段管理数据的特点如下。

（1） 数据不保存。因为当时计算机主要用于科学计算，对于数据保存的需求尚不迫切。

（2） 系统没有专用的软件对数据进行管理，每个应用程序都要包括数据的存储结构、存取方法和输入方法等。程序员编写应用程序时，还要安排数据的物理存储，因此程序员负担很重。

（3） 数据不共享。数据是面向程序的，一组数据只能对应一个程序。

（4） 数据不具有独立性。程序依赖于数据，如果数据的类型、格式或输入/输出方式等逻辑结构或物理结构发生变化，则必须对应用程序做出相应的修改。

2. 文件系统阶段

20 世纪 50 年代后期到 60 年代中期，随着计算机硬件和软件的发展，磁带、磁盘等直接存取设备开始普及，这一时期的数据处理系统是把计算机中的数据组织成相互独立的被命名的数据文件，并可按文件的名字来进行访问，对文件中的记录进行存取的数据管理技术。数据可以长期保存在计算机外存上，可以对数据进行反复处理，并支持文件的查询、修改、插入和删除等操作，这就是文件系统。文件系统数据管理示意如图 1-1 所示。

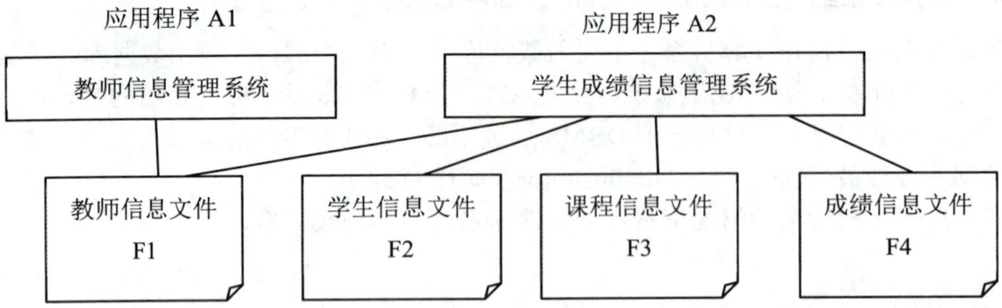

图 1-1　文件管理实现示例

文件系统实现了记录内的结构化，但从文件的整体来看却是无结构的。其数据面向特定的应用程序，因此数据共享性、独立性差，且冗余度大，管理和维护的代价也很大。

3. 数据库系统阶段

20 世纪 60 年代后期以来，计算机在软件和硬件方面都得到较大发展，更重要的是出现了大容量磁盘，存储容量大大增加且价格逐步下降，在此基础之上，基本克服了文件系统管理数据时的不足，并且满足和解决实际应用中多个用户、多个应用程序共享数据的要求，从而使数据能为尽可能多的应用程序服务，这就出现了数据库这样的数据管理技术。文件系统数据管理示意如图 1-2 所示。

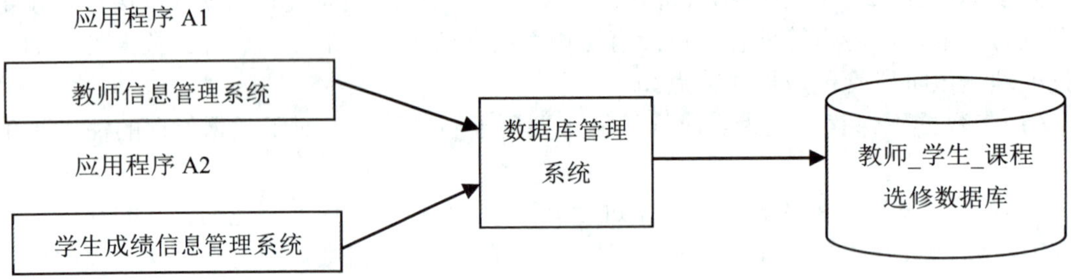

图 1-2　数据库管理实现示例

数据库的特点是数据不再只针对某一个特定的应用，而是面向全组织，具有整体的结构性，共享性高，冗余度减小，具有一定的程序与数据之间的独立性，并且对数据进行统一的控制。

此阶段的特点如下。

（1）　数据结构化。在描述数据时不仅要描述数据本身，还要描述数据之间的联系。数据结构化是数据库的主要特征之一，也是数据库系统与文件系统的本质区别。

（2）　数据共享性高、冗余少且易扩充。数据不再针对某一个应用，而是面向整个系统，数据可被多个用户和多个应用程序共享使用，而且容易增加新的应用，所以数据的共享性高且易扩充。数据共享可大大减少数据冗余。

（3）　数据独立性高。数据在磁盘上的数据库中怎样存储是由 DBMS 管理的，用户程序不需要了解，应用程序要处理的只是数据的逻辑结构，当数据的物理存储改变时，应用程序不用改变；同时，数据的逻辑结构改变了，用户程序也可以不变。

（4） 数据由 DBMS 统一管理和控制。数据库为多个用户和应用程序所共享，对数据的存取往往是并发的，即多个用户可以同时存取数据库中的数据，甚至可以同时存放数据库中的同一个数据，为确保数据库数据的正确有效和数据库系统的有效运行，数据库管理系统提供以下 4 方面的数据控制功能。

① 数据安全性控制：防止因不合法使用数据而造成数据的泄露和破坏，保证数据的安全和机密。

② 数据的完整性控制：系统通过设置一些完整性规则，以确保数据的正确性、有效性和相容性。

③ 并发控制：多用户同时存取或修改数据库时，防止相互干扰而给用户提供不正确的数据，并使数据库受到破坏。

④ 数据恢复：当数据库被破坏或数据不可靠时，系统有能力将数据库从错误状态恢复到最近某一时刻的正确状态。

数据库技术的研究领域主要有三个领域：数据库管理系统软件的研制、数据库设计、数据库理论。

三、数据模型

我们把客观存在的事物以数据的形式存储到计算机中，经历了对现实生活中事物特性的认识、概念化到计算机数据库里的具体表示的逐级抽象过程，即现实世界—概念世界—机器世界三个领域。通常把概念世界称为信息世界，将机器世界称为存储或数据世界。

1. 三个世界

（1） 现实世界：我们管理的对象存于现实世界中。现实世界中事物与事物之间存在着联系，这种联系是客观存在的，是由事物本身的性质决定的。例如学校使用的教务系统中有教师、学生和课程三类对象，这些对象之间存在教师为学生授课、学生选修课程并取得成绩的联系。

（2） 概念世界：概念世界是我们头脑中对现实世界的客观反映，是对客观事物及其联系的一种抽象描述而产生的。概念模型是现实世界到机器世界必然经过的中间层次，由数据模型表示，当前流行的 DBMS 所支持的数据模型分为三种：层次模型、网状模型、关系模型，每种概念模型都涉及到下面几个术语。

① 实体：我们把客观存在并且可以相互区别的事物称为实体。实体可以是物理存在的事物，也可以是抽象事件，如学生、课程、学生选修课程后的成绩、教师等都是实体。

② 属性：描述实体或者联系的特性或者性质的数据项称为属性，属于一个实体所有实例都具有的性质。利用属性便于我们区分每一个实体 A 是 A，不是 B，如实体学生的学号、姓名、班级、性别、出生日期、家庭地址等是属性，我们通过学生的学号以区分每一个学生，像学生的学号这样，能够唯一标识实体的属性或最小属性组合，称为实体的码，又称为候选码或者关键字。如学生实体中的“学号”、教师实体中的“教工号”均可作为码。

③ 联系：实体之间的对应关系称为联系，它反映现实世界事物之间的相互关联。联

系分为两种，一种是实体内部各属性之间的联系。另一种是实体之间的联系。例如一个学校有多个班级，每个班级有一名班长，一个班级有多名学生组成，一门课程由多名学生选修，一名学生选修多门课程等，都是实体内部或者实体与实体之间存在的联系。这种联系是客观存在的。

（3） 机器世界：存入计算机系统里的数据是将概念世界中的事物数据化的结果。为了准确地反映事物本身及事物之间的各种联系，数据库中的数据必须有一定的结构，这种结构用数据模型来表示。数据模型将概念世界中的实体，及实体间的联系进一步抽象成便于计算机处理的方式。

2. E-R 模型

E-R 模型（又称实体-联系模型）简称 E-R 图。它是描述概念世界，建立概念模型的实用工具。E-R 图包括实体、属性和实体之间的联系三个要素。

实体——用矩形框表示，框内标注实体名称。

属性——用椭圆或者圆角矩形框表示，并在框内写上属性的名字，然后用连线与实体连接起来。

如学生实体有学号、姓名、班级、性别、出生日期、家庭住址属性，用 E-R 图表示如图 1-3 所示。

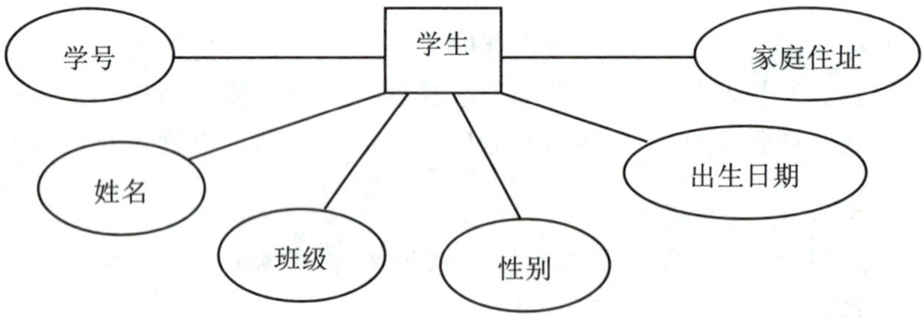

图 1-3　学生实体属性图

实体之间的联系——用菱形框表示，框内标注联系名称，用连线将菱形框分别与对应实体相连，并在连线上注明联系类型，如果两个实体发生联系时产生新属性，则该属性不属于两个实体中的任何一个，它属于联系，因此要用连线与该联系相连。如单独的课程是没有成绩属性的，而学生如果没有选修行为发生时，也没有成绩属性，当学生选修课程成功后，一定会产生成绩属性，因此该属性必然属于联系“选修”。

联系归结为三种类型：

（1） 一对一的联系（1:1）。

设 A、B 为两个实体，若 A 中的每个实例至多和 B 中的一个实例有联系，反过来，B 中的每个实例至多和 A 中的一个实例有联系，称 A 与 B 是一对一的联系，记作 1:1。注意，1:1 联系不一定都是一一对应的关系。可能存在着无对应。如一个班级只有一个正班长，一个正班长不能同时在其他班级再兼任正班长，但对于新报到的学生班级，可能班长暂缺，故班级与班长之间属于一对一的联系，如图 1-4（a）所示。

（2） 一对多的联系（1:m）。

如果 A 实体中的每个实例可以和 B 中的几个实例有联系，而 B 中的每个实例与 A 中的一个实例有联系，那么 A 对 B 属于一对多的联系，记作 1:m，如一个班级有多名学生，而一名学生只在一个班级就读，班级与学生之间属于一对多的联系，如图 1-4（b）所示。

（3） 多对多的联系（m:n）。

若实体 A 中的每个实例可与实体 B 中的多个实例有联系，反过来，B 中的每个实体也可以与 A 中的多个实体有联系，称 A 对 B 或 B 对 A 是多对多的联系，记作 m:n，如一个学生可以选修多门课程，一门课程由多个学生选修，学生和课程间存在多对多的联系，并且当选修联系发生时，将产生新属性成绩，如图 1-4（c）所示。

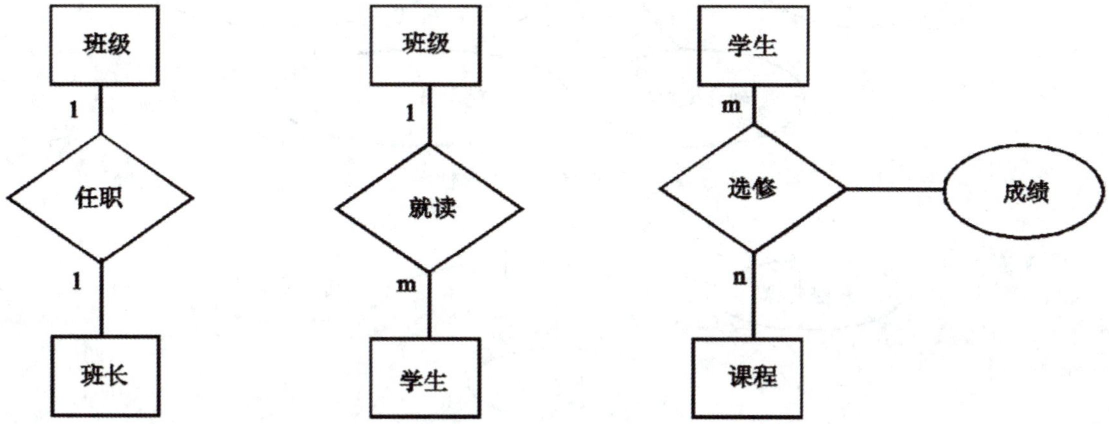

（a）1:1　　（b）1:m　　（c）m:n

图 1-4　两个实体之间的三种联系实例

E-R 图的设计过程由抽取实体、确定属性、定义联系、绘制 E-R 图四步组成。

例如，学生_选修系统的需求描述为：一个院系有一名辅导员，这名辅导员管理多个班级，每个班级有多名学生，并且不能在该校内出现双学位的情况；每个学生选修多门课程，每门课程也有多个学生选修。

首先，抽取实体。

鉴于实体一定是名词，但名词不一定是实体的原则，对上述需求的描述，从中找出名词：院系、辅导员、班级、学生、双学位、课程。分析名词发现，“双学位”仅是限制学生在该学校中只属于一个班级罢了，并不与其他产生联系，因此舍弃；其他两两之间均有联系，因此，保留得到实体有：院系、辅导员、班级、学生、课程。

其次，确定属性。

实际生活中，每个实体的属性可能有几十个甚至几百个不等，但对于不同的应用系统，只要把每个实体对于本系统应该需要的属性给出即可，如院系的属性通常有：院系编号、院系名称、院系联系电话、院系办公地点、院系负责人、院系成立日期、院系专业数、院系教师总人数、院系学生总人数等，对于本应用，仅需要将院系编号、院系名称、院系联系电话、院系办公地点四个属性用上即可。绘制每个实体的属性如图 1-5 至图 1-9 所示。

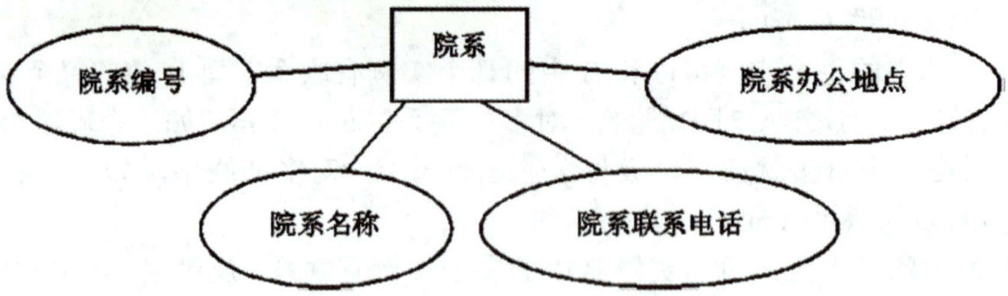

图 1-5　院系实体属性图

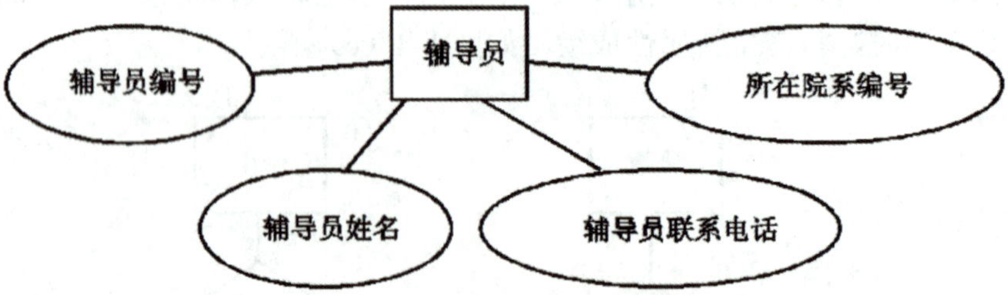

图 1-6　辅导员实体属性图

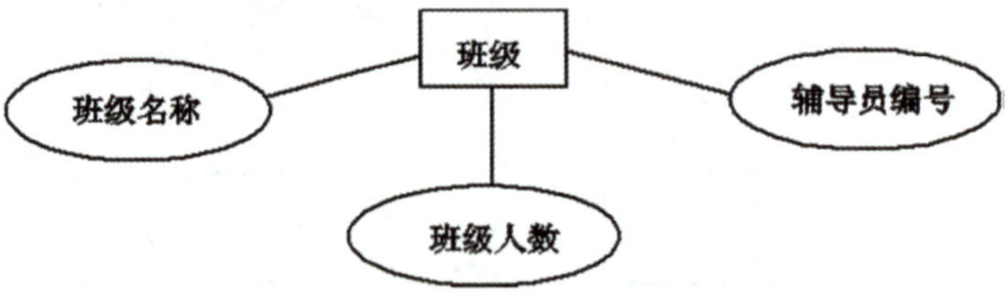

图 1-7　班级实体属性图

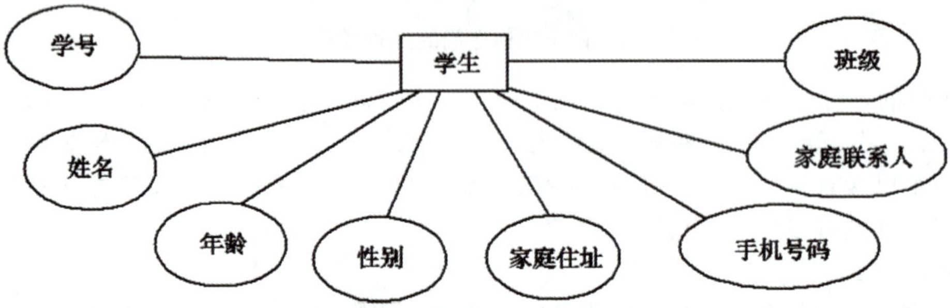

图 1-8　学生实体属性图

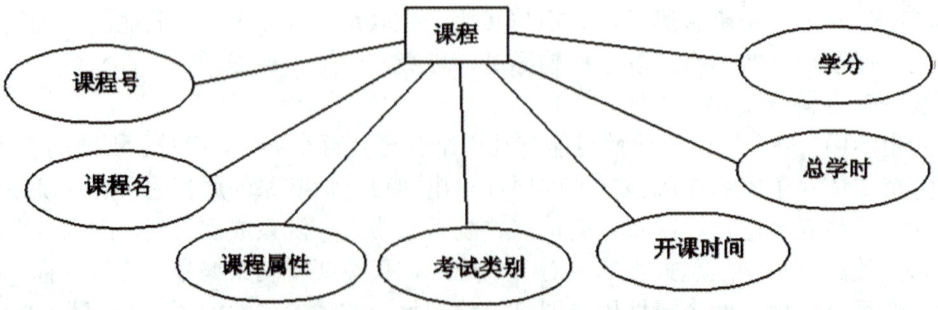

图 1-9　课程实体属性图

再次，定义联系。

院系与辅导员：一个院系有一名辅导员，这名辅导员只能在这个院系中工作，院系与辅导员之间是一对一的联系；

辅导员与班级：一名辅导员管理多个班级，一个班级由一名辅导员管理，辅导员与班级之间是一对多的联系；

班级与学生：一个班级由多名学生组成，由于不能在本校攻读双学位，因此一个学生只能在一个班级就读，班级与学生之间是一对多的联系；

学生与课程：一名学生选修多门课程，一门课程是由多名学生选修，学生与课程之间是多对多的联系。

最后，绘制学生选修系统 E-R 图如图 1-10 所示。

这是一个简单的需求，如果项目较大时，需求量也会随之增加，因此，直接绘制 E-R 图一般比较困难，所以一般先绘制分 E-R 图，再合并分 E-R 图得到总 E-R 图。

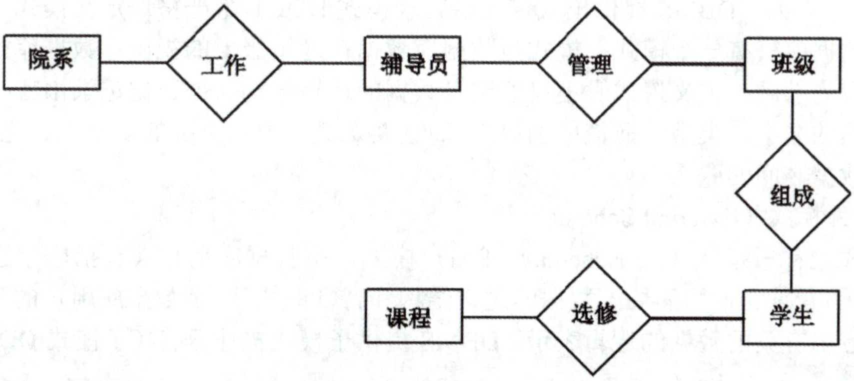

图 1-10　学生选修系统 E-R 图

四、数据库系统结构

考察数据库系统的结构可以有多种不同的层次或不同的角度。

从数据库管理系统角度看，数据库系统通常采用外模式、模式、内模式三级模式结构；这是数据库管理系统内部的系统结构。

从数据库最终用户角度看，数据库系统的结构分为单用户结构、主从式结构、分布式结构和客户/服务器结构。这是数据库系统外部的体系结构。

1. 数据库系统模式的概念

在数据模型中有“型”（Type）和“值”（Value）的概念。型是指对某一类数据的结构和属性的说明，值是型的一个具体赋值。例如：课程定义为（课程号，课程名，开课学期，考试类别，学分，学时），则是从“型”上记录课程；（C06，数据库系统应用，5，考试，3，68）则是该课程“型”的一个“值”。

模式（Schema）是数据库中全体数据的逻辑结构和特征的描述，它仅仅涉及到型的描述，不涉及到具体的值。模式的一个具体值称为模式的一个实例（Instance）。同一个模式可以有很多实例。模式是相对稳定的，而实例是相对变动的，因为数据库中的数据是在不断更新的。模式反映的是数据的结构及其联系，而实例反映的是数据库某一时刻的状态。虽然实际的数据库管理系统产品种类很多，它们支持不同的数据模型，使用不同的数据库语言，建立在不同的操作系统之上，数据的存储结构也各不相同，但它们在体系结构上通常都具有相同的特征，即采用三级模式结构（早期微机上的小型数据库系统除外）并提供二级映象功能。

2. 数据库系统的三级模式结构

数据库系统的三级模式结构是指数据库系统是由外模式、模式和内模式三级构成。

（1） 模式（Schema）。

模式也称逻辑模式，是数据库中全体数据的逻辑结构和特征的描述，是所有用户的公共数据视图。它是数据库系统模式结构的中间层，既不涉及数据的物理存储细节和硬件环境，也与具体的应用程序，与所使用的应用开发工具及高级程序设计语言（如 C，COBOL，FORTRAN）无关。DBMS 提供模式描述语言（模式 DDL）来严格地定义模式。

一个数据库只有一个模式；模式是数据库数据在逻辑级上的视图；数据库模式以某一种数据模型为基础；定义模式时不仅要定义数据的逻辑结构（如数据记录由哪些数据项构成，数据项的名字、类型、取值范围等），而且要定义与数据有关的安全性、完整性要求，定义这些数据之间的联系。

（2） 外模式（External Schema）。

外模式也称子模式（Subschema）或用户模式，是数据库用户（包括应用程序员和最终用户）能够看见和使用的局部数据的逻辑结构和特征的描述，是数据库用户的数据视图，是与某一应用有关的数据的逻辑表示。DBMS 提供子模式描述语言（子模式 DDL）来严格地定义子模式。

一个数据库可以有多个外模式；外模式就是用户视图；外模式是保证数据安全性的一个有力措施。

（3） 内模式（Internal Schema）。

内模式也称存储模式（Storage Schema），它是数据物理结构和存储方式的描述，是数据在数据库内部的表示方式（例如，记录的存储方式是顺序存储、按照 B 树结构存储还是按 Hash 方法存储；索引按照什么方式组织；数据是否压缩存储，是否加密；数据的存储记录结构有何规定）。DBMS 提供内模式描述语言（内模式 DDL，或者存储模式 DDL）来严格地定义内模式。

一个数据库只有一个内模式；一个表可能由多个文件组成，如：数据文件、索引文件。它是数据库管理系统（DBMS）对数据库中数据进行有效组织和管理的方法，其目的首先是为了减少数据冗余，实现数据共享；其次是为了提高存取效率，改善性能。

数据库系统的三级模式结构如图 1-11 所示。

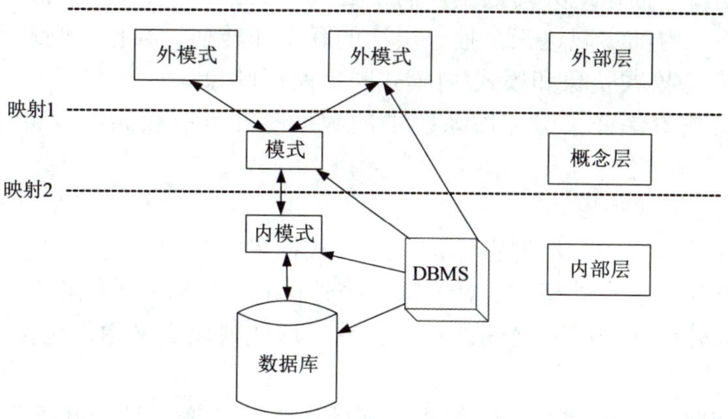

图 1-11　数据库系统的三级模式结构

对数据库系统的综合解读如图 1-12 所示。

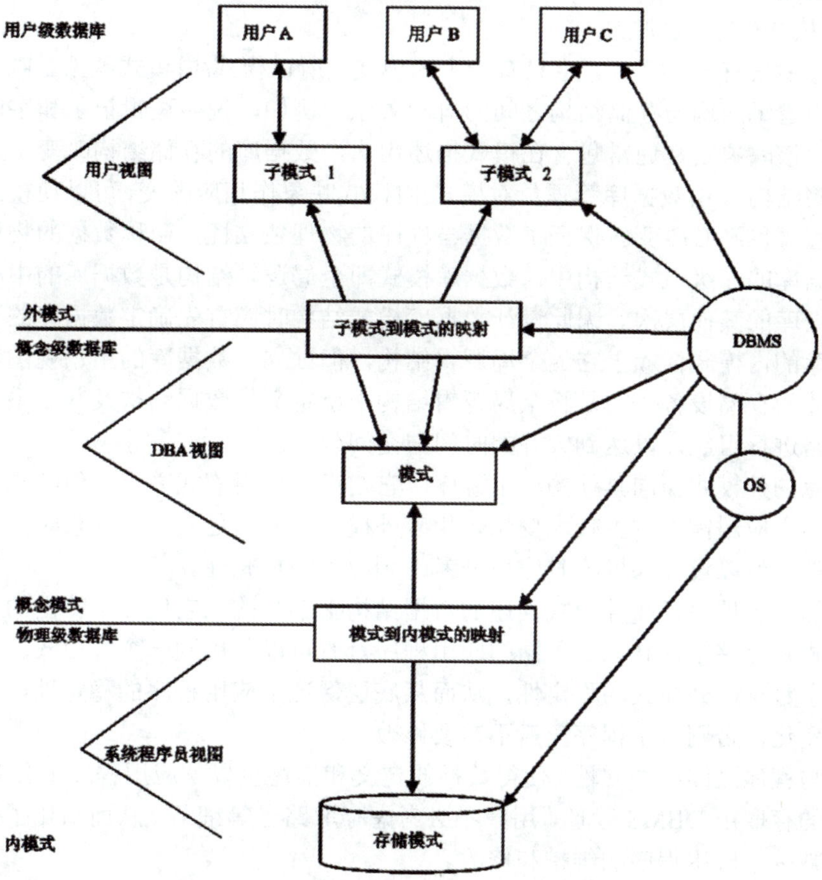

图 1-12　数据库三级模式的综合解读图

3. 数据库的二级映象功能与数据独立性

数据库系统的三级模式是对数据的三个抽象级别，它把数据的具体组织留给 DBMS 管理，使用户能逻辑、抽象地处理数据，而不必关心数据在计算机中的具体表示方式与存储方式。为了能够在内部实现这三个抽象层次的联系和转换，数据库管理系统在这三级模式之间提供了外模式/模式映象和模式/内模式映象两层映象。

正是这两层映象保证了数据库系统中的数据能够具有较高的逻辑独立性和物理独立性。

（1） 外模式/模式映象。

模式描述的是数据的全局逻辑结构，外模式描述的是数据的局部逻辑结构。对应于同一个模式可以有任意多个外模式。对于每一个外模式，数据库系统都有一个外模式/模式映象，它定义了该外模式与模式之间的对应关系。这些映象定义通常包含在各自外模式的描述中。

当模式改变时（例如增加新的关系、新的属性、改变属性的数据类型等），由数据库管理员对各个外模式/模式的映象作相应改变，可以使外模式保持不变。应用程序是依据数据的外模式编写的，从而应用程序不必修改，保证了数据与程序的逻辑独立性，简称数据的逻辑独立性。

（2） 模式/内模式映象。

数据库中只有一个模式，也只有一个内模式，所以模式/内模式映象是唯一的，它定义了数据全局逻辑结构与存储结构之间的对应关系。例如，说明逻辑记录和字段在内部是如何表示的。该映象定义通常包含在模式描述中。当数据库的存储结构改变了（例如选用了另一种存储结构），由数据库管理员对模式/内模式映象作相应改变，可以使模式保持不变，从而应用程序也不必改变。保证了数据与程序的物理独立性，简称数据的物理独立性。

在数据库的三级模式结构中，数据库模式即全局逻辑结构是数据库的中心与关键，它独立于数据库的其他层次。因此设计数据库模式结构时应首先确定数据库的逻辑模式。

数据库的内模式依赖于它的全局逻辑结构，但独立于数据库的用户视图即外模式，也独立于具体的存储设备。它是将全局逻辑结构中所定义的数据结构及其联系按照一定的物理存储策略进行组织，以达到较好的时间与空间效率。

数据库的外模式面向具体的应用程序，它定义在逻辑模式之上，但独立于存储模式和存储设备。当应用需求发生较大变化，相应外模式不能满足其视图要求时，该外模式就得做相应改动，所以设计外模式时应充分考虑到应用的扩充性。

特定的应用程序是在外模式描述的数据结构上编制的，它依赖于特定的外模式，与数据库的模式和存储结构独立。不同的应用程序有时可以共用同一个外模式。数据库的二级映象保证了数据库外模式的稳定性，从而从底层保证了应用程序的稳定性，除非应用需求本身发生变化，否则应用程序一般不需要修改。

数据与程序之间的独立性，使得数据的定义和描述可以从应用程序中分离出去。另外，由于数据的存取由 DBMS 管理，用户不必考虑存取路径等细节，从而简化了应用程序的编制，大大减少了应用程序的维护和修改。

4. 数据库系统的组成

数据库系统一般由数据库、数据库管理系统（及其开发工具）、应用系统、数据库管理员和用户构成。下面分别介绍这几个部分的内容。

1）　硬件平台及数据库。

由于数据库系统数据量都很大，加之 DBMS 丰富的功能使得自身的规模也很大，因此整个数据库系统对硬件资源提出了较高的要求，这些要求是：

（1）　要有足够大的内存，存放操作系统、DBMS 的核心模块、数据缓冲区和应用程序。

（2）　有足够大的磁盘等直接存取设备存放数据库，有足够的磁带（或微机软盘）作数据备份。

（3）　要求系统有较高的通道能力，以提高数据传送率。

2）　软件。

数据库系统的软件主要包括：

（1）　DBMS。DBMS 是为数据库的建立、使用和维护配置的软件。

（2）　支持 DBMS 运行的操作系统。

（3）　具有与数据库接口的高级语言及其编译系统，便于开发应用程序。

（4）　以 DBMS 为核心的应用开发工具。应用开发工具是系统为应用开发人员和最终用户提供的高效率、多功能的应用生成器、第四代语言等各种软件工具。它们为数据库系统的开发和应用提供了良好的环境。

（5）　为特定应用环境开发的数据库应用系统。

3）　人员。

开发、管理和使用数据库系统的人员主要是：数据库管理员、系统分析员和数据库设计人员、应用程序员和最终用户。不同的人员涉及不同的数据抽象级别，具有不同的数据视图。

任务 2　关系数据库

关系数据库，是建立在关系数据模型基础上的数据库，借助于集合代数等概念和方法来处理数据库中的数据，同时也是一个被组织成一组拥有正式描述性的表格，该形式的表格作用的实质是装载着数据项的特殊收集体，这些表格中的数据能以许多不同的方式被存取或重新召集而不需要重新组织数据库表格。关系数据库的定义造成元数据的一张表格或造成表格、列、范围和约束的正式描述。每个表格包含用列表示的一个或更多的数据种类。每行包含一个唯一的数据实体，这些数据是被列定义的种类。当创造一个关系数据库的时候，你能定义数据列的可能值的范围和可能应用于那个数据值的进一步约束。而 SQL 语言是标准用户和应用程序到关系数据库的接口。其优势是容易扩充，且在最初的数据库创造之后，一个新的数据种类能被添加而不需要修改所有的现有应用软件。目前主流的关系数据库有 Oracle、SQL Server、DB2、Access、PostgreSQL、Informix 等。

关系模型由关系数据结构、关系操作集合和关系完整性约束三部分组成。

一、关系数据结构

关系模型的数据结构非常单一。在关系模型中，现实世界的实体以及实体间的各种联系均用关系来表示。在用户看来，关系模型数据结构是一张二维表，但关系一定是一张二维表，二维表不一定是关系。

（1） 域（Domain）。

定义 1.1 域是一组具有相同数据类型的值的集合。

例如，整数、实数、长度小于 18 个字符的字符串集合、{男，女}、大于等于 0 且小于等于 18 的正整数等，都可以是域。

（2） 笛卡尔积（Cartesian Product）。

定义 1.2 给定一组域 D1，D2，…，Dn，这些域中可以有相同的。D1，D2，…，Dn 的笛卡尔积为：

$$D1\times D2\times \ldots \times Dn=\{(d1, d2, \ldots, dn) \mid di\in Di, i=1, 2, \ldots, n\}$$

其中每一个元素（d1，d2，…，dn）叫作一个 n 元组（n-tuple）或简称元组（Tuple）。

元素中的每一个值 di 叫作一个分量（Component）。

笛卡尔积可表示为一个二维表。表中的每行对应一个元组，表中的每列对应一个域。例如给出三个域：

D1=学生集合 STUDENT=刘冰冰，李筱筱

D2=专业集合 SPECIALITY=软件工程专业，古代汉语专业

D3=课程集合 COURSE=数据结构，操作系统，古代汉语，汉语修辞

则 D1，D2，D3 的笛卡尔积为：

D1×D2×D3＝{

（刘冰冰，软件工程专业，数据结构），（刘冰冰，软件工程专业，操作系统），

（刘冰冰，软件工程专业，古代汉语），（刘冰冰，软件工程专业，汉语修辞），

（刘冰冰，古代汉语专业，数据结构），（刘冰冰，古代汉语专业，操作系统），

（刘冰冰，古代汉语专业，古代汉语），（刘冰冰，古代汉语专业，汉语修辞），

（李筱筱，软件工程专业，数据结构），（李筱筱，软件工程专业，操作系统），

（李筱筱，软件工程专业，古代汉语），（李筱筱，软件工程专业，汉语修辞），

（李筱筱，古代汉语专业，数据结构），（李筱筱，古代汉语专业，操作系统），

（李筱筱，古代汉语专业，古代汉语），（李筱筱，古代汉语专业，汉语修辞）}

其中（刘冰冰，软件工程专业，数据结构）、（李筱筱，古代汉语专业，古代汉语）等都是元组，刘冰冰、软件工程专业、数据结构、李筱筱、古代汉语专业、古代汉语等都是分量。

该笛卡尔积的基数为 2×2×4＝16，也就是说，D1×D2×D3 一共有 2×2×4＝16 个元组。这 16 个元组可列成一张二维表如表 1-1 所示。

表 1-1 学生_专业_课程的笛卡尔积

学 生	专 业	课 程
刘冰冰	软件工程专业	数据结构
刘冰冰	软件工程专业	操作系统
刘冰冰	软件工程专业	古代汉语
刘冰冰	软件工程专业	汉语修辞
刘冰冰	古代汉语专业	数据结构
刘冰冰	古代汉语专业	操作系统

（续表）

学　生	专　业	课　程
刘冰冰	古代汉语专业	古代汉语
刘冰冰	古代汉语专业	汉语修辞
李筱筱	软件工程专业	数据结构
李筱筱	软件工程专业	操作系统
李筱筱	软件工程专业	古代汉语
李筱筱	软件工程专业	汉语修辞
李筱筱	古代汉语专业	数据结构
李筱筱	古代汉语专业	操作系统
李筱筱	古代汉语专业	古代汉语
李筱筱	古代汉语专业	汉语修辞

（3） 关系（Relation）。

定义 1.3　D1×D2×…×Dn 的子集叫作在域 D1，D2，…，Dn 上的关系，表示为 R（D1，D2，…，Dn）。

这里 R 表示关系的名字，n 是关系的目或度（Degree）。

关系中的每个元素是关系中的元组，通常用 t 表示。

当 n=1 时，称该关系为单元关系（Unary relation）。

当 n=2 时，称该关系为二元关系（Binary relation）。

关系是笛卡尔积的有限子集，所以关系也是一个二维表，表的每行对应一个元组，表的每列对应一个域。由于域可以相同，为了加以区分，必须对每列起一个名字，称为属性（Attribute）。n 目关系必有 n 个属性。

若关系中的某一属性组的值（最小值的集合）能唯一地标识一个元组，则称该属性组为码（key），或称为候选码（Candidate key）。

若一个关系有多个码，则选定其中一个为主码（Primary key）。主码的诸属性称为主属性（Prime attribute）。不包含在任何侯选码中的属性称为非码属性（Non-key attribute）或非主属性。在最简单的情况下，候选码只包含一个属性。在最极端的情况下，关系模式的所有属性组是这个关系模式的候选码，称为全码（All-key）。

一般来说，在域上进行的笛卡尔积运算是没有实际意义的，如 D1×D2×D3（如表 1-1 所示）中，若学生集中没有一个攻读双学位的学生，因此软件工程专业的学生，只能学习本专业的课程数据结构、操作系统，而不可能攻读古代汉语专业的课程古代汉语、汉语修辞；反之亦然。表 1-2 给出学生刘冰冰就读软件工程专业、李筱筱攻读古代汉语专业。

表 1-2　S_P_C 关系

学　生	专　业	课　程
刘冰冰	软件工程专业	数据结构
刘冰冰	软件工程专业	操作系统
李筱筱	古代汉语专业	古代汉语
李筱筱	古代汉语专业	汉语修辞

关系可以有三种类型：基本关系（通常又称为基本表或基表）、查询表和视图表。基本表是实际存在的表，它是实际存储数据的逻辑表示。查询表是查询结果对应的表。视图

表是由基本表或其他视图表导出的表，是虚表，不对应实际存储的数据。

关系存在六个性质：列值同域性；列名唯一性；列序无关性；码值唯一性；行序无关性；列值原子性。

二、关系操作集合

关系模型给出了关系操作的能力，但不对 RDBMS 语言给出具体的语法要求，即不同的 RDBMS 可以定义和开发不同的语言来实现这些操作。

关系模型中常用的关系操作包括：并（Union）、交（Intersection）、差（Difference）、选择（Selection）、投影（Project）、连接（Join）、除（Divide）、查询（Query）类操作和增加（Insert）、删除（Delete）、修改（Update）等更新类操作两大部分。查询的表达能力是其中最主要的部分。

关系操作的特点是集合操作方式，即操作的对象和结果都是集合。这种操作方式也称为一次一集合（set-at-a-time）的方式。相应地，非关系数据模型的数据操作方式则为一次一记录（record-at-a-time）的方式。

早期的关系操作能力通常用代数方式或逻辑方式来表示，分别称为关系代数和关系演算。关系代数是用对关系的运算来表达查询要求的方式。关系演算是用谓词来表达查询要求的方式。关系演算又可按谓词变元的基本对象是元组变量还是域变量分为元组关系演算和域关系演算。关系代数、元组关系演算和域关系演算三种语言在表达能力上是完全等价的。关系代数、元组关系演算和域关系演算均是抽象的查询语言，这些抽象的语言与具体的 DBMS 中实现的实际语言并不完全一样。但它们能用作评估实际系统中查询语言能力的标准或基础。实际的查询语言除了提供关系代数或关系演算的功能外，还提供了许多附加功能，例如集函数、关系赋值、算术运算等。

另外还有一种介于关系代数和关系演算之间的语言，即 SQL 语言（Standard Query Language）。SQL 不仅具有丰富的查询功能，而且具有数据定义和数据控制功能，是集查询（Query）、数据定义（DDL）、数据操纵（DML）和数据控制（DCL）于一体的关系数据语言。它充分体现了关系数据语言的特点和优点，是关系数据库的标准语言。

因此，关系数据语言可以分为三类：

（1） 关系代数语言，例如 ISBL（Information System Base Language）。

（2） 关系演算语言分为元组关系演算语言和域关系演算语言，例如 APLHA 为元组关系演算语言的代表，QBE 是域关系演算语言。

（3）具有关系代数和关系演算双重特点的语言，例如结构化查询语言（Structured Query Language，简称为 SQL）。

这些关系数据语言的共同特点是，语言具有完备的表达能力，是非过程化的集合操作语言，功能强，能够嵌入高级语言中使用。

三、关系完整性约束

关系模型允许定义三类完整性约束：实体完整性、参照完整性和用户定义的完整性。其中实体完整性和参照完整性是关系模型必须满足的完整性约束条件，应该由关系系统自动支持。用户定义的完整性是应用领域需要遵循的约束条件，体现了具体领域中的语义约束。

1）实体完整性。

实体完整性指关系中行的完整性，主要用于保证操作的数据非空、唯一且不重复，即实体完整性要求每个关系有且仅有一个主码，每一个主码值必须唯一，且不允许为“空”（NULL）。例如，公民关系中属性“身份证号”为主码；同一学校内学生关系中学号是主码。如有学生信息关系，学号为学生关系的主码，按照实体完整性规则定义如表 1-3 至 1-5 所示，表 1-3 为主码取值正确的关系，表 1-4 和表 1-5 为主码取值错误的情况。

表 1-3　主码取值正确的表

学　号	姓　名	性　别
s1	刘冰冰	女
s2	李筱筱	男
	张灵灵	女
	刘涛	男

表 1-4　主码取空值的表

学　号	姓　名	性　别
s1	刘冰冰	女
s2	李筱筱	男
	张灵灵	女
	刘涛	男

表 1-5　主码取重复值的表

学　号	姓　名	性　别
s1	刘冰冰	女
s2	李筱筱	男
s1	张灵灵	女
s2	刘涛	男

2）参照完整性。

参照完整性也称为引用完整性。现实世界中的实体之间通常存在着某种联系，在关系模型中，实体以及实体之间的联系都是用关系来表示的，自然而然在关系中存在着实体与实体之间的引用，参照完整性就是描述实体之间这种引用的。

设有学生关系、专业关系分别如表 1-6 和表 1-7 所示，在学生关系中，学号为主码；在专业关系中，专业编号为主码。

表 1-6　学生关系表

学　号	姓　名	性　别	专业编号
s1	刘冰冰	女	p1
s2	李筱筱	男	p1
s3	张灵灵	女	p2
s4	刘涛	男	p3

表 1-7　专业关系表

专业编号	专业名称	专业负责人
p1	软件工程	孙宁宁
p2	计算机科学与技术	汪静静
p3	网络工程	王晓晓

将学生关系与专业关系分别记作：

学生（<u>学号</u>，姓名，性别，专业编号）

专业（<u>专业编号</u>，专业名称，专业负责人）

带有下划线的属性代表是该关系的主码。

在这两个关系之间存在着属性的引用：学生关系中的属性“专业编号”引用了专业关系中的主码“专业编号”，通过这种引用限制学生关系中的属性“专业编号”的取值必须是专业关系中存在的值，即学生关系中“专业编号”的取值参照了专业关系中的“专业编号”的取值。这种通过一个关系中某属性的取值限制另一个关系中某属性取值的规则称为参照完整性约束。

分析学生关系与专业关系发现，其实在个别高校的专业选择上，大学一年级是不分专业的，通过一年的学习与了解，大二再选择专业，因此学生在大学一年级时期，是没有专业的，这种情况下，学生关系中属性“专业编号”是没有值的，即取空值。

因此，学生关系中属性“专业编号”的取值有两种情况。

（1） 值为空；

（2） 为专业关系中某个元组的“专业编号”值。

定义 1.4 设 F 是关系 R 的一个或一组属性，但不是关系 R 的码，如果 F 与关系 S 的主码相对应，则称 F 是关系 R 的外码（Foreign Key），并且关系 R 称为参照关系（Referencing Relation），关系 S 为被参照关系（Referenced Relation）或目标关系（Target Relation）。关系 R 和 S 不一定是不同的关系。例如在学生关系与专业关系之间，学生关系称为参照关系，该关系中属性“专业编号”的取值参照了专业关系中主码“专业编号”的取值，专业关系称为被参照关系，将学生关系中“专业编号”称为外码，表示它的取值受限于专业关系中主码的取值。学生关系与专业关系的参照图如图 1-13 所示。

图 1-13 学生专业关系参照图

注意：

外码并不一定要与相对应关系的主码同名。但在实际开发中，为了便于识别，当外码与相应的主码属于不同的关系时，一般取相同的名字。

参照完整性规则就是定义外码与被参照的主码之间的引用规则。

对于外码取值，一般应符合如下要求：

（1） 取空值 NULL；

（2） 等于被参照关系中某个元组的主码值。

例如有仓库、产品、库存关系分别如下：

仓库（仓库编号，仓库名，面积，位置，联系电话）；

产品（产品编号，产品名称，产品体积，最多堆垛层数，生产日期，保质期）；

库存（产品编号，仓库编号，入库日期，库存量）。

分析这三个关系：关系库存中属性“产品编号”引用了关系产品中的码“产品编号”，同时关系库存中属性“仓库编号”引用了关系仓库中码“仓库编号”，因此，关系库存中属性“产品编号”和“仓库编号”是外码，关系库存是参照关系，关系仓库与关系产品均是被参照关系。根据参照完整性规则对外码取值的约定，关系库存中属性“产品编号”和“仓库编号”的取值有两种：空值或被参照关系中某个组的主码值。

进一步分析关系库存发现，该关系的主码为组合属性（产品编号，仓库编号，入库日期），按照实体完整性规则，该关系的主码取值不能取空值或者重复的值。

综合以上得出：关系库存中外码“产品编号”和“仓库编号”的取值仅仅限于被参照关系中某个组的主码值。

3） 用户定义的完整性。

用户定义的完整性也称为域完整性或语义完整性，它是指明关系中属性的取值范围，也就是属性的域，即限制关系中的属性的取值类型及取值范围，防止属性的值与应用语义矛盾。用户定义的完整性是针对某一具体关系数据库的约束条件，反映某一具体应用所涉及的数据必须满足的语义要求。如在高校学生信息管理系统中，性别取{男，女}、学生年龄（单位：岁）取[10，50]、姓名最长取 50 个字符、身高（单位：米）取[0.45，2.80]等。

任务 3　数据库设计

数据库设计是建立数据库及其应用系统的技术，是信息系统开发和建设中的核心技术，具体说，数据库设计是指利用现有的数据库管理系统，针对具体的应用要求构建适合的数据库模式，建立数据库及其应用的系统，使之能有效地收集、存储、操作和管理数据，满足各类用户的信息与处理要求。数据库设计问题是数据库在应用领域的主要研究课题。在数据库领域内，常常把使用数据库的各类系统统称为数据库应用系统。

1. 数据库设计概述

数据库设计虽然是一项应用课题，但它涉及的内容很广泛，所以设计一个性能良好的数据库并不容易。数据库设计的质量与设计者的知识、经验和水平有密切的关系。数据库设计中面临的主要困难和问题有：

① 懂得计算机与数据库的人一般都缺乏所开发数据库应用系统领域的业务知识和实际经验，而熟悉该业务且有经验的人通常又不懂得计算机软件开发，同时具备这两方面知识的人少之又少；

② 在开发初期往往不能明确应用业务所需要数据库系统的目标；

③ 客户的需求往往在一开始不很明确，而是在设计过程中不断修改或提出新的要求，甚至在数据库建立之后还会要求修改数据库结构和增加新的应用；

④ 缺乏很完善的设计工具和方法；

⑤ 数据库应用系统业务千差万别，很难找到一种适合所有应用业务的工具和方法，这就增加了研究数据库自动生成工具的难度，因此，开发适合一切数据库应用系统业务的全自动数据库生成工具是不可能的。

在进行数据库设计时，必须确定系统的目标，这样可以确保开发工作进展顺利，并能提高工作效率，保证数据模型的准确和完整。数据库设计的最终目标是数据库必须能够满足客户对数据的存储和处理需求，同时定义系统的长期和短期目标，能够提高系统的服务以及新数据库的性能期望值——客户对数据库的期望也是非常重要的。新的数据库能在多大程度上方便终端用户？新数据库的近期和长期发展计划是什么？是否所有的手工处理过程都可以自动实现？现有的自动化处理是否可以改善？这些都只是定义一个新的数据库设计目标时所必须考虑的一部分问题或因素。

成功的数据库系统应具备如下一些特点：

（1） 功能强大。

① 能准确地表示业务数据；

② 使用方便，易于维护；

③ 对最终用户操作的响应时间合理；

④ 便于数据库结构的改进；

⑤ 便于数据的检索和修改；

⑥ 维护数据库的工作较少；

⑦ 有效的安全机制以确保数据安全；

⑧ 冗余数据最少或不存在；

⑨ 便于数据的备份和恢复；

⑩ 数据库结构对终端用户来说是透明的。

数据库设计的工作量大且比较复杂，是一项数据库工程，也是一项软件工程。数据库设计的很多阶段都可以对应于软件工程的阶段，软件工程的某些方法和工具同样也适合于数据库工程，但由于数据库设计是与用户的业务需求紧密相关的，因此，它还有很多自己的特点。

（2） 综合性。

数据库设计涉及的范围很广，包含了计算机专业知识及业务系统的专业知识，同时它还要解决技术及非技术两方面的问题。

非技术问题包括组织机构的调整，经营方针的改变，管理体制的变更等。这些问题都不是设计人员所能解决的，但新的管理信息系统要求必须有与这相适应的新的组织机构、新的经营方针、新的管理体制，这就是一个较为尖锐的矛盾。另一方面，鉴于同时具备数据库和业务两方面知识的人很少，因此，数据库设计者一般都需要花费相当多的时间去熟悉应用业务系统知识，这一过程有时很麻烦，可能会使设计人员产生厌烦情绪，从而影响系统的最后成功。而且，由于承担部门和应用部门是一种委托雇佣关系，在客观上存在着一种对立，当在某些问题上意见不一致时会使双方关系比较紧张，这在 MIS（管理信息系统）中尤为突出。

（3） 结构设计与行为设计相分离。

结构设计是指数据库的模式结构设计，包括概念结构、逻辑结构和存储结构；行为设计是指应用程序设计，包括功能组织、流程控制等方面的设计。在传统的软件工程中，比较注重处理过程的设计，不太注重数据结构的设计。在一般的应用程序设计中只要可能就会推迟数据结构的设计，这种方法对于数据库设计就不太适用。

数据库设计与传统的软件工程的做法正好相反。数据库设计的主要精力首先是放在数据结构的设计上，比如数据库的表结构、视图等。

为了使数据库设计更合理、更有效，需要有效的指导原则，这种原则就称为数据库设计方法。

首先，一个好的数据库设计方法，应该能在合理的期限内，以合理的工作量，产生一个有实用价值的数据库结构。这里的“实用价值”是指满足用户关于功能、性能、安全性、完整性及发展需求等方面的要求，同时又服从特定 DBMS 的约束，可以用简单的数据模型来表达。其次，数据库设计方法还应具有足够的灵活性和通用性，不但能够使具有不同经验的人使用，而且不受数据模型及 DBMS 的限制。最后，数据库设计方法应该是可再生的，即不同的设计者使用同一方法设计同一问题时，可以得到相同或相似的设计结果。

多年来，经过人们不断的努力和探索，提出了各种数据库设计方法。运用软件工程的思想和方法提出的各种设计准则和规程都属于规范设计方法。

新奥尔良（New Orleans）方法是一种比较著名的数据库设计方法，这种方法将数据库设计分为四个阶段：需求分析、概念结构设计、逻辑结构设计和物理结构设计，如图 1-14 所示。这种方法注重数据库的结构设计，而不太考虑数据库的行为设计。S.B.Yao 等人又将数据库设计分为五个阶段，主张数据库设计应包括设计系统开发的全过程，并在每一阶段结束时进行评审，以便及早发现设计错误，及早纠正。各阶段也不是严格线性的，而是采取“反复探寻、逐步求精”的方法。在设计时从数据库应用系统设计和开发的全过程来考察数据库设计问题，既包括数据库模型的设计，也包括围绕数据库展开的应用处理的设计。在设计过程努力把数据库设计和系统其他部分的设计紧密结合，把数据和处理的需求、分析、抽象、设计和实现在各个阶段同时进行，相互参照，相互补充，以完善两方面的设计。

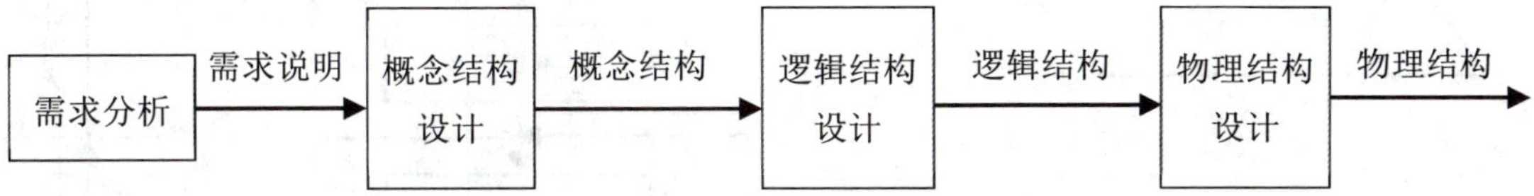

图 1-14　新奥尔良方法的数据库设计步骤

常见的数据库设计方法有：基于 E-R 模型的数据库设计方法，基于第三范式的设计方法，基于抽象语法规范的设计方法等都是在数据库设计的不同阶段上使用的具体技术和方法。数据库设计方法从本质上看仍然是手工设计方法，其基本思想是过程迭代和逐步求精。

按照规范设计的方法，同时考虑数据库及其应用系统开发的全过程，将数据库设计分为如下几个阶段：

① 需求分析；

② 概念结构设计；

③ 逻辑结构设计；

④ 物理结构设计；

⑤ 数据库实施；

⑥ 数据库运行和维护。

数据库设计全过程如图 1-15 所示。

数据库设计开始之前，首先必须选定参加设计的人员，包括系统分析人员、数据库设计人员和程序员、用户和数据库管理员。系统分析和数据库设计人员是数据库设计的核心人员，他们将自始至终参与数据库设计，他们的水平决定了数据库应用系统的质量。用户和数据库管理员在数据库设计中也是举足轻重的，他们主要参加需求分析和数据库的运行维护，他们的积极参与不但能加速数据库设计，而且也是决定数据库设计的质量的重要因素。程序员则在系统实施阶段参与进来，分别负责编制程序和准备软硬件环境。

如果所设计的数据库应用系统比较复杂，还应该考虑是否需要使用数据库设计工具和 CASE 工具以提高数据库设计质量并减少设计工作量。

（1） 需求分析阶段。

进行数据库设计首先必须准确了解与分析用户需求（包括数据与处理）。需求分析是整个设计过程的基础，是最困难、最耗费时间的一步。作为地基的需求分析是否做得充分与准确，决定了在其上构建数据库大厦的速度与质量。需求分析做得不好，甚至会导致整个数据库设计返工重做。

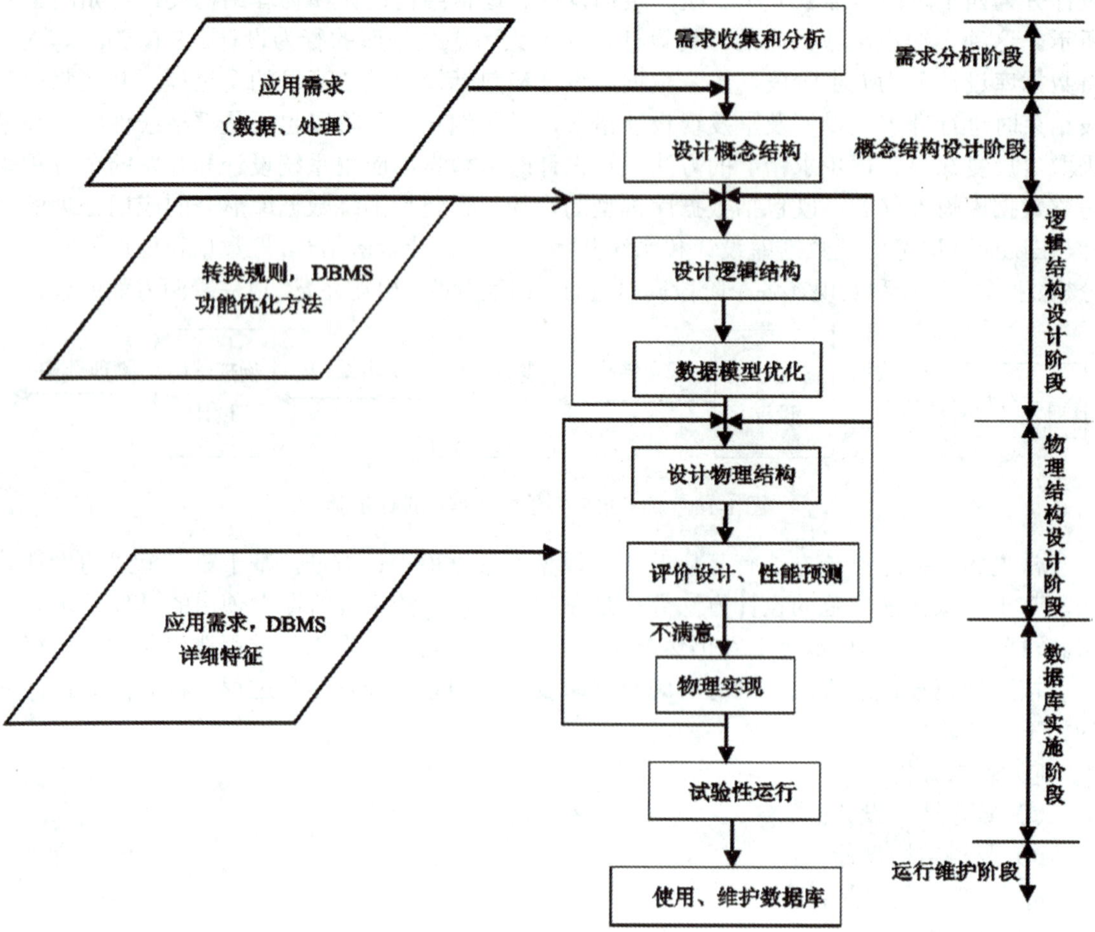

图 1-15　数据库设计的全过程

（2）　概念结构设计阶段。

概念结构设计是整个数据库设计的关键，它通过对用户需求进行综合、归纳与抽象，形成一个独立于具体 DBMS 的概念模型。

（3）　逻辑结构设计阶段。

逻辑结构设计是将概念结构转换为某个 DBMS 所支持的数据模型，并对其进行优化。

（4）　数据库物理设计阶段。

数据库物理设计是为逻辑数据模型选取一个最适合应用环境的物理结构（包括存储结构和存取方法）。

（5）　数据库实施阶段。

在数据库实施阶段，设计人员运用 DBMS 提供的数据语言及其宿主语言，根据逻辑设计和物理设计的结果建立数据库，编制与调试应用程序，组织数据入库，并进行试运行。

（6）　数据库运行和维护阶段。

数据库应用系统经过试运行后即可投入正式运行。在数据库系统运行过程中必须不断地对其进行评价、调整与修改。

设计一个完善的数据库应用系统是不可能一蹴而就的，它往往是上述六个阶段的不断反复。

需要指出的是，这个设计步骤既是数据库设计的过程，也包括了数据库应用系统的设计过程。在设计过程中把数据库的设计和对数据库中数据处理的设计紧密结合起来，将这两个方面的需求分析、抽象、设计、实现在各个阶段同时进行，相互参照，相互补充，以完善两方面的设计。事实上，如果不了解应用环境对数据的处理要求，或没有考虑如何去实现这些处理要求，是不可能设计一个良好的数据库结构的。

2. 需求分析

需求分析简单地说就是分析用户的要求。需求分析是设计数据库的起点，需求分析的结果是否准确地反映了用户的实际要求，将直接影响到后面各个阶段的设计，并影响到设计结果是否合理和实用。

1） 需求分析的任务。

需求分析的任务是通过详细调查现实世界要处理的对象（组织、部门、企业等），充分了解原系统（手工系统或计算机系统）工作概况，明确用户的各种需求，确定新系统功能的同时，收集支持系统目标的基础数据及其处理方法。需求分析是在用户调查的基础上，通过分析，逐步明确用户对系统的需求，包括数据需求和围绕这些数据的业务处理需求。

调查的重点是“数据”和“处理”，通过调查要从用户那里获得对数据库的下列要求：

（1） 信息需求。定义所设计数据库系统用到的所有信息，明确用户将向数据库中输入什么样的数据，从数据库中要求获得哪些内容，将要输出哪些信息，也就是明确在数据库中需要存储哪些数据，对这些数据将做哪些处理等，同时还要描述数据间的联系等。

（2） 处理需求。定义系统数据处理的操作功能，描述操作的次序，包括操作的执行频率和场合，操作与数据间的联系，还要明确用户要完成哪些处理功能，每种处理的执行频度，用户需求的响应时间以及处理的方式（比如是联机处理还是批处理）等。

（3） 安全性与完整性要求。安全性要求描述系统中不同用户对数据库的使用和操作情况，完整性要求描述数据之间的关联关系以及数据的取值范围要求。

在需求分析中，通过自顶向下、逐步分解的方法分析系统，任何一个系统都可以抽象为数据流图的形式。

数据流图是从“数据”和“处理”两方面表达数据处理的一种图形化表示方法。在需求分析阶段，不必确定数据的具体存储方式，这些问题留待进行物理结构设计时考虑。数据流图中的“处理”抽象地表达了系统的功能需求，系统的整体功能要求可以分解为系统的若干子功能要求，通过逐步分解的方法，可以将系统的工作过程细分，直至表达清楚为止。

需求分析是整个数据库设计中最重要的一步，是其他步骤的基础。如果把整个数据库设计当成一个系统工程看待，那么需求分析就是这个系统工程的最原始的输入信息。如果这一步做得不好，那么后续的设计即使再优化也只能前功尽弃，所以这一步特别重要。

需求分析也是最困难、最麻烦的一步，其困难之处不在于技术上，而在于要了解、分析、表达客观世界并非易事，这也是数据库自动生成工具的研究中最困难的部分。目前，许多自动生成工具都绕过这一步，先假定需求分析已经有结果，这些自动工具就以这一结果作为后续步骤的输入。

2） 需求分析的方法。

需求分析首先要调查清楚用户的实际需求，与用户达成共识，然后再分析这些需求。调查用户需求的重点是“数据”和“处理”，为达到这一目的，在调查前要拟定调查提纲。调查时要抓住两个“流”，即“信息流”和“处理流”，而且调查中要不断地将这两个“流”结合起来。调查的任务是调研现行系统的业务活动规则，并提取描述系统业务的现实系统模型。

通常情况下，调查用户的需求包括三方面内容，即系统的业务现状、信息源流及外部要求。

（1） 业务现状。

业务现状包括：业务方针政策、系统的组织机构、业务内容、约束条件和各种业务的全过程。

（2） 信息源流。

信息源流包括：各种数据的种类、类型及数据量，各种数据的源头、注射和终点，各种数据的产生、修改、查询及更新过程和频率以及各种数据与业务处理的关系。

（3） 外部要求。

外部要求包括：对数据保密性的要求，对数据完整性的要求，对查询响应时间的要求，对新系统使用方式的要求，对输入方式的要求，对输出报表的要求，对各种数据精度的要求，对吞吐量的要求，对未来功能、性能及应用范围扩展的要求。

在进行需求调查时，实际上就是发现现行业务系统的动作事实。常用的发现事实的方法有检查文档、面谈、观察操作中的业务、研究和问卷调查等。

① 检查文档。

当要深入了解为什么客户需要数据库应用时，检查用户的文档是非常有用的。检查文档有助于提供与问题相关的业务信息，如果问题与现在系统相关，则一定有与该系统相关的文档。检查与目前系统相关的文档、表格、报告和文件是一种非常好的快速理解系统的方法。

② 面谈。

面谈是最常用的，通常也是最有用的事实发现方法，通过面对面谈话获取有用信息。面谈还有其他用处，比如找出事实，确认、澄清事实，得到所有最终用户，标识需求，集中意见和观点。但是，使用面谈这种技术需要良好的交流能力，面谈的成功与否依赖于谈话者的交流技巧，而且，面谈也有它的缺点，比如非常消耗时间，为了保证面谈成功，必须选择合适的谈话人选，准备的问题涉及范围要广，要引导谈话有效地进行。

③ 观察业务的运转。

观察是用来理解一个系统的最有效的事实发现方法之一。使用这个技术可以参与或者观察做事的人以了解系统。当用其他方法调研的数据的有效性值得怀疑或者系统特定方面的复杂性阻碍了最终用户做出清晰的解释时，这种技术尤其有用。与其他事发现相比，成功的观察要求做非常多的准备。为了确保成功，要尽可能多地了解要观察的人和活动，例如，所观察的活动的低谷、正常以及高峰期分别是什么时候？

④ 研究。

研究是通过计算机行业的杂志、参考书和因特网等来查找是否有类似的解决此问题的方法，甚至可以查找和研究是否存在解决此问题的软件包。但这种方法也有很多缺点，比如，如果存在解决此问题的方法，则可以节省很多时间，但如果没有，则可能会非常浪费时间。

⑤ 问卷调查。

另一种事实发现方法是通过问卷来调查。问卷是一种有着特定目的的小册子，这样可以在控制答案的同时，集中一大群人的意见。当和大批用户打交道，其他的事实发现技术都不能有效地把这些事实列成表格时，就可以采用问卷调查的方式，问卷有两种格式：自由形式问卷和固定形式。

在自由格式问卷上，答卷人提供答案有更大的自由。问题提出后，答卷人在题目后的空白地方写答案。例如："你当前收到的是什么报表，它们有什么用"，"这些报告是否存在问题？如果有，请说明"。自由格式问卷存在的问题是答卷人的答案可能难以列成表格，而且，有时答卷人可能答非所问。

在固定格式问卷上，包含的问题答案是特定的。给定一个问题，回答者必须从提供的答案中选择一个。因此，结果容易列表。但另一方面，答卷人不能提供一些有用的附加信息，如现在的业务系统的报告形式非常理想，不必改动。答卷人可以选择的答案有"是"或者"否"，或者一组选项，包括"非常赞同"、"同意"、"没意见"、"不同意"和"强烈反对"等。

做需求调查时，往往需要同时采用上述多种方法，但无论使用哪种调查方法，都必须有用户的积极参与和配合。

3） 需求分析的步骤。

需求分析的步骤如下：

（1） 分析用户活动，产生用户活动图。

这一步要了解用户当前的业务活动和职能，分析其处理过程。如果一个业务流程比较复杂，要把它分解为几个子处理，使每个处理功能明确、界面清楚，分析之后画出用户活动图（即用户的业务流程图）。本部分参考软件工程相关材料。

（2） 确定系统范围，产生系统范围图。

这一步是确定系统的边界。在和用户经过充分讨论的基础上，确定计算机所能进行的数据处理和范围，确定哪些工作由人工完成，哪些工作由计算机系统完成，即确定人机界面。本部分参考软件工程相关材料。

（3） 分析用户活动所涉及的数据，产生数据流图。

在这一过程中，要深入分析用户的业务处理过程，以数据流图的形式表示出数据的流动和对数据所做的加工。

数据流图（Data Flow Diagram，DFD）有 4 个基本成分：数据流（用箭头表示）、加工或处理（用圆圈表示）、文件（用右边无边框矩形或双线段表示）和外部实体（数据流的源点和终点，用长方形表示。图 1-16 是学生住宿管理数据流图。

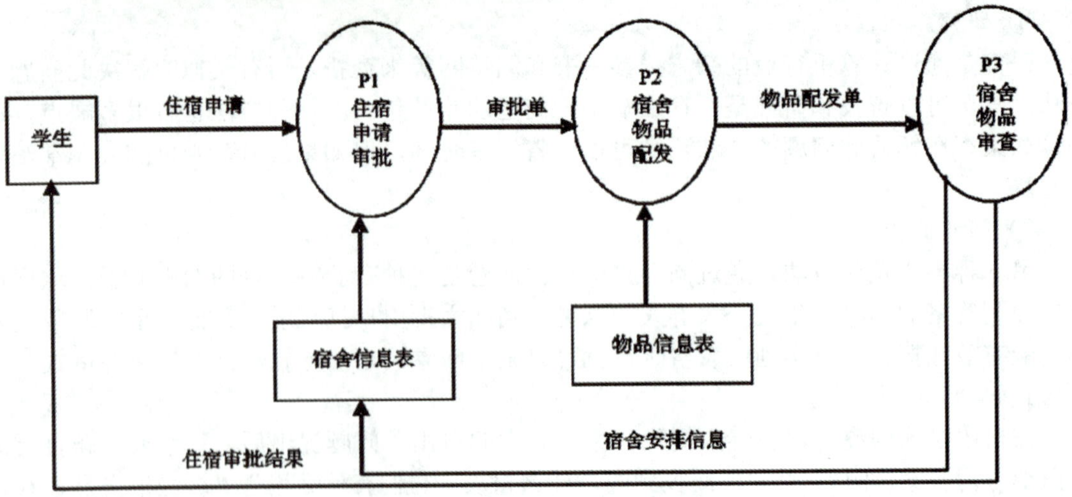

图 1-16　学生住宿管理数据流图

（4） 分析系统数据，产生数据字典。

数据流图表达了数据和处理的关系，是从动态的角度描述系统；而数据字典是系统中各类数据描述的集合，是进行详细的数据收集和数据分析所获得的主要成果，是从静态的角度描述系统。

数据字典通常包括数据项、数据结构、数据流、数据存储和处理过程五个部分。其中数据项是数据的最小组成单位，若干个数据项可以组成一个数据结构，数据字典通过对数据项和数据结构的定义来描述数据流、数据存储的逻辑内容。

① 数据项。

数据项是不可再分的数据单位。对数据项的描述通常包括以下内容：

数据项描述＝{数据项名，数据项含义说明，别名，数据类型，长度，取值范围，取值含义，与其他数据项的逻辑关系，数据项之间的联系}

其中“取值范围”、“与其他数据项的逻辑关系”（例如该数据项等于另几个数据项的和，该数据项值等于另一数据项的值等）定义了数据的完整性约束条件，是设计数据检验功能的依据。

可以用关系规范化理论为指导，用数据依赖的概念分析和表示数据项之间的联系，即按实际语义，写出每个数据项之间的数据依赖，它们是数据库逻辑设计阶段数据模型优化的依据。

下面以“学号”为例介绍数据项在数据字典中的描述：

数据项名：学号

含义说明：唯一标识每位学生

别名：学生编号

类型：字符型

长度：10

取值范围：0000000000～9999999999

取值含义：前两位是学生入学年份的后两位，第三、四位是学生所在院系的编号，第

五、六位是学生所学专业编号，第七、八位是学生所在班级编号，最后两位是该生在该班级的编号。

② 数据结构。

数据结构反映了数据之间的组合关系。一个数据结构可以由若干数据项组成，也可以由若干数据结构组成，或由若干数据项和数据结构混合组成。对数据结构的描述通常包括以下内容：

数据结构描述＝{数据结构名，含义说明，组成：{数据项或数据结构}}

下面以“宿舍”为例，介绍数据结构在数据字典中的描述：

数据结构名：宿舍

含义说明：是学生宿舍管理系统的核心数据结构，定义了一个宿舍的有关信息

组成：宿舍编号+所在楼层+宿舍编号+床位编号+可住人数+已入住人数+宿舍电话+住宿费+椅子数+桌子数+备注

③ 数据流。

数据流是数据结构在系统内传输的路径。对数据流的描述通常包括以下内容：

数据流描述＝{数据流名，说明，数据流来源，数据流去向，组成：{数据结构}，平均流量，高峰期流量}

其中，“数据流来源”是说明该数据流来自哪个过程。“数据流去向”是说明该数据流将到哪个过程去。“平均流量”是指在单位时间（每天、每周、每月等）里的传输次数。“高峰期流量”则是指在高峰时期的数据流量。

下面以“物品配发单”为例，介绍数据流在数据字典中的描述：

数据流名：物品配发单

说明：为即将入住学生配发的物品信息

数据流去向：物品审核

组成：{学生信息}+{物品信息}+{宿舍信息}+{审报时间}

平均流量：500 次/月

高峰期流量：3000 次/天

④ 数据存储。

数据存储是数据结构停留或保存的地方，也是数据流的来源和去向之一。它可以是手工文档或手工凭单，也可以是计算机文档。对数据存储的描述通常包括以下内容：

数据存储描述＝{数据存储名，说明，编号，输入的数据流，输出的数据流，组成：{数据结构，数据量，存取频度，存取方式}}

其中“存取频度”指每小时或每天或每周存取几次、每次存取多少数据等信息。“存取方式”包括是批处理还是联机处理；是检索还是更新；是顺序检索还是随机检索等。另外，“输入的数据流”要指出其来源，“输出的数据流”要指出其去向。

下面以“宿舍信息表”为例，介绍数据存储在数据字典中的描述：

数据存储：宿舍信息表

说明：记录学校宿舍使用情况

编号：01

输入的数据流：学生信息+宿舍信息+配发物品信息

输出的数据流：宿舍安排信息

组成：学号+宿舍号+床位号+桌子数+椅子数+入住时间+住宿时长+是否延期

数据量：每年 5500 条

存取频度：每天 100 条

存取方式：随机存取

⑤ 处理过程。

处理过程的具体处理逻辑一般用判定表或判定树来描述。数据字典中只需要描述处理过程的说明性信息，通常包括以下内容：

处理过程描述＝{处理过程名，说明，输入：{数据流}，输出：{数据流}，处理：{简要说明}}

其中“简要说明”中主要说明该处理过程的功能及处理要求。功能是指该处理过程用来做什么（而不是怎么做），处理要求包括处理频度要求，如单位时间里处理多少事务、多少数据量、响应时间要求等。这些处理要求是后面物理设计的输入及性能评价的标准。

下面以“住宿审批”为例，介绍处理过程在数据字典中的描述：

处理过程名：住宿审批

说明：为申请入住的学生分配宿舍

输入：学生申请表、宿舍信息

输出：审批单

处理：在学生提出申请后，为学生分配宿舍，要求同一间宿舍只能安排同一性别的学生，同一个学生只能安排在一个宿舍中，每个学生的居住面积不小于 3 平方米，安排新生宿舍其处理时间应不超过 10 分钟。

可见，数据字典是关于数据库中数据的描述，即元数据，而不是数据本身。数据字典是在需求分析阶段建立，在数据库设计过程中不断修改、充实、完善的。明确地把需求收集和分析作为数据库设计的第一阶段是十分重要的。这一阶段收集到的基础数据（用数据字典来表达）和一组数据流程图（Data Flow Diagram，简称 DFD）是下一步进行概念设计的基础。

在调查了解了用户需求以后，还需要进一步分析和表达用户的需求。在众多的分析方法中结构化分析方法（Structured Analysis，简称 SA 方法）是一种简单实用的方法。SA 方法从最上层的系统组织机构入手，采用自顶向下、逐层分解的方式分析系统。在 SA 方法中，系统中的数据则借助数据字典（Data Dictionary，DD）来描述，处理过程的处理逻辑常常借助判定表或者判定树来描述。

最后，要强调两点：

（1） 需求分析阶段的一个重要而困难的任务是收集将来应用所涉及的数据，设计人员应充分考虑到可能的扩充和改变，使设计易于更改，系统易于扩充。

（2） 必须强调用户的参与，这是数据库应用系统设计的特点。数据库应用系统和广泛的用户有密切的联系，许多人要使用数据库，数据库的设计和建立又可能对更多人的工作环境产生重要影响。因此用户的参与是数据库设计不可分割的一部分。在数据分析阶段，任何调查研究没有用户的积极参加是寸步难行的。设计人员应该和用户取得共同的语言，帮助不熟悉计算机的用户建立数据库环境下的共同概念，并对设计工作的最后结果承担共同的责任。

3. 概念结构设计

将需求分析得到的用户需求抽象为信息结构即概念模型的过程就是概念结构设计。它是整个数据库设计的关键。

1） 概念结构。

在需求分析阶段所得到的应用需求应该首先抽象为信息世界的结构，才能更好地、更准确地用某一 DBMS 实现这些需求。

概念结构的主要特点是：

（1） 能真实、充分地反映现实世界，包括事物和事物之间的联系，能满足用户对数据的处理要求，是对现实世界的一个真实模型。

（2） 易于理解，从而可以用它和不熟悉计算机的用户交换意见，用户的积极参与是数据库的设计成功的关键。

（3） 易于更改，当应用环境和应用要求改变时，容易对概念模型修改和扩充。

（4） 易于向关系、网状、层次等各种数据模型转换。

概念结构是各种数据模型的共同基础，它比数据模型更独立于机器、更抽象，从而更加稳定。

描述概念模型的有力工具是 E-R 模型。有关 E-R 模型的基本概念已在任务 1 中介绍。

2） 概念结构设计的方法与步骤。

设计概念结构通常有四类方法：

（1） 自顶向下。即首先定义全局概念结构的框架，然后逐步细化。

（2） 自底向上。即首先定义各局部应用的概念结构，然后将它们集成起来，得到全局概念结构。

（3） 逐步扩张。首先定义最重要的核心概念结构，然后向外扩充，以滚雪球的方式逐步生成其他概念结构，直至总体概念结构。

（4） 混合策略。即将自顶向下和自底向上相结合，用自顶向下策略设计一个全局概念结构的框架，以它为骨架集成由自底向上策略中设计的各局部概念结构。

其中，最经常采用的策略是自底向上方法，即自顶向下地进行需求分析，然后再自底向上地设计概念结构。

这里只介绍自底向上设计概念结构的方法。它通常分为两步：第 1 步是抽象数据并设计局部视图，第 2 步是集成局部视图，得到全局的概念结构。

3） 数据抽象与局部视图设计。

概念结构是对现实世界的一种抽象。所谓抽象是对实际的人、物、事和概念进行人为处理，抽取所关心的是共同特性，忽略非本质的细节，并把这些特性用各种概念精确地加以描述，这些概念组成了某种模型。

4） 视图的集成。

各子系统的分 E-R 图设计好以后，下一步就是要将所有的分 E-R 图综合成一个系统的总 E-R 图，即：

① 合并分 E-R 图，生成初步 E-R 图。

② 消除不必要的冗余，设计基本 E-R 图。

下面将用 E-R 模型来描述学生住宿管理系统的概念结构。

（1） 确定实体。

学生住宿管理系统中实体有学生、宿舍楼、宿舍、宿舍物品、宿舍管理人员。

（2） 给出各实体的属性。

学生住宿管理系统中各实体的属性如下：

学生的属性有：学号、院系、姓名、性别、年龄、电话、家庭住址、家庭联系人姓名、家庭联系人电话。

宿舍楼的属性有：宿舍楼编号、所在校区、宿舍楼位置、宿舍间数、建造开始时间、建造完工时间。

宿舍的属性有：宿舍号、宿舍类型、收费标准、标配电量、标准水量、可入住人数、已入住人数。

宿舍物品的属性有：物品编号、物品名称、物品价格。

宿舍管理人员的属性有：工号、姓名、性别、年龄、工龄、工种、入职时间。

（3） 定义实体之间的联系。

一个宿舍中可以住多名学生，每名学生只能住在一个宿舍中，因此，宿舍与学生之间是一对多的联系。

一栋宿舍楼由多个宿舍组成，因此，宿舍楼与宿舍之间是一对多的联系。

一栋宿舍楼有一名宿舍管理人员，一名宿舍管理人员只能在一栋宿舍楼中工作，因此，宿舍楼与宿舍管理人员之间是一对一的联系。

一栋宿舍楼配有多种宿舍物品，每种宿舍物品配发到各个宿舍中，因此，宿舍楼与宿舍物品之间是多对多的联系。

每个学生配备有多种宿舍物品，每种宿舍物品可以配发给多名学生，因此，学生与宿舍物品之间是多对多的联系。

（4） 绘制学生宿舍管理系统的 E-R 图如图 1-17 所示。

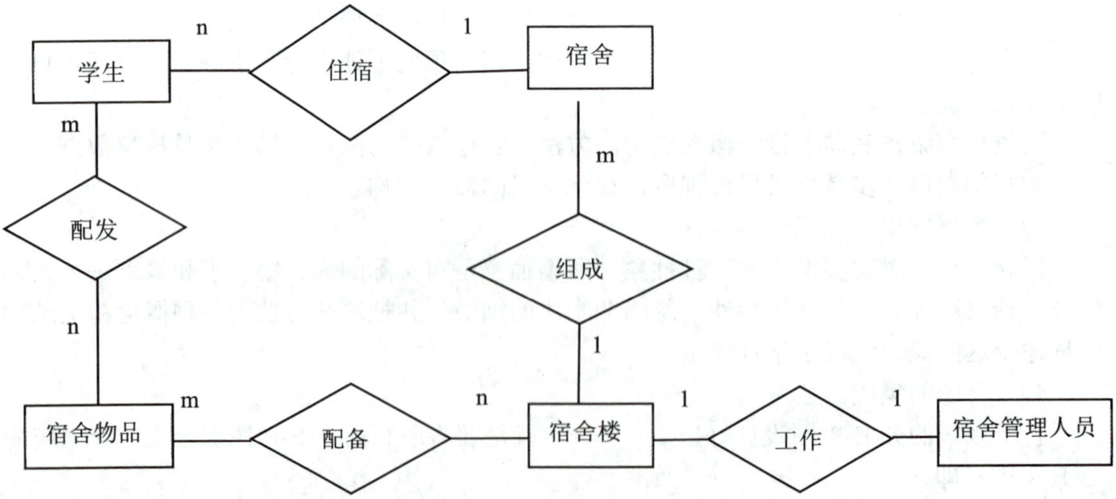

图 1-17 学生宿舍管理系统的 E-R 图

在以上学生实体与宿舍管理人员实体的属性命名中，出现重名不同义情况，因此，对重复的名字进行重命名以消除此现象。

实体学生的属性重命名后为：

学号，院系，学生姓名，学生性别，学生年龄，电话，家庭住址，家庭联系人姓名，家庭联系人电话。

宿舍管理人员实体的属性重命名后为：

宿舍管理人员的属性有：工号、工人姓名、工人性别、工人年龄、工龄、工种、入职时间。

4. 逻辑结构设计

概念结构是独立于任何一种数据模型的信息结构。逻辑结构设计的任务就是把概念结构设计阶段设计好的基本E-R图转换为与选用DBMS产品所支持的数据模型相符合的逻辑结构。

从理论上讲，设计逻辑结构应该选择最适于相应概念结构的数据模型，然后对支持这种数据模型的各种DBMS进行比较，从中选出最合适的DBMS。但实际情况往往是已给定了某种DBMS，设计人员没有选择的余地。目前DBMS产品一般支持关系、网状、层次三种模型中的某一种，对某一种数据模型，各个机器系统又有许多不同的限制，提供不同的环境与工具。所以设计逻辑结构时一般要分三步进行：

（1） 将概念结构转换为一般的关系、网状、层次模型；

（2） 将转换来的关系、网状、层次模型向特定DBMS支持下的数据模型转换；

（3） 对数据模型进行优化。

1） E-R 图向关系模型的转换。

E-R 图向关系模型的转换要解决的问题是如何将实体和实体间的联系转换为关系模式，如何确定这些关系模式的属性和码。

关系模型的逻辑结构是一组关系模式的集合。E-R 图则是由实体、实体的属性和实体之间的联系三个要素组成的。所以将E-R图转换为关系模型实际上就是要将实体、实体的属性和实体之间的联系转换为关系模式，这种转换一般遵循如下原则：

（1） 一个实体型转换为一个关系模式。实体的属性就是关系的属性，实体的码就是关系的码。

（2） 对于实体间的联系则有以下不同的情况：

① 一个1:1联系可以转换为一个独立的关系模式，也可以与任意一端对应的关系模式合并。如果转换为一个独立的关系模式，则与该联系相连的各实体的码以及联系本身的属性均转换为关系的属性，每个实体的码均是该关系的候选码。如果与某一端实体对应的关系模式合并，则需要在该关系模式的属性中加入另一个关系模式的码和联系本身的属性。

② 一个1:n联系可以转换为一个独立的关系模式，也可以与n端对应的关系模式合并。如果转换为一个独立的关系模式，则与该联系相连的各实体的码以及联系本身的属性均转换为关系的属性，而关系的码为n端实体的码。

③ 一个 m:n 联系转换为一个关系模式。与该联系相连的各实体的码以及联系本身的属性均转换为关系的属性，而关系的码为各实体码的组合。

④ 三个或三个以上实体间的一个多元联系可以转换为一个关系模式。与该多元联系相连的各实体的码以及联系本身的属性均转换为关系的属性，而关系的码为各实体码的组合。

⑤ 具有相同码的关系模式可合并。

2） 形成了一般的数据模型后，下一步就是向特定的 RDBMS 的模型转换。设计人员必须熟悉所用 RDBMS 的功能与限制。这一步是依赖于机器的，不能给出一个普遍的规则，但对于关系模型来说，这种转换通常都比较简单，不会有太多的困难。

依据上述理论，将学生住宿管理系统的 E-R 图转换出相应的关系模式如下：

学生关系（学号，院系，学生姓名，学生性别，学生年龄，电话，家庭住址，家庭联系人姓名，家庭联系人电话，宿舍楼编号，宿舍号）

宿舍楼关系（宿舍楼编号，所在校区，宿舍楼位置，宿舍间数，建造开始时间，建造完工时间）

宿舍关系（宿舍号，宿舍类型，收费标准，标配电量，标配水量，可入住人数，已入住人数，宿舍楼编号）

宿舍物品关系（物品编号，物品名称，物品价格）

宿舍管理人员关系（工号，工人姓名，工人性别，工人年龄，工龄，工种，入职时间，宿舍楼编号）

宿舍物品发放关系（学号，物品编号，领取数量，领取日期，领取人）

宿舍物品配备关系（宿舍楼编号，物品编号，配备数量，发放数量，剩余数量）

3） 数据模型的优化。

数据库逻辑设计的结果不是唯一的。为了进一步提高数据库应用系统的性能，还应该根据应用需要适当地修改、调整数据模型的结构，这就是数据模型的优化。关系数据模型的优化通常以规范化理论为指导，方法为：

（1） 确定数据依赖。根据需求分析阶段所得到的语义，分别写出每个关系模式内部各属性之间的数据依赖以及不同关系模式属性之间的数据依赖。

（2） 对于各个关系模式之间的数据依赖进行极小化处理，消除冗余的联系，具体方法已在关系数据理论中讲解。

（3） 按照数据依赖的理论对关系模式逐一进行分析，考察是否存在部分函数依赖、传递函数依赖、多值依赖等，确定各关系模式分别属于第几范式。

（4） 按照需求分析阶段得到的处理要求，分析对于这样的应用环境这些模式是否合适，确定是否要对某些模式进行合并或分解。

必须注意的是，并不是规范化程度越高的关系就越优。例如，当查询经常涉及到两个或多个关系模式的属性时，系统经常进行连接运算。连接运算的代价是相当高的，可以说关系模型低效的主要原因就是连接运算引起的。这时可以考虑将这几个关系合并为一个关系。因此在这种情况下，第二范式甚至第一范式也许是合适的。

又如，非 BCNF 的关系模式虽然从理论上分析会存在不同程度的更新异常或冗余，但如果在实际应用中对此关系模式只是查询，并不执行更新操作，则就不会产生实际影响。所以对于一个具体应用来说，到底规范化到什么程度，需要权衡响应时间和潜在问题两者的利弊决定。

规范化理论为数据库设计人员判断关系模式优劣提供了理论标准，可用来预测模式可能出现的问题，使数据库设计工作有了严格的理论基础。

依据关系数据理论，对学生宿舍管理系统中每个关系进行分析。

关系学生的函数依赖是：

学号 $\xrightarrow{F}$（院系，学生姓名，学生性别，学生年龄，电话，家庭住址，家庭联系人姓名，家庭联系人电话，宿舍楼编号，宿舍号）

关系宿舍楼的函数依赖是：

宿舍楼编号 $\xrightarrow{F}$（所在校区，宿舍楼位置，宿舍间数，建造开始时间，建造完工时间）

关系宿舍的函数依赖是：

宿舍号 $\xrightarrow{F}$（宿舍类型，收费标准，标配电量，标配水量，可入住人数，已入住人数，宿舍楼编号）

关系宿舍物品的函数依赖是：

物品编号 $\xrightarrow{F}$ 物品名称，物品价格

关系宿舍管理人员的函数依赖是：

工号 $\xrightarrow{F}$（工人姓名，工人性别，工人年龄，工龄，工种，入职时间，宿舍楼编号）

关系宿舍物品发放的函数依赖是：

（学号，物品编号）$\xrightarrow{F}$（领取数量，领取日期，领取人）

关系宿舍物品配备的函数依赖是：

（宿舍楼编号，物品编号）$\xrightarrow{F}$（配备数量，发放数量，剩余数量）

从各个关系模式的数据依赖看出，对于学生宿舍管理系统的每个关系模式来说，均达到 3NF 的要求，因此，适于该系统的使用。

（5） 对关系模式进行必要的分解，提高数据操作的效率和存储空间的利用率。常用的两种分解方法是水平分解和垂直分解。

（6） 设计用户子模式。

将概念模型转换为全局逻辑模型后，还应该根据局部应用需求，结合具体 DBMS 的特点，设计用户的外模式。

目前，关系数据库管理系统一般都提供视图（View）概念，可以利用这一功能设计更符合局部用户需要的用户外模式。

定义数据库全局模式主要从系统的时间效率、空间效率、易维护等角度出发。由于用户外模式与模式是相对独立的，因此在定义用户外模式时可以注重考虑用户的习惯与方便，包括：

① 使用更符合用户习惯的别名。

在合并各分 E-R 图时，曾做了消除命名冲突的工作，以使数据库系统中同一关系和属性具有唯一的名字。这在设计数据库整体结构时是非常必要的。用 View 机制可以在设计

用户 View 时重新定义某些属性名，使其与用户习惯一致，以方便使用。

② 可以对不同级别的用户定义不同的 View，以保证系统的安全性。

假设对于学生宿舍管理系统中的关系模式学生（学号，院系，学生姓名，学生性别，学生年龄，电话，家庭住址，家庭联系人姓名，家庭联系人电话，宿舍楼编号，宿舍号），可以在学生关系上建立两个视图，以方便使用。

为学生建立视图：

个人信息视图（学号，姓名，院系，电话，宿舍楼编号，宿舍号）

为宿舍管理人员建立视图：

学生信息（学号，姓名，电话，院系，家庭住址，家庭联系人姓名，家庭联系人电话）

个人信息视图中只包含允许学生查询的属性，而为宿舍管理人员建立的学生信息视图中包含允许宿舍管理人员查询的属性。这样就可以防止用户非法访问本来不允许他们查询的数据，保证了系统的安全性。

③ 简化用户对系统的使用。

如果某些局部应用中经常要使用某些很复杂的查询，为了方便用户，可以将这些复杂查询定义为视图，用户每次只对定义好的视图进行查询，大大简化了用户的使用。

5. 数据库的物理设计

数据库在物理设备上的存储结构与存取方法称为数据库的物理结构，它依赖于给定的计算机系统。为一个给定的逻辑数据模型选取一个最适合应用要求的物理结构的过程，就是数据库的物理设计。

数据库的物理设计通常分为两步：

（1） 确定数据库的物理结构，在关系数据库中主要指存取方法和存储结构；

（2） 对物理结构进行评价，评价的重点是时间和空间效率。

如果评价结果满足原设计要求，则可进入到物理实施阶段，否则，就需要重新设计或修改物理结构，有时甚至要返回逻辑设计阶段修改数据模型。

不同的数据库产品所提供的物理环境、存取方法和存储结构有很大差别，能供设计人员使用的设计变量、参数范围也很不相同，因此没有通用的物理设计方法可遵循，只能给出一般的设计内容和原则。希望设计优化的物理数据库结构，使得在数据库上运行的各种事务响应时间小、存储空间利用率高、事务吞吐率大。为此首先对要运行的事务进行详细分析，获得选择物理数据库设计所需要的参数。其次，要充分了解所用 RDBMS 的内部特征，特别是系统提供的存取方法和存储结构。

对于数据库查询事务，需要得到如下信息：

（1） 查询的关系；

（2） 查询条件所涉及的属性；

（3） 连接条件所涉及的属性；

（4） 查询的投影属性。

对于数据更新事务，需要得到如下信息：

（1） 被更新的关系；

（2） 每个关系上的更新操作条件所涉及的属性；

（3） 修改操作要改变的属性值。

除此之外，还需要知道每个事务在各关系上运行的频率和性能要求。例如，事务 T 必须在 10 秒钟内结束，这对于存取方法的选择具有重大影响。

上述这些信息是确定关系的存取方法的依据。

应注意的是，数据库上运行的事务会不断变化、增加或减少，以后需要根据上述设计信息的变化调整数据库的物理结构。

通常对于关系数据库物理设计的内容主要包括：

（1） 为关系模式选择存取方法；

（2） 设计关系、索引等数据库文件的物理存储结构。

下面就介绍这些设计内容和方法。

1） 关系模式存取方法选择。

数据库系统是多用户共享的系统，对同一个关系要建立多条存取路径才能满足多用户的多种应用要求。物理设计的任务之一就是要确定选择哪些存取方法，即建立哪些存取路径。

存取方法是快速存取数据库中数据的技术。数据库管理系统一般都提供多种存取方法。常用的存取方法有三类。第一类是索引方法，目前主要是 B+树索引方法；第二类是聚簇（Cluster）方法；第三类是 HASH 方法。

B+树索引方法是数据库中经典的存取方法，使用最普遍。

2） 确定数据库的存储结构。

确定数据库物理结构主要指确定数据的存放位置和存储结构，包括确定关系、索引、聚簇、日志、备份等的存储安排和存储结构；确定系统配置等。

确定数据的存放位置和存储结构要综合考虑存取时间、存储空间利用率和维护代价三方面的因素。这三个方面常常是相互矛盾的，因此需要进行权衡，选择一个折中方案。

（1） 确定数据的存放位置。

为了提高系统性能，应该根据应用情况将数据的易变部分与稳定部分、经常存取部分和存取频率较低部分分开存放。

例如，目前许多计算机都有多个磁盘，因此可以将表和索引放在不同的磁盘上，在查询时，由于两个磁盘驱动器并行工作，可以提高物理 I/O 读写的效率；也可以将比较大的表分放在两个磁盘上，以加快存取速度，这在多用户环境下特别有效；还可以将日志文件与数据库对象（表、索引等）放在不同的磁盘上以改进系统的性能。此外，数据库的数据备份和日志文件备份等只在故障恢复时才使用，而且数据量很大，可以存放在磁带上。

由于各个系统所能提供的对数据进行物理安排的手段、方法差异很大，因此设计人员应仔细了解给定的 RDBMS 提供的方法和参数，针对应用环境的要求，对数据进行适当的物理安排。

（2） 确定系统配置。

DBMS 产品一般都提供了一些系统配置变量、存储分配参数，供设计人员和 DBA 对数据库进行物理优化。初始情况下，系统都为这些变量赋予合理的默认值。但是这些值不一定适合每一种应用环境，在进行物理设计时，需要重新对这些变量赋值，以改善系统的性能。

系统配置变量很多，例如：同时使用数据库的用户数，同时打开的数据库对象数，内存分配参数，缓冲区分配参数（使用的缓冲区长度、个数），存储分配参数，物理块的大小，物理块装填因子，时间片大小，数据库的大小，锁的数目等。这些参数值影响存取时间和存储空间的分配，在物理设计时就要根据应用环境确定这些参数值，以使系统性能最佳。

在物理设计时对系统配置变量的调整只是初步的，在系统运行时还要根据系统实际运行情况做进一步的调整，以期切实改进系统性能。

3） 评价物理结构。

数据库物理设计过程中需要对时间效率、空间效率、维护代价和各种用户要求进行权衡，其结果可以产生多种方案，数据库设计人员必须对这些方案进行细致的评价，从中选择一个较优的方案作为数据库的物理结构。

评价物理数据库的方法完全依赖于所选用的 DBMS，主要是从定量估算各种方案的存储空间、存取时间和维护代价入手，对估算结果进行权衡、比较，选择出一个较优的合理的物理结构。如果该结构不符合用户需求，则需要修改设计。

6. 数据库的实施与维护

完成数据库的物理设计之后，设计人员就要用 RDBMS 提供的数据定义语言和其他实用程序将数据库逻辑设计和物理设计结果严格描述出来，成为 DBMS 可以接受的源代码，再经过调试产生目标模式，然后就可以组织数据入库了，这就是数据库实施阶段。

（1） 数据的载入和应用程序的调试。

数据库实施阶段包括两项重要的工作，一项是数据的载入，另一项是应用程序的编码和调试。

一般数据库系统中，数据量都很大，而且数据来源于部门中的各个不同的单位，数据的组织方式、结构和格式都与新设计的数据库系统有相当的差距，组织数据录入就要将各类源数据从各个局部应用中抽取出来，输入计算机，再分类转换，最后综合成符合新设计的数据库结构的形式，输入数据库。因此这样的数据转换、组织入库的工作是相当费力费时的工作。特别是原系统是手工数据处理系统时，各类数据分散在各种不同的原始表格、凭证、单据之中。在向新的数据库系统中输入数据时，还要处理大量的纸质文件，工作量就更大。

由于各个不同的应用环境差异很大，不可能有通用的转换器，DBMS 产品也不提供通用的转换工具。为提高数据输入工作的效率和质量，应该针对具体的应用环境设计一个数据录入子系统，由计算机来完成数据入库的任务。

由于要入库的数据在原来的系统中的格式结构与新系统中不完全一样，有的差别可能还比较大，不仅向计算机内输入数据时发生错误，转换过程中也有可能出错。因此在原数据入库之前要采用多种方法对它们进行检验，以防止不正确的数据入库，这部分的工作在整个数据输入子系统中是非常重要的。

在设计数据输入子系统时还要注意原有系统的特点，例如对原有系统是人工数据处理系统的情况。尽管新系统的数据结构可能与原系统有很大差别，在设计数据输入子系统时，尽量让输入格式与原系统结构相近，这不仅使处理手工文件比较方便，更重要的是减少用户出错的可能性，保证数据输入的质量。现有的 DBMS 一般都提供不同 DBMS 之间数据转换的工具，若原来是数据库系统，就可以利用新系统的数据转换工具，先将原系统中的表转换成新系统中相同结构的临时表，再将这些表中的数据分类、转换、综合成符合新系统的数据模式，插入相应的表中。

数据库应用程序的设计应该与数据库设计同时进行，因此在组织数据入库的同时还要调试应用程序。应用程序的设计、编码和调试的方法、步骤在软件工程等课程中有详细讲解，这里就不赘述了。

（2）　数据库的试运行。

在原有系统的数据有一小部分已输入数据库后，就可以开始对数据库系统进行联合调试，这又称为数据库的试运行。

这一阶段要实际运行数据库应用程序，执行对数据库的各种操作，测试应用程序的功能是否满足设计要求。如果不满足，对应用程序部分则要修改、调整，直到达到设计要求为止。

在数据库试运行时，还要测试系统的性能指标，分析其是否达到设计目标。在对数据库进行物理设计时已初步确定了系统的物理参数值，但一般的情况下，设计时的考虑在许多方面只是近似的估计，和实际系统运行总有一定的差距，因此必须在试运行阶段实际测量和评价系统性能指标。事实上，有些参数的最佳值往往是经过运行调试后找到的。如果测试的结果与设计目标不符，则要返回物理设计阶段，重新调整物理结构，修改系统参数，某些情况下甚至要返回逻辑设计阶段，修改逻辑结构。

这里特别要强调两点：

第一，上面已经讲到组织数据入库是十分费时费力的事，如果试运行后还要修改数据库的设计，还要重新组织数据入库。因此应分期分批地组织数据入库，先输入小批量数据做调试用，待试运行基本合格后，再大批量输入数据，逐步增加数据量，逐步完成运行评价。

第二，在数据库试运行阶段，由于系统还不稳定，硬、软件故障随时都可能发生。而系统的操作人员对新系统还不熟悉，误操作也不可避免，因此应首先调试运行 DBMS 的恢复功能，做好数据库的转储和恢复工作。一旦故障发生，能使数据库尽快恢复，尽量减少对数据库的破坏。

（3）　数据库的运行和维护。

数据库试运行合格后，数据库开发工作就基本完成，即可投入正式运行了。但是，由于应用环境在不断变化，数据库运行过程中物理存储也会不断变化，对数据库设计进行评价、调整、修改等维护工作是一个长期的任务，也是设计工作的继续和提高。

在数据库运行阶段，对数据库经常性的维护工作主要是由 DBA 完成的，它包括：

① 数据库的转储和恢复。

数据库的转储和恢复是系统正式运行后最重要的维护工作之一。DBA 要针对不同的应用要求制定不同的转储计划，以保证一旦发生故障能尽快将数据库恢复到某种一致的状态，并尽可能减少对数据库的破坏。

② 数据库的安全性、完整性控制。

在数据库运行过程中，由于应用环境的变化，对安全性的要求也会发生变化，比如有的数据原来是机密的，现在是可以公开查询的了，而新加入的数据又可能是机密的了；系统中用户的密级也会改变。这些都需要 DBA 根据实际情况修改原有的安全性控制。同样，数据库的完整性约束条件也会变化，也需要 DBA 不断修正，以满足用户要求。

③ 数据库性能的监督、分析和改造。

在数据库运行过程中，监督系统运行，对监测数据进行分析，找出改进系统性能的方法是 DBA 的又一重要任务。目前有些 DBMS 产品提供了监测系统性能参数的工具，DBA 可以利用这些工具方便地得到系统运行过程中一系列性能参数的值。DBA 应仔细分析这些数据，判断当前系统运行状况是否最佳，应当做哪些改进。例如，调整系统物理参数，或对数据库进行重组织或重构造等。

④ 数据库的重组织与重构造。

数据库运行一段时间后，由于记录不断增、删、改，会使数据库的物理存储情况变坏，降低了数据的存取效率，数据库性能下降，这时 DBA 就要对数据库进行重组织，或部分重组织（只对频繁增、删的表进行重组织）。DBMS 一般都提供数据重组织用的实用程序。在重组织的过程中，按原设计要求重新安排存储位置、回收垃圾、减少指针链等，提高系统性能。

数据库的重组织，并不修改原设计的逻辑和物理结构，而数据库的重构造则不同，它是指部分修改数据库的模式和内模式。

由于数据库应用环境发生变化，增加了新的应用或新的实体，取消了某些应用，有的实体与实体间的联系也发生了变化等，使原有的数据库设计不能满足新的需求，需要调整数据库的模式和内模式。例如，在表中增加或删除某些数据项，改变数据项的类型，增加或删除某个表，改变数据库的容量，增加或删除某些索引等。当然数据库的重构也是有限的，只能做部分修改。如果应用变化太大，重构也无济于事，说明此数据库应用系统的生命周期已经结束，应该设计新的数据库应用系统了。

习　题

1. 某医院病房计算机管理中心需要如下信息：

科室：科名、科地址、科电话、医生姓名

病房：病房号、床位号、所属科室名

医生：姓名、职称、所属科室名、年龄、工作证号

病人：病历号、姓名、性别、诊断、主管医生、病房号

其中，一个科室有多个病房、多个医生，一个病房只能属于一个科室，一个医生只属于一个科室，但可负责多个病人的诊治，一个病人的主管医生只有一个。

请设计该计算机管理系统的 E-R 模型。

2. 一个图书馆借阅管理数据库要求提供下述服务：

（1） 可随时查询书库中现有书籍的品种、数量与存放位置。所有各类书籍均可由书号唯一标识。

（2） 可随时查询书籍借还情况，包括借书人单位、姓名、借书证号、借书日期和还书日期。我们约定：任何人可借多种书，任何一种书可为多个人所借，借书证号具有唯一性。

（3）　当需要时，可通过数据库中保存的出版社的电报编号、电话、邮编及地址等信息向相应出版社增购有关书籍。我们约定，一个出版社可出版多种书籍，同一教材仅为一个出版社出版，出版社名具有唯一性。

请根据以上情况和假设设计满足需求的 E-R 模型。

3. 假设要根据黄淮学院中各院系、专业、学生、班级、社团等信息建立一个数据库，一个院系有若干专业，每个专业只隶属于一个院系；每个专业每年只招一个班，每个班只属于一个专业；每个班有若干名学生，每名学生只属于一个班。每个学生可以参加多个社团，每个社团有若干学生，学生参加某社团有加入年份。根据描述完成黄淮学院学生管理系统数据库设计要求：

（1）　请为该系统设计合适的 E-R 模型。

（2）　请给出该系统的关系模型，指出关系的码和外码。

模块 2

数据库环境的搭建与使用

学习目标

通过本模块的学习，熟练掌握 SQL Server 2008 R2 的安装和配置；熟练掌握 SQL Server Management Studio 开发环境的使用；了解 SQL Server 系统数据库的作用和 SQL Server 2008 R2 的卸载。

主要内容

（1） SQL Server 2008 R2 的安装和配置。
（2） SQL Server 2008 R2 工具的使用。
（3） SQL Server 2008 R2 系统数据库简介。

重点与难点

（1） SQL Server 2008 R2 的安装配置和使用。
（2） SQL Server Management Studio 开发环境的使用。
（3） SQL Server 2008 R2 系统数据库的作用。

任务 1 安装并熟悉 SQL Server 2008

一、SQL Server 2008 版本介绍

SQL Server 2008 分为服务器版和专业版两种，服务器版包括：数据中心版、企业版、标准版；专业版包括：开发版、工作组版、Web 版、简易版。不同版本的 SQL Server 能够满足单位和个人独特的性能、运行以及价格要求。表 2-1 是对 SQL Server 2008 各个服务器版本情况的介绍。

表 2-1　SQL Server 2008 服务器版包含的版本和定义

术　语	定　义
Datacenter（x86、x64 和 IA64）	SQL Server 2008 Datacenter 建立在 SQL Server 2008 Enterprise 基础之上，它提供了高性能的数据平台，这种平台可提供最高级别的可扩展性，以承载大量的应用程序工作负荷，支持虚拟化和合并，并管理组织的数据库基础结构，可帮助组织以经济高效的方式扩展其关键任务环境
Enterprise（x86、x64 和 IA64）	SQL Server 2008 Enterprise 提供了一个综合的数据平台，这一平台提供了内置安全性、可用性、可伸缩性并结合了稳定的商务智能功能
Standard（x86 和 x64）	SQL Server 2008 Standard 提供了一个全面的数据管理和商务智能平台，使小型组织能够顺利运行其应用程序，可帮助以最少的 IT 资源获得高效的数据库管理。SQL Server Standard for Small Business 包含 SQL Server Standard 的所有技术组件和功能，可以在拥有 75 台或更少计算机的小型企业环境中运行

二、安装 SQL Server 2008 需要的软硬件环境

安装 SQL Server 2008 需要以下软件组件：.NET Framework 3.5 SP11 软件开发工具包（SDK），此开发包 Windows 7 系统中自带，无需安装和启动，自动工作。SQL Server 2008 对系统的要求如表 2-3 所示。

表 2-3　SQL Server 2008 系统需求

组　件	要　求
处理器	处理器类型：Pentium III 兼容处理器或速度更快的处理器 处理器速度：最低：1.0 GHz，建议：2.0 GHz 或更快的处理器
操作系统	Windows XP Professional SP2 Windows Server 2003 SP2 Windows Vista Windows Server 2008 Windows 7 Windows 8
内存	最小：1 GB 推荐：4 GB 或更大内存 最大：操作系统最大内存

三、下载 SQL Server 2008

下面给出一个 SQL Server 2008 服务器 Enterprise 版的安装过程，在购买的软件包中，找出安装文件“setup.exe”。

四、安装 SQL Server 2008

微软公司为 SQL Server 2008 的安装过程提供了一个友好的安装向导，利用该向导可以很方便地安装该软件。双击“setup.exe”开始安装程序窗口，在第一次安装时单击“全新 SQL Server 独立安装或向现有安装添加功能”，继续进行系统检测，如果系统检测状态均为“已通过”，在“产品密钥”窗口中，要求用户输入所购买该产品密钥，输入完成后，单击“下一步”按钮，则会弹出“许可条款”窗口，选择“我接受许可条款”，然后单击“下一

步”按钮，在“安装程序支持规则”窗口中，系统再次进行检测，全部通过后，单击“下一步”，弹出如图 2-1 所示的“设置角色”窗口。

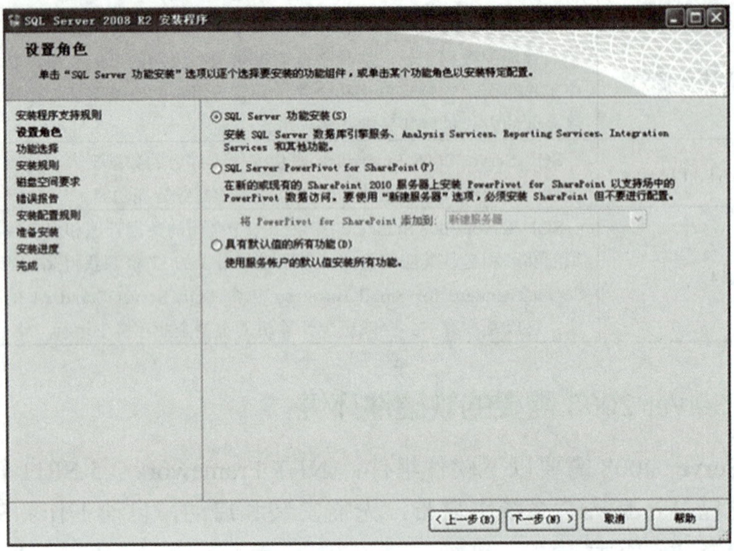

图 2-1　设置角色窗口

在“功能选择”窗口中，根据个人需要选择安装的功能，其中实例功能中的“数据库引擎服务”是 SQL Server 的核心服务，是必须要安装的。“Analysis Services”和“Reporting Services”分别是分析服务和报表服务，安装时可以根据需要选择。这里选择全选，安装位置根据个人机器情况进行必要的更改，然后单击“下一步”会弹出如图 2-2 所示的“安装规则”窗口。

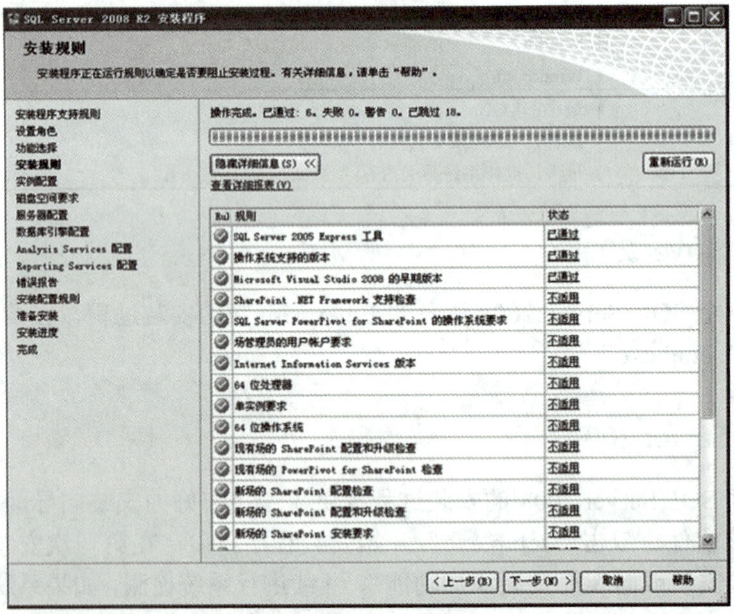

图 2-2　安装规则窗口

在“安装规则”窗口，安装程序运行规则以确定是否要阻止安装过程，运行结束后单击“下一步”按钮会弹出如图 2-3 所示的“实例配置”窗口。

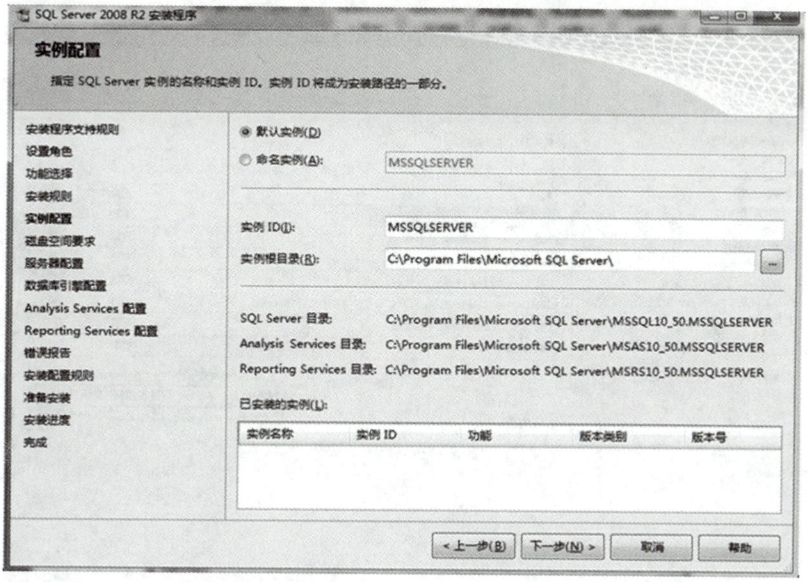

图 2-3　实例配置窗口

SQL Server 中所谓的实例指当在一台计算机上安装一次 SQL Server 时，就生成一个实例。默认实例的实例名就是安装 SQL Server 的计算机名，命名实例是指用户指定的一个实例名，这里选择默认实例。在“实例配置”窗口中，选择“默认实例”后“下一步”按钮，会弹出如图 2-4 所示的“磁盘空间要求”窗口。

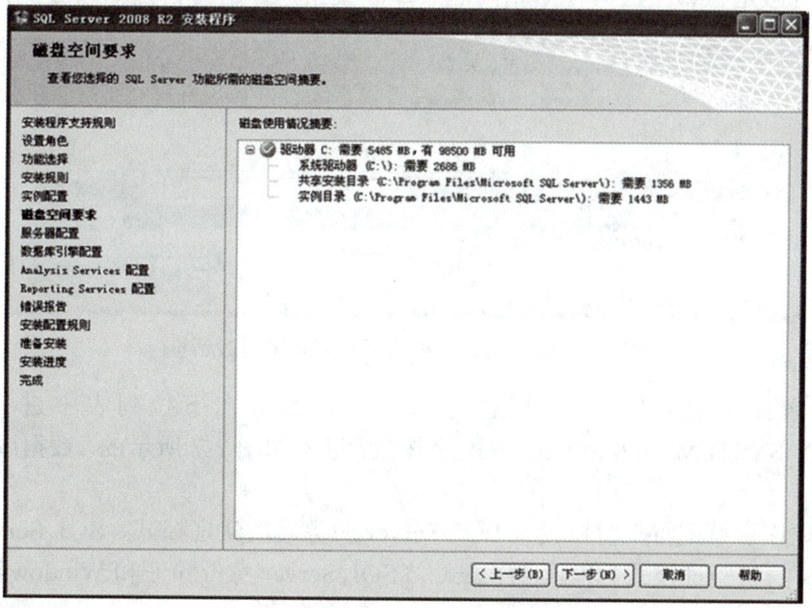

图 2-4　磁盘空间要求窗口

在“磁盘空间要求”窗口，直接单击“下一步”按钮进入如图 2-5 所示的“服务器配置”窗口。

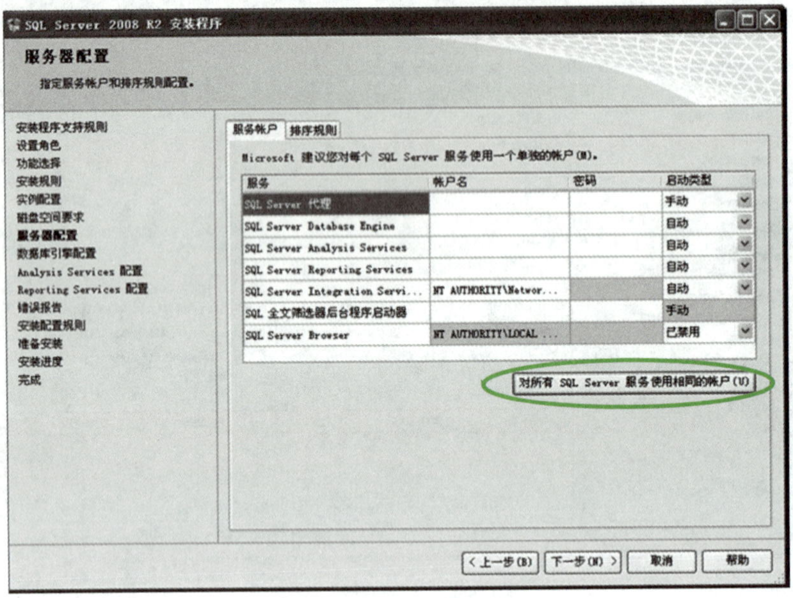

图 2-5　服务器配置窗口

在“服务器配置”窗口中的“服务账户”选项卡中可以为每个 SQL Server 服务配置账户、密码及启动类型。启动类型可以都设置成手动，需要时手工启动，如果设置成自动，则每次开机时都会启动相应的项目，会影响机器开机启动速度。在“服务器配置”窗口单击“对所有的 SQL Server 服务使用相同的账户”按钮，弹出对话框如图 2-6 所示。

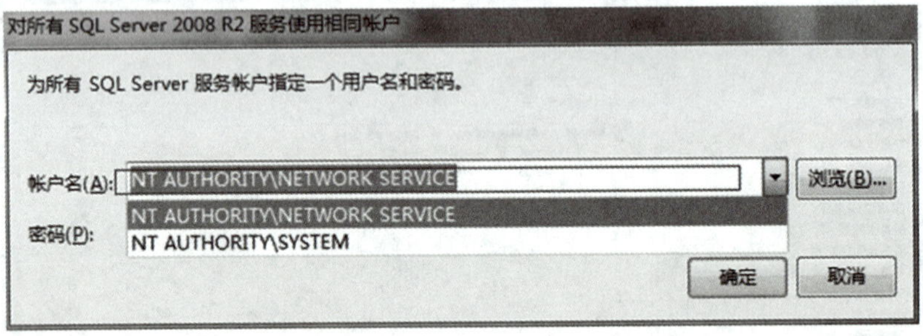

图 2-6　设置服务账户的用户名和密码对话框

在“设置用户名和密码”对话框中，“账户名”在下拉列表中进行选择“NT AUTHORITY\SYSTEM”，然后单击“确定”按钮，进入如图 2-7 所示的“数据库引擎配置”窗口。

在“数据库引擎配置”窗口设置 SQL Server 服务器的认证模式，SQL Server 认证模式有“Windows 身份验证模式”和“混合模式”（SQL Server 身份验证和 Windows 身份验证）两种。

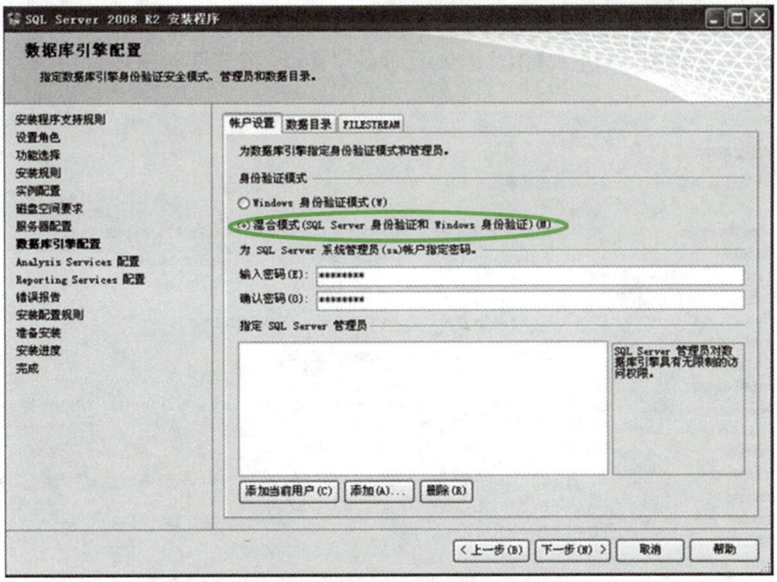

图 2-7　数据库引擎配置窗口

在 SQL Server 身份验证认证模式下，用户在连接 SQL Server 时必须提供 SQL Server 建立的合法登录名和登录密码，这些登录信息存储在系统表 syslogins 中，与 Windows 的登录账号无关。这里选择混合模式，SQL Server 认证模式在系统安装完成后也可以修改，在模块 4 的案例 3 相关知识部分将详细介绍。数据库引擎配置窗口还要设置数据库管理员的密码，同时，还要指定 SQL Server 的管理员。单击“添加当前用户”按钮，把当前用户设置为 SQL Server 的管理员。然后单击“下一步”按钮进入如图 2-8 所示的“Analysis Services 配置”窗口。

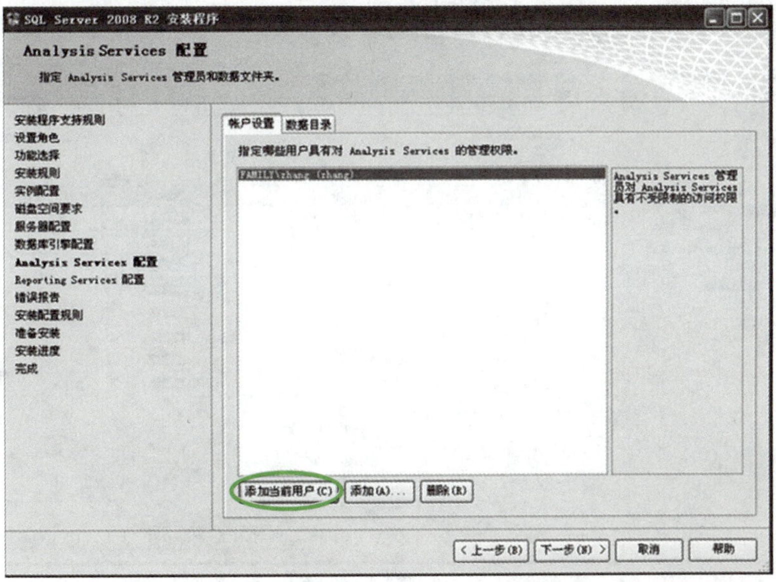

图 2-8　Analysis Services 配置窗口

在“Analysis Services 配置”窗口中，用户设置对 Analysis Services 具有管理权限的用

户，单击“添加当前用户”，把当前用户设置为对 Analysis Services 具有管理权限的用户，然后单击“下一步”按钮，进入如图 2-9 所示的“错误报告”窗口。

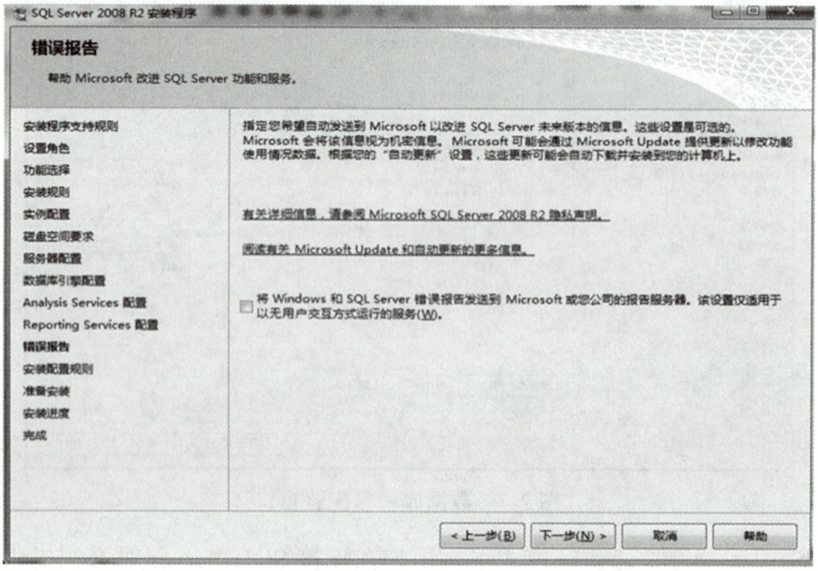

图 2-9　错误报告窗口

在“错误报告”窗口中，用户设置出现 Windows 或 SQL Server 错误信息时是否把错误信息发送到微软公司或自己公司的错误报告中。此项可以忽略，直接单击“下一步”按钮，进入如图 2-10 所示的“安装配置规则”窗口。

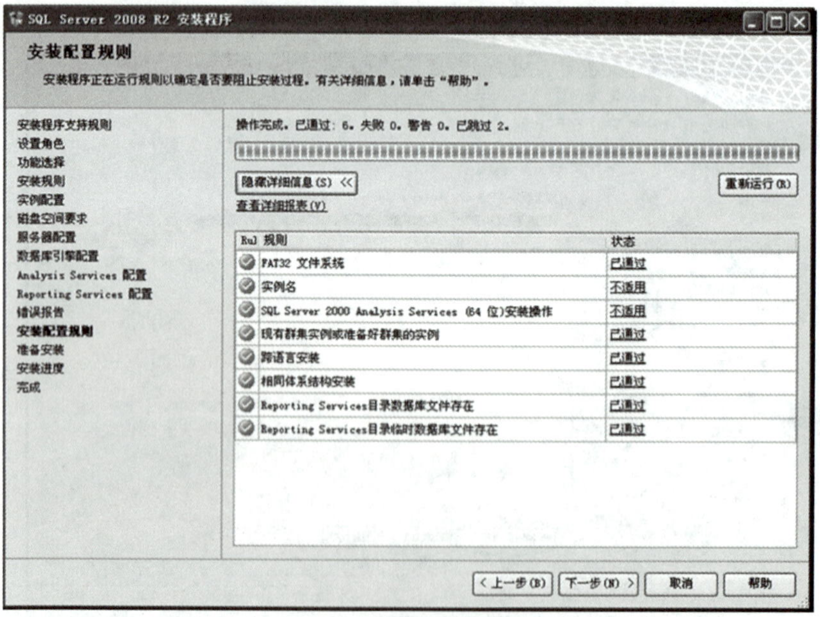

图 2-10　安装配置规则窗口

在“安装配置规则”窗口显示安装配置规则的信息，直接单击“下一步”按钮，进入如图 2-11 所示的“准备安装”窗口。

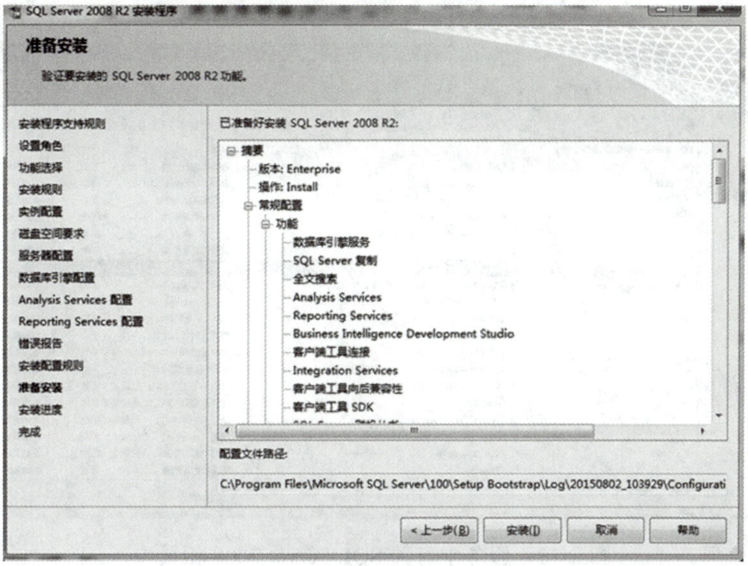

图 2-11　准备安装窗口

在“准备安装”窗口，系统列出了用户所选择的功能、实例配置、安装位置等信息。前面几步是一些配置信息和用户信息的设置，现在马上开始正式安装，单击“安装”按钮开始安装，整个安装过程大概需要 40 分钟到 1 个小时之间。安装完成后会弹出一个如图 2-12 所示的安装完成窗口。

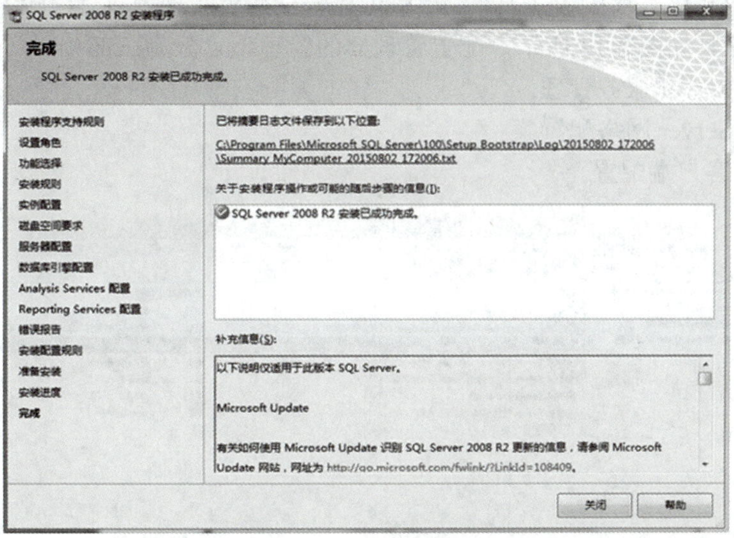

图 2-12　完成安装窗口

当出现“安装完成”窗口，提示用户 SQL Server 2008 的安装工作已经完成。打开控制面板中的服务如图 2-13 所示，可以看到有关 SQL Server 的相关服务，其中 SQL SERVER（MSSQL SERVER）需要启动，其他项目用到时再启动，以免影响机器速度。所有项目启动方式最好都设置为手动启动，需要时手动启动相关服务，如果设置为自动启动会影响开机速度。

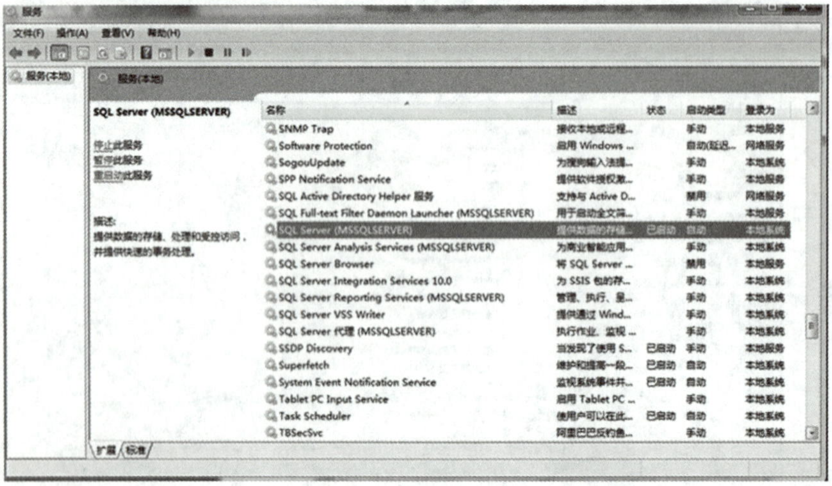

图 2-13　服务中有关 SQL Server 2008 相关项

五、配置 SQL Server 2008

成功安装好 SQL Server 2008 后，根据需要对 SQL Server 2008 的服务器端和客户端进行适当的配置，以更符合用户的要求。下面将介绍使用配置管理器工具配置 SQL Server 2008 的方法。安装完 SQL Server 2008 后，可以通过单击“开始”→“所有程序”→“Microsoft SQL Server 2008 R2”→“配置工具”→“SQL Server 配置管理器”，打开“SQL Server 2008 配置管理器”工具如图 2-14 所示。配置管理器的管理项目分为三部分：

（1） SQL Server 服务管理。

（2） SQL Server 网络配置。

（3） SQL 客户端配置。

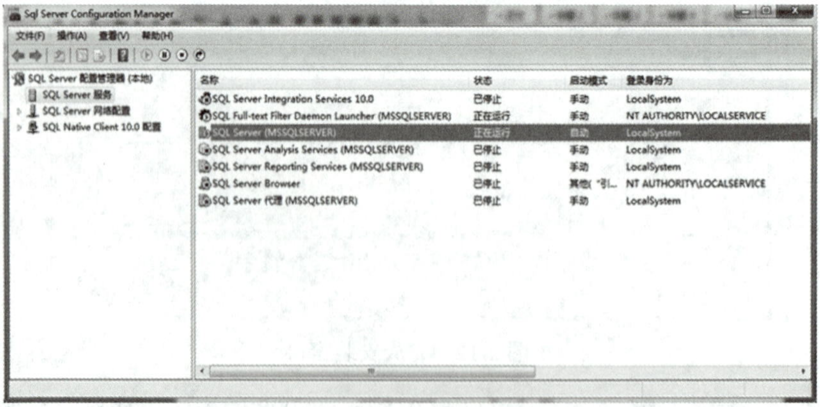

图 2-14　SQL Server 2008 配置管理器

1. 服务管理

SQL Server 是一个大型数据库产品，在服务器后台要运行许多不同的服务，完整安装的 SQL Server 包括 9 个服务，如图 2-15 所示，这 9 个服务在控制面板的服务中可以看到，其中 7 个服务可使用 SQL Server 配置管理器来管理，另两个作为后台支持的服务。

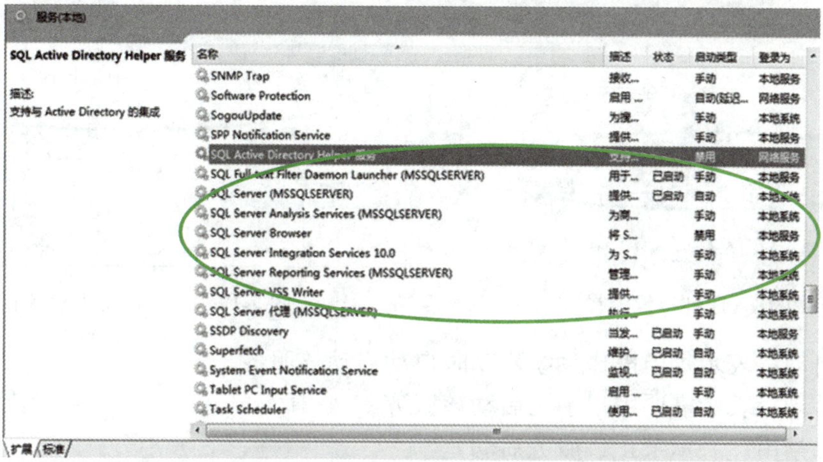

图 2-15　服务中 SQL Server 2008 中 9 个服务项目

SQL Server 配置管理器管理的 7 个服务包括：

（1） 集成服务（SQL Server Integration Services）：支持 Integration Services 引擎。

（2） 全文（SQL Full- Text Filter Daemon Launcher）目录：支持文本搜索功能。

（3） SQL Server：核心数据库引擎，其功能包括 SQL Server 数据存储、查询和系统配置。

（4） 分析服务（SQL Server Analysis Services）：支持 Analysis Services 引擎。

（5） 报表服务（SQL Server Reporting Services）：支持 Reporting Services 的底层引擎。

（6） SQL Server Browser：支持通告服务器，通过浏览局域网可以确认系统是否安装了 SQL Server。

（7） SQL Server 代理（SQL Server Agent）：SQL Server 中作业调度的主引擎。利用该服务，可以按照不同调度安排作业。这些作业可有多个任务，甚至可以根据先前任务的结果来分解成不同子任务。SQL Server Agent 运行的示例包括备份以及例程输入与输出任务。

上面的 7 个服务项目不都需要启动，其中的核心数据库引擎是核心服务，只有启动了该服务，SQL Server 数据库管理系统才能发挥其作用，用户也才能建立与 SQL Server 数据库服务器的连接，其他服务项目需要时再启动。

通常，通过 SQL Server 配置管理器来启动或停止相关服务项目，或更改其启动模式，具体操作时：在对应服务项目上右击，选择属性，或直接双击该服务项目。比如在 SQL Server（MS SQL SERVER）服务上右击，会弹出如图 2-16 所示的“属性设置”窗口。

在“属性设置”窗口的“登录”选项卡中，若服务已经“启动”，则可以对此项服务选择“停止”、“暂停”或“重新启动”。

在“属性设置”窗口的“服务”选项卡中，如图 2-17 所示“服务”选项卡中可以设置其启动模式为“自动”、“手动”或“已禁用”。其中：

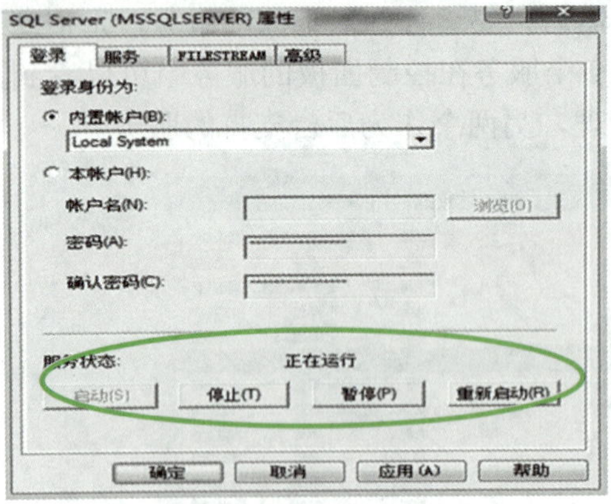

图 2-16　属性设置窗口

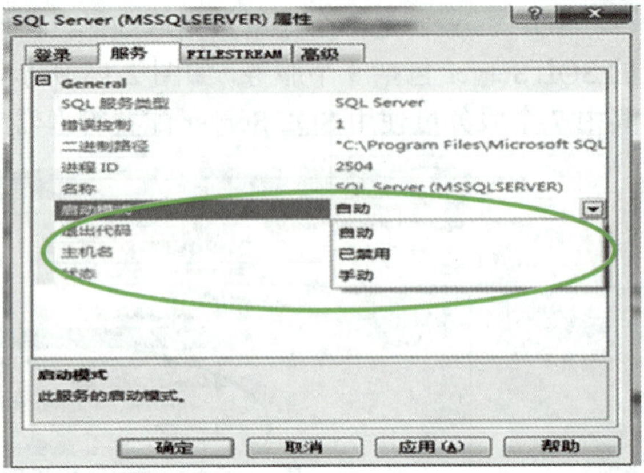

图 2-17　服务选项卡对应窗口

（1）　自动：表示每当操作系统启动时自动启动该服务。

（2）　手动：表示需要用户手工启动该服务。

（3）　已禁用：表示禁止该服务启动。

2.　网络配置

在图 2-14 所示的“SQL Server Configuration Manager”窗口中，展开“SQL Server 网络配置”节点左边的加号，然后单击其下的“MSSQL SERVER 的协议”，在窗口右侧将显示 SQL Server 提供的网络协议，如图 2-18 所示的“SQL Server 2008 网络配置”窗口。

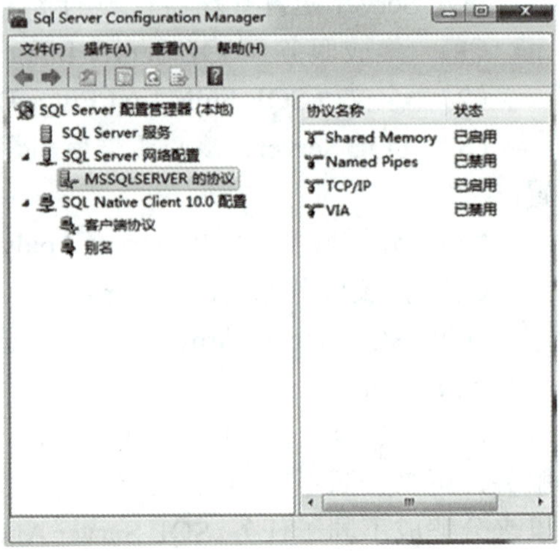

图 2-18　SQL Server 2008 网络配置窗口

SQL Server 2008 提供了 Shared Memory（共享内存），Named Pipes（命名管道）、TCP/IP 和 VIA 四种网络协议，这 4 种网络协议的基本含义如下。

（1）　Shared Memory：它是可供使用的最简单的协议，该协议只在本地访问服务器时有用（即 Web 服务器与数据库安装在相同的服务器上），可以大大提高系统性能。

（2）　Named Pipes：在 TCP/IP 不可用或者没有域名服务（Domain Name Service DNS）服务器用于对 TCP/IP 下的服务器命名时，命名管道非常有用。某个进程使用一部分内存来向另一个进程传递信息，因此一个进程的输出就是另一个进程的输入。

（3）　TCP/IP：它是互联网上使用最广泛的通用协议，已经成为事实上的标准网络协议，如果想要通过 Internet 直接连接到 SQL Server，则 TCP/IP 协议是唯一的选项。通过该协议可以与互联网中硬件结构和操作系统不同计算机进行通信。其中包括路由网络流量的标准，并能够提供高级安全功能。

（4） VIA：虚拟接口适配器（VIA）协议与 VIA 硬件一同使用。VIA 协议是 SQL Server 2005 新推出的协议，适合在局域网内部使用。

3. 客户端配置

在图 2-14 所示的“SQL Server Configuration Manager”窗口中，展开“SQL Native Client10.0 配置”节点，然后单击其中的“客户端协议”节点，将出现如图 2-19 所示的“配置客户端协议”窗口。

在图 2-19“配置客户端协议”窗口中，可以看到当前客户端已启用了“Shared Memory”、“TCP/IP”和“Name Pipes”三种协议，也就是说，如果服务器端的网络配置中，启用了上述 3 中协议中的任何一种，那么客户端就可以连接到服务器上。用户可以在某个协议上右击，然后在弹出的快捷菜单中选择“启用”或“禁用”命令以启用或禁用某个协议；SQL Server 提供了一项功能，即客户机可以先使用一个协议，如果该协议不起作用，则再使用另一协议。在图 2-19“配置客户端协议”窗口中右击客户端协议，会弹出如图 2-20 所示的“客户端协议属性”窗口。

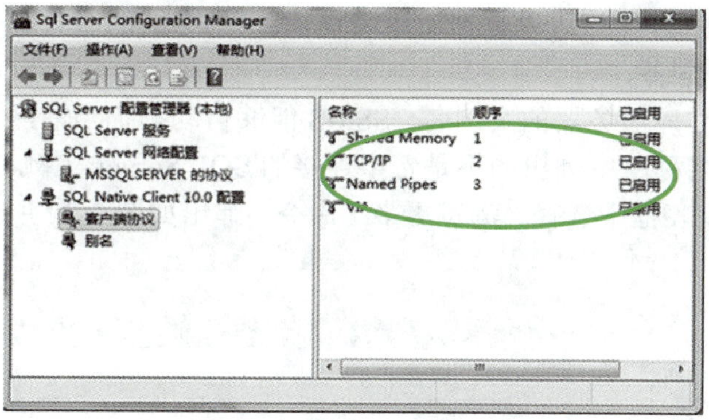

图 2-19 配置客户端协议窗口

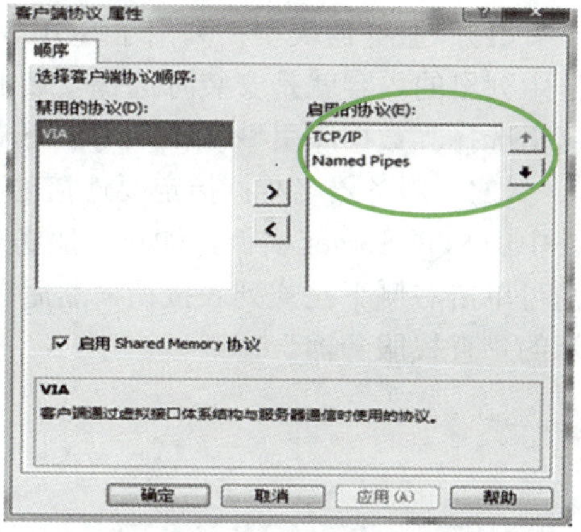

图 2-20 客户端协议属性窗口

在“客户端协议 属性”窗口的“顺序”选项卡中可以通过上下箭头更改协议的启动顺序。默认情况下，SQL Server 使用“共享内存”协议连接到 SQL Server 的本地实例，使用“TCP/IP”或“命名管道”连接到其他计算机上的 SQL Server 实例。

特别说明：如果网络支持 TCP/IP 协议，则对于任何远程访问，配置服务器使用它，IP 协议的系统开销更少，而运行速度更快；但该协议对本地服务器没有意义，如果不需要通过网络来查看本地 SQL Server，则使用 Shared Memory NetLib 速度更快。

别名是用于引用此连接的名称，是可用于进行连接的备用名称。别名封装了连接字符串所必需的元素，并使用用户所选择的名称显示这些元素。请在以下情况下创建别名：使用 TCP/IP、命名管道或 VIA 并且希望提供自定义连接字符串时；希望使用服务器名称之外的其他名称进行连接时。

任务 2　SQL Server 2008 工具简介

一、SQL Server Management Studio 工具简介

SQL Server Management Studio 是 SQL Server 2008 中最重要的管理工具之一，使用这个工具既可以用图形化的方法，也可以通过编写 SQL 语句来实现对数据库的操作。SQL Server Management Studio 是一个集成环境，用于访问、配置、管理和开发 SQL Server 的所有组件。SQL Server Management Studio 组合了大量图形工具和丰富的脚本编辑器，使各种技术水平的开发人员和管理员都能访问 SQL Server。

1） 启动 SQL Server Management Studio。

“开始”→“所有程序”→“Microsoft SQL Server 2008 R2”→“SQL Server Management Studio”，打开 SQL Server Management Studio（SSMS），弹出如图 2-21 的“连接到服务器”窗口。

在“连接到服务器”窗口中，各选项含义如下：

（1） 服务器类型：列出了 SQL Server 2008 数据库服务器所包含的服务，其下拉列表框中列出的内容就是安装时选择安装的服务，用户可以根据使用需要，连接到不同的服务。这里选择“数据库引擎”，即 SQL Server 服务。

（2） 服务器名称：指定要连接的数据库服务器的实例名。SSMS 能够自动扫描当前网络中的 SQL Server 实例。如果“服务器名称”中列出的不是希望连接的 SQL Server 实例，则可单击右侧下拉式列表按钮，然后在列表框中选择“浏览更多”命令，弹出如图 2-22 所示的“查找服务器”窗口。

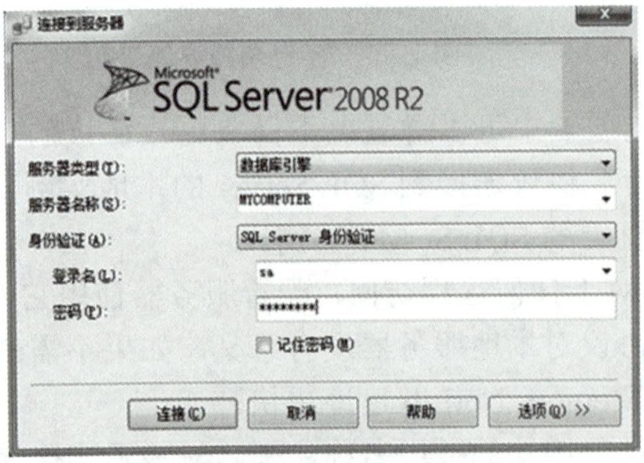

图 2-21　连接到服务器对话框

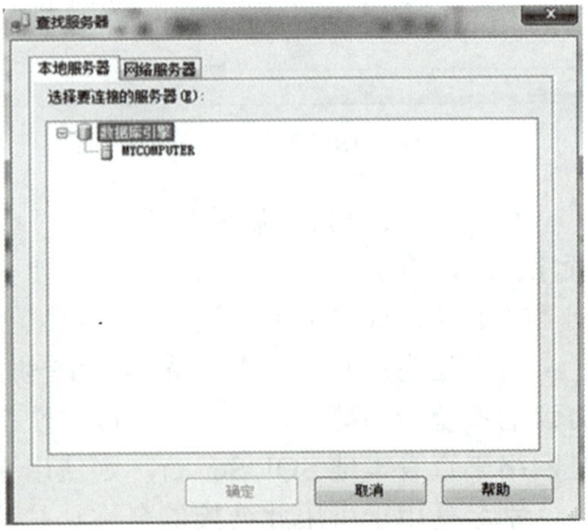

图 2-22　查找服务器对话框

在此窗口中选中要连接的服务器实例，然后单击“确定”按钮。也可以在“服务器名称”文本框中手动输入要连接的服务器实例名。

（3） 身份验证：选择使用哪种身份的用户连接到数据库服务器实例，这里有两种选择“Windows 身份验证”和“SQL Server 身份验证”。如果选择的是“Windows 身份验证”

则表示当前登录到 Windows 的用户连接到数据库服务器实例；若选择的是“SQL Server 身份验证”，则需要输入 SQL Server 合法的登录名和相应密码。

2） SQL Server Management Studio 工具的使用。

连接成功后，进入 SSMS 操作窗口，如图 2-23 所示。

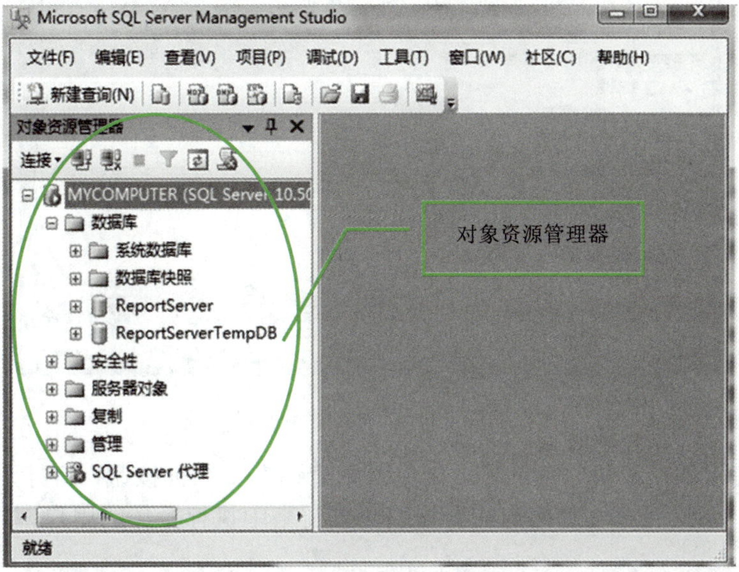

图 2-23　SSMS 操作窗口

SSMS 操作窗口主要由两部分组成，对象资源管理器和查询编辑器。这两部分是把 SQL Server 2000 的 Enterprise Manager（企业管理器）和 Query Analyzer（查询分析器）两个工具结合在一个窗口上，这样可以在对服务器进行图形化管理的同时编写 Transact SQL 脚本，且用户可以直接通过 SQL Server 2008 的“对象资源管理器”窗口来操作数据库。下面分别给予介绍。

（1） 对象资源管理器。

对象资源管理器默认在 SSMS 窗口的左侧，如图 2-23 所示，是操作数据库的主要工具。利用对象资源管理器可以查看数据库对象，以 Windows 身份验证模式登录到 SQL Server Management Studio。在对象资源管理器中展开“数据库”，会看到当前连接的服务器中所有的数据库和系统数据库，选择系统数据库中的 master 数据库并展开，则将列出该数据库中所包含的所有对象，如表、视图、同义词、存储过程等，这些对象我们后面都要一一介绍。我们查看已经建立的数据库和数据库的对象就是通过这个窗口来实现的。

（2） 查询编辑器。

在图 2-23 中单击“新建查询”图标按钮，可以打开查询编辑器窗口，如图 2-24 所示。

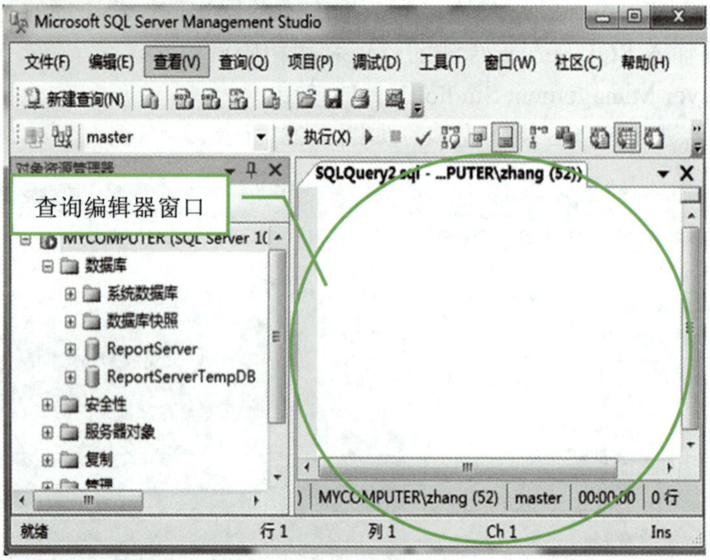

图 2-24　查询编辑器窗口

单击“新建查询”按钮右侧的“数据库引擎查询”图标按钮，将打开图 2-25 所示的窗口，在此窗口中，用户可以指定在查询编辑器窗格中执行操作的用户。

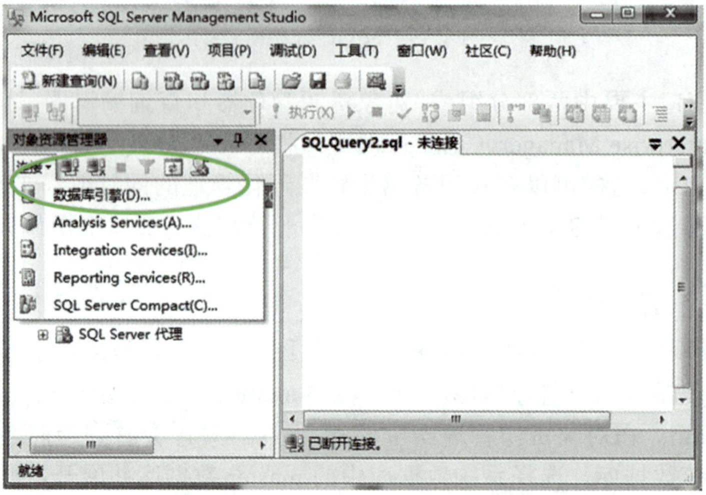

图 2-25　连接数据库引擎窗口

SSMS 工具提供了图形化的操作窗口来创建和维护对象，同时也提供了用户编写 T_SQL 语句、并通过执行 SQL 语句创建和管理对象的工具即查询编辑器。查询编辑器以选项卡窗口的形式存在于 SSMS 窗口右侧的文档窗格中，可以通过如下方式之一打开查询编辑器。

① 单击标准工具栏上的图标按钮 新建查询(N) 。

② 单击标准工具栏上的“数据库引擎查询”图标按钮。

③ 选择“文件”菜单中“新建”命令下的“数据库引擎查询”命令。

二、模板资源管理器和解决方案管理器

SSMS 除了两个重要对象外，还有模板资源管理器和解决方案管理器，下面分别给予简单介绍。

（1）　模板资源管理器。

在 SQL Server Management Studio 的查询分析器中使用 Transact SQL 脚本可以查询到对象建立的所有任务。而使用脚本编制数据库对象与图形化向导编制数据库对象相比，最大的优点是：使用脚本化方式具有图形化向导方式所无法比拟的灵活性。但是，高度的灵活性也就意味着使用它的时候有着比图形化向导方式更高的难度。SQL Server Management Studio 提供了模板资源管理器来降低编写脚本的难度。在 SQL Server Management Studio 的菜单栏中单击“查看”，选择“模板资源管理器”，窗口右侧将出现“模板资源管理器”窗格，如图 2-26 所示。

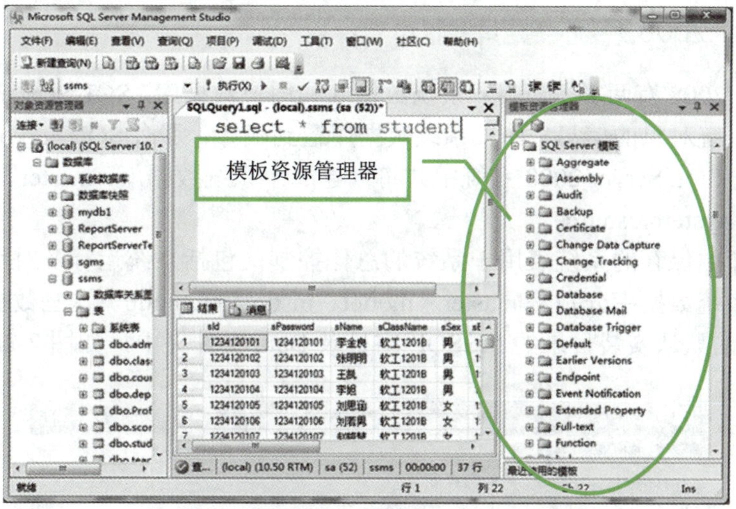

图 2-26　模板对象资源管理器窗口

在模板资源管理器中除了可以找到超过 100 个对象以及 Transact SQL 任务的模板之外，还包括备份和恢复数据库等管理任务。

（2）　解决方案资源管理器。

在 SQL Server Management Studio 中，解决方案资源管理器是用来管理项目方案资源的有效工具。在解决方案资源管理器中，项目可以将一组文件结合在一起作为组进行访问。创建新项目的步骤如下：

第一步：单击菜单栏中的“文件”，在弹出的子菜单中选择“新建”，单击“项目”，选择所要创建的项目类型。类型主要有“SQL Server 脚本”、“Analysis Services 脚本（分析服务脚本）”和“SQL Server Compact Edition 脚本”，然后为创建的项目或方案命名，并选择文件的存储路径，单击“确定”按钮，完成项目的创建过程。

第二步：接下来就可以为该项目创建一个或多个（如果所创建的项目连接的数据库不只一个）数据库连接或者添加已经存在的项目文件。如图 2-27 所示，只需要在“解决方案资源管理器”窗格内的“SQL Server 脚本 1”上右击，在弹出的快捷菜单中选择要添加的

项目即可。

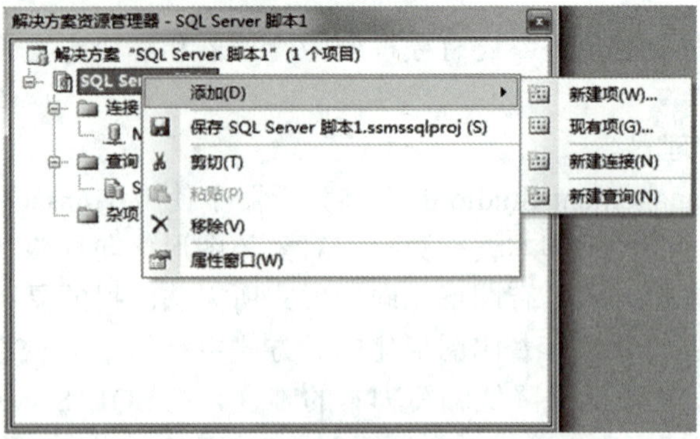

图 2-27　解决方案资源管理器添加项目

三、SQL Server 2008 系统数据库简介

SQL Server 2008 有两类数据库：系统数据库和用户数据库。SQL Server 系统数据库用于存储和管理系统对象的信息，如果系统数据库遭到破坏，那么 SQL Server 将不能正常启动。在安装好的 SQL Server 2008 系统中共将创建 5 个系统数据库：master、model、msdb、tempdb 和 mssqlsystemresource。

系统数据库中保存的系统表用于系统的总体控制，包括系统运行及对用户数据的操作等基本信息，系统数据库分别是 master、model、msdb 和 tempdb。这些数据库的文件存储在 SQL Server 的默认安装目录的 MSSQL 字目录 Data 文件夹中，如图 2-28 所示。

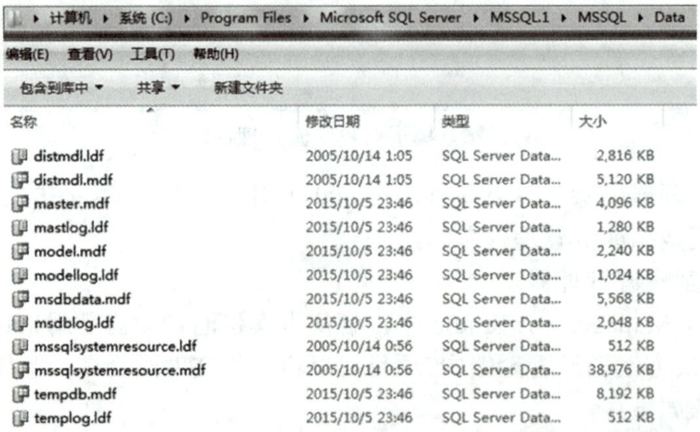

图 2-28　系统表所在目录

1. master 数据库

master 数据库是 SQL Server 中最重要的数据库，它是 SQL Server 的核心数据库，如果该数据库被损坏，SQL Server 将无法正常工作，master 数据库中包含所有的登录名或用户 ID 所属的角色、服务器中的数据库的名称及相关的信息、数据库的位置、SQL Server 如何初始化四个方面的重要信息。

2. model 数据库

model 数据库是 SQL Server 中所有用户数据库和临时数据库（tempdb）的模板数据库。用户创建数据库时是以一套预定义的标准为模型的。例如，若希望所有的数据库都有确定的初始大小，或者都有特定的信息集，那么可以把这些信息放在 model 数据库中，以 model 数据库作为其他数据库的模板数据库。如果想要使用所有的数据库都有一个特定的表，可以把该表放在 model 数据库里，当用户创建一个数据库时，model 数据库的内容会自动复制到该数据库中，但是每个表及其他数据库对象的内容反映的是新建数据库的信息。

3. msdb 数据库

msdb 数据库用于存储作业、报警以及操作员信息。SQL Server 代理服务通过这些信息调度作业和监视数据库系统的错误，并将作业或报警信息传递给操作员。

4. tempdb 数据库

tempdb 数据库用作系统的临时存储空间，其主要作用是存储用户建立的临时表和临时存储过程，以及其他的临时对象或中间结果。存储用户说明的全局变量值，为数据排序创建临时表，存储用户利用游标说明所筛选出来的数据。在执行数据查询时，如果需要创建中间数据交换表来完成，那么中间表就创建在 tempdb 数据库中。SQL Server 每次启动时都重新创建 tempdb 数据库。

5. mssqlsystemresource 数据库

mssqlsystemresource 数据库是一个隐藏的只读数据库，存储系统数据库的可执行对象，包括 SQL Server 系统的存储过程、函数等。

系统数据库是可以在必要时自动扩展数据库的，这意味着 master、model、msdb、tempdb 和其他关键的数据库将不会在正常的情况下缺少空间。系统数据库具体信息如表 2-4 所示。

表 2-4　SQL Server 系统表

系统数据库	主文件	逻辑名称	物理名称	文件增长比例
master	主数据	master	master.mdf	按 10%自动增长，直到磁盘已满
	日志	masterlog	masterlog.ldf	按 10%自动增长，直到磁盘已满
model	主数据	model	modelr.mdf	按 1MB 自动增长，直到磁盘已满
	日志	modellog	modellog.ldf	按 10%自动增长，直到磁盘已满
msdb	主数据	msdbdata	msdbdata.mdf	按 10%自动增长，直到磁盘已满
	日志	msdblog	msdblog.ldf	按 10%自动增长，直到磁盘已满
tempdb	主数据	tempdb	tempdb.mdf	按 10%自动增长，直到磁盘已满
	日志	templog	templog.ldf	按 10%自动增长，直到磁盘已满

实训项目

1. 安装 SQL Server 2008

实验目的：了解 SQL Server 2008 各种版本的功能和软、硬件要求，了解 SQL Server 2008 支持的身份验证模式，掌握安装过程中的各种设置方法。

实验任务：在本地电脑上安装 SQL Server 2008 标准版。

实验提示：

（1） 检查电脑硬件配置是否达到 SQL Server 2008 标准版的安装要求。

（2） 安装 SQL Server 2008 标准版的辅助软件，包括.NET Framework 3.5 SPI、Windows Installer 4.5 和 Windows PowerSheU l.0.

（3） 参考本模块的演示安装步骤将 SQL Server 2008 成功地安装到本地电脑中。

2. 管理 SQL Server 2008 的服务

实验目的：了解 SQL Server 2008 服务，掌握 SQL Server 2008 服务的管理，掌握 SQL Server Configuration 的使用。

实验任务：设置各种 SQL Server 2008 服务的启动和禁用。

实验提示：

（1） 通过开始菜单，打开 Microsoft SQL Server Configuration Manager 窗口。

（2） 设置“SQL Server(MSSQL Server)服务”为自启动。

（3） 使用同样的方法设置“SQL Server Browser 服务”为自动启动。

（4） 将 SQL Server FullText Search、SQL Server Analysis Services 和“SQL Server ReportingServices 服务”设置为禁用。

（5） 设置 SQL Server Integration Services 和“SQL Server Agent 服务”为手动。

（6） 关闭窗口，重新启动计算机使配置生效。

模块 3

表的操作

学习目标

通过本模块的学习，理解数据库中表的概念；熟练掌握 SQL Server 表的设计、创建，表的数据常见操作，掌握表结构的修改操作与命令，以及查看表信息。

主要内容

（1） 数据库表的概念。
（2） 掌握 SQL Server 的数据类型。
（3） 表结构的设计与操作。
（4） 表数据的操作。

重点与难点

（1） 数据库表的概念。
（2） 表的设计。
（3） 表数据的数据操作。
（4） 表结构的修改。

任务 1　表的概念

表是数据的集合，是用来存储数据和操作数据的逻辑结构。与电子表格相似，数据在表中是按行和列的格式组织排列的，其中行的顺序可以是任意的，列的顺序也可以是任意的。表 3-1 就是用来表示员工情况的一个“员工”表。

表 3-1　员工表

编　号	姓　名	职　务	薪　水	地　址
0001	李明	程序员	5000.00	北京市
0002	上丽	软件工称师	7000.00	上海市

每个表都有一个名字，以标识该表。表 3-1 的名字是“员工”，它共有 5 列，每一列也都有一个名字称为列名（一般就用标题作为列名），描述了员工的某一方面属性，在同一个表里，列的名字必须是唯一的。每个表由若干行组成，表的第一行为各列的标题，其余各

行都是数据。例如，在上面包含员工数据的表中，每一行代表一位员工的记录，而每一列则分别表示每一位员工的详细资料，如编号、姓名、职务、薪水和地址等。

下面简单介绍与表有关的几个概念。

（1） 表结构。组成表的各列的名称及数据类型，统称为表结构。

（2） 记录。每个表包含了若干行数据，它们是表的“值”，表中的一行称为一个记录。因此，表是记录的有限集合。

（3） 字段。每个记录由若干个数据项构成，将构成记录的每个数据项称为字段。例如表 3-1 中，表结构为编号、姓名、职务、薪水和地址，共包含 5 个字段，由 2 个记录组成。

（4） 空值。空值（NULL）通常表示未知、不可用或将在以后添加的数据。如果一个列允许为空值，则向表中输入记录值时可不为该列给出具体值。而一个列若不允许为空值，则在输入时必须给出具体值。

（5） 关键字。如果表中记录的某一字段或字段组合能唯一标识记录，则称该字段或字段组合为候选关键字（Candidate key）。如果一个表有多个候选关键字，则选定其中一个为主关键字（Primary key），也称为主键。当一个表仅有唯一的一个候选关键字时，该候选关键字就是主关键字。例如，在“员工表”中，两个及其以上记录的“姓名”、“职务”、“薪水”和“地址”这 4 个字段的值有可能相同，但是“编号”字段的值对表中所有记录来说一定不同，即通过“编号”字段可以将表中的不同记录区分开来。所以，“编号”字段是唯一的候选关键字，“编号”就是主关键字。要注意的是，表的关键字不允许为空值。

（6） 数据类型。表的每一列都有一个与之相关的数据类型，并且每一种数据类型都有一定的特性。例如，在表 3-1 中，“姓名”、“地址”等列的数据类型为字符型数据，并且用户可以将它们的数据长度进行定义，如定义“姓名”列的数据长度不超过 25 个字符，定义“地址”列的数据长度不超过 45 个字符等。

（7） 默认值。当向表中录入新数据时，该列如果没有输入数值，则系统自动取默认值代替。

任务 2 表的设计

在一个数据库中创建表，必须先对要创建的表进行设计。在表的设计中，第一件事情就是确定这个表中都需要哪些列，也就是要确定该表要存储的数据，然后要考虑表中的数据使用何种数据类型，最后还保证数据的完整性和设计用户访问数据表的权限等。

一、表的数据类型

设计表时首先要为每列指定数据类型，数据类型定义了各列所允许的数据值，SQL Server 2008 提供的基本数据类型有二进制数据、字符型数据、Unicode 数据、日期和时间数据、数字数据、货币数据和特殊数据等 7 种类型。

1. 二进制数据类型

二进制数据由十六进制数表示，常用于存储图像等数据，它包括 Binary、Varbinary 和 Image 三种类型。

- Binary[(n)]：声明的是 n 位固定长度的二进制数据。其中，n 的取值范围为 1～8000。该类型所占存储空间大小是 n+4 字节，当输入的二进制数据的长度小于 n 时，其余部分填充为 0。
- Varbinary[(n)]：声明的是 n 位变长度的二进制数据。其中，n 的取值范围是从 1～8000。其中存储空间的大小为实际所输入数据的长度加上 4 字节。
- Image：声明的也是一种变长二进制数据类型，它与 Varbinary 数据类型的区别是其最大长度为 $2^{31}-1$ 字节。

2. 字符型数据类型

字符数据由字母、符号和数字等组成，字符数据包括 Char、Varchar 和 Text 三种类型。在输入字符数据时，应将数据括在括号内。

- Char[(n)]：声明定长型字符列、变量或存储过程参数，其中 n 为其长度，取值范围是 1～8000 间的整数。其存储长度固定。
- Varchar[(n)]：声明变长型字符列、变量或存储过程参数，其中 n 为其长度，取值范围是 1～8000 间的整数。其存储长度随输入数据的实际长度变化，但不得超过 n 指定的值。
- Text：声明的也是一种可变长度数据类型，在定义这种数据类型时不需要定义数据长度，SQL Server 2008 会根据数据的实际长度自动为其分配存储空间，Text 数据的最大长度可达 $2^{31}-1$ 个字符，它用于存储长度大于 8KB 的字符数据。向 Text 数据列中插入数据时，应将数据引在单引号内。

3. Unicode 数据类型

Unicode（统一字符编码标准）是 SQL Server 7.0 以后版本中新增的数据类型，用于支持国际上的非英语语种，Unicode 数据类型列能够存储各种 Unicode 标准字符集定义的所有字符。每个 Unicode 字符的存储长度为 2 字节，所以 Unicode 数据类型所占用的存储空间为非。

- Unicode 数据类型的两倍。Unicode 数据也分 nChar、nVarchar 和 nText 三种类型。
- nChar：用于存放固定长度的 n 个 Unicode 数据，其最大长度为 4000 个字符。
- nVarchar：用于存放可变长度的 n 个 Unicode 数据，其最大长度也为 4000 个字符。
- nText：用于存储长度大于 4 000 的变长 Unicode 字符，其最大长度为 $2^{30}-1$。

4. 日期和时间数据类型

日期和时间型数据由有效的日期和时间组成。这种数据类型分为 datetime、datetime2 和 smalldatetime 三种，两者的主要差别在于它们的存储长度、所表示的时间范围和精度不同。在输入日期和时间型数据时应将数据引在单引号内。

- datetime：所存储的日期范围是从 1753 年 1 月 1 日开始，到 9999 年 12 月 31 日结束（每一个值都要求 8 个存储字节，表示时间的精度为 1/300 秒）。
- datetime2：是 SQL Server 2008 新加入的日期数据类型，它比 datetime 要更加准确，精确到 100ns（7 位小数位）。
- smalldatetime：所存储的日期范围是从 1900 年 1 月 1 日开始，到 2079 年 6 月 6 日

结束（每一个值都要求 4 个存储字节，表示时间的精度为分钟）。

5. 数字数据类型

数字数据只包含数字，这些数字包括正数和负数，可以是小数（浮点数）或整数。数字数据可分为整数型、精确数值型和近似数值型 3 种类型。

（1） 整数型数据。由正整数和负整数组成，在 SQL Server 2008 中，整数存储的数据类型有 Bigint、Int、Smallint 和 Tinyint。

- Bigint：它所表示的数据是长整数型，其存储大小为 8 个字节，可存储的数值范围为-2^{63}(−9 223 372 036 854 775 808) ～$2^{63}-1$(9 223 372 036 854 775 807)。
- Int：它所表示的数据是整数型，其长度为 4 个字节，可存储的数值范围为-2 147 483 648～2 147 483 647，相当于 C 语言中的长整数类型，范围为-2^{31}～$2^{31}-1$。
- Smallint：它所表示的数据是短整数型，其长度为 2 字节，相当于 C 语言中的 Int 类型，它可存储的数值范围为-32 768～32 767。
- Tinyint：它所表示的数据是微整数类型，其长度为 1 字节，表示无符号整数，其取值范围为 0～255。

（2） 精确数值型数据。由整数和小数两部分组成，其数据精度保留到最低有效位，所以它能以完整的精度存储十进制数据。

精确数值型有 decimal[(p[，s])]和 numeric[(p[，s])]两种，在 SQL Server 2008 中，两者完全相同，可存储$-10^{38}+1$～$10^{38}-1$ 的固定精度和小数位的数字数据，它们的存储长度随精度变化而变化，最少为 5 字节，最多为 17 字节。提供这两种类型是为了保持与 ANSI 标准兼容。其中精度（p）是指数据中所存储的十进制数据位数总和，它包括整数部分和小数部分；小数位数（s）是指小数点右边能存储的数字位数的最大值。小数位数 s 应小于或等于精度 p。

（3） 近似数值型数据。不能精确记录数据的精度，所保存数据的精度由二进制数字系统的精度决定。由于该类型数据的这些特点，所以也被形象地称为“近视数值型数据”。在 SQL Server 2008 中，近似数值数据以 float（浮点型）和 real（实型）数据类型存储。

- float[(n)]：该数据的数范围为-1.79E+308～1.79E+308。定义中的 n 取值范围是 1～53，用于指示其精度和存储大小。
- real：使用 4 字节存储数据，数据范围为-3.40E+38～3.40E+38，数据精度为 7 位有效数字。

6. 货币数据类型

货币数据可分为 Money 和 Smallmoney 两种类型。

- Money：长度为 8 字节，其值介于-263(-922 337 203 685 477.580 8)～263-1(922 337 203 685 477.580 7)之间，精确到货币单位的千分之十。
- Smallmoney：长度为 4 字节，其值介于-214 748.364 8～214 748.364 7 之间，精确到货币单位的千分之十。

7. 特殊数据类型

特殊数据包括不能用前面所述的二进制、字符、Unicode、日期和时间、数字和货币数据类型表示的数据。SQL Server 2008 提供了如下几种特殊数据类型。

- Bit（位数据类型）：其数据有两种取值，即 0 和 1。在输入 0 以外的其他值时，系统均把它们当作 1 看待。位类型的数据长度为 1 字节，它常被作为逻辑变量使用。
- Timestamp（时间戳数据类型）：它反映数据库中数据修改的相对顺序，以二进制的格式表示。时间戳相当于一个单调上升的计数器，其值由系统自动赋予。
- Uniqueidentifier（唯一标识符数据类型）：由 16 字节长的十六进制数字组成，表示一个全局唯一的标识号（GUID）。当表中的记录行要求唯一时，GUID 是非常有用的。唯一标识符代码可以通过调用 NEWID 函数或其他 SQL Server 应用编程接口函数获得。
- Sql_variant：是一种存储 SQL Server 所支持的各种数据类型（除 Text、nText、Timestamp 和 sql_variant 外）值的数据类型。
- table：是一种特殊的数据类型，存储供以后处理的结果集。table 数据类型只能用于定义 table 类型的局部变量或用户定义函数的返回值。

3. 文本和图像数据

文本和图像数据在 SQL Server 2008 中是用 Text、nText 和 Image 数据类型来表示的。Text、nText 和 Image 三种数据类型是特殊的类型，它们存储的数据量往往都很大，所以不能像表中其他类型的数据那样一行一行地被存放在数据页中，而是经常被存储在专门的数据页中，在数据行的相应位置处只记录了指向这些数据的实际存储位置的指针。

用户可以为包含 Text、nText 或 Image 数据列的表设置 text in row 选项，还可以指定 text in row 选项限制，所设置的限制可以从 24 字节到 7 000 字节。如果为包含 Text、nText 或 Image 数据列的表设置了 text in row 选项，则在下列情况下，Text、nText 或 Image 字符串可直接存储在数据行中。字符串的长度比指定的长度限制短。数据行中有足够的可用空间容纳字符串。将小型的文本和图像数据存储在行中的优点是：SQL Server 无须访问单独的页或页的集合来读写这些字符串，这样使读写 text、ntext 或 image 列中的字符串就像读写 varchar、nvarchar 或 varbinary 字符串一样快。

二、表结构设计

创建表的实质就是定义表结构，设置表和列的属性。创建表之前，先要确定表的名字、和属性，同时确定表所包含的列名、列的数据类型、长度、是否可为空值、约束条件、默认值设置、规则，以及所需索引、哪些列是主键、哪些列是外键等，这些属性构成表结构。

本任务以教材所要使用到的学生成绩管理系统的 StudentInfo 学生表、Course 课程表、Major 专业类别表和 Scores 选课成绩表为例介绍如何设计表的结构。

“学生表”表结构如表 3-2 所示。

表 3-2　StudentInfo 学生表

列　　名	数据类型	长　　度	是否为空	默 认 值	说　　明
学号	定字符型(char)	6	不为空	无	主键
姓名	定字符型(char)	8	不为空	无	
性别	位型(bit)	1	为空	1	1:男；0:女

（续表）

列　名	数据类型	长　度	是否为空	默 认 值	说　明
出生日期	日期型(datetime)	系统默认	为空	无	
专业编号	整数型(int)		不为空	无	外键
总学分	整数型	4	为空	0	0 名总学分 <160
备注	不定长字符型(varchar)	500	为空	无	

按照“学生表”的结构的设计方法，同样可以设计出其他 3 张表的结构，如表 3-3 所示的是“课程表”，如表 3-4 所示的是“选课成绩表”，表 3-5 所示的是“专业类别表”。

表 3-3　Course 课程表

列　名	数据类型	长　度	是否为空	默 认 值	说　明
课程编号	定长字符型(char)	10	不为空		主键
课程名称	定长字符型(char)	20	不为空		
开课学期	整数型(tinyint)	1	为空	1	只能为 1～8
学时	整数型(tinyint)	1	为空	0	
学分	整数型(tinyint)	1	不为空	0	

表 3-4　Scores 选课成绩表

列　名	数据类型	长　度	是否为空	默 认 值	说　明
学号	定长字符型(char)	6	不为空	无	主键，外键
课程编号	定长字符型(char)	10	不为空	无	外键
成绩	整数型(int)	默认值	为空	0	

表 3-5　Major 专业类别表

列　名	数据类型	长　度	是否为空	默 认 值	说　明
专业编号	整数型(int)		不为空	无	主键
专业名称	不定长字符型(varchar)	50	不为空	无	

任务 3　表的创建

一、使用图形界面创建表

为了方便用户，SQL Server 2008 提供了用图形界面来创建表的方法，这就是利用 SQL Server 的 SSMS 来创建表。下面通过范例演示在 Student 数据库中创建“学生表”的过程。

【例 3-1】使用 SSMS 创建“学生表”。

（1）启动 SSMS，在“对象资源管理器”中展开数据库，右击 Student 数据库下的“表”选项，在弹出如图 3-1 所示的快捷菜单中选择“新建表”命令，弹出如图 3-2 所示的“表设计器”对话框。

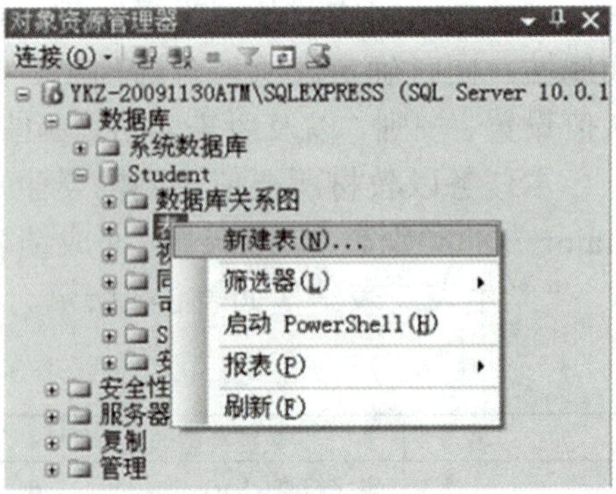

图 3-1　“表”快捷菜单

（2） 在“表设计器”对话框中，根据已经设计好的“学生表”表结构，在“列名”下的编辑框中输入列名“学号”，然后单击“数据类型”下的下拉框，拖动下拉框的滚动条，选择 char(50)。在“列属性”选项卡中的“长度”域的编辑框中输入 6，输入完毕后，可以看到“数据类型”下拉列表框内容由 varchar(50)变为 varchar(20)。

（3） 单击“表设计器”对话框的“允许空”列中的小方框，使得小方框中√去掉，就符合了“学号”列不允许为空的要求。

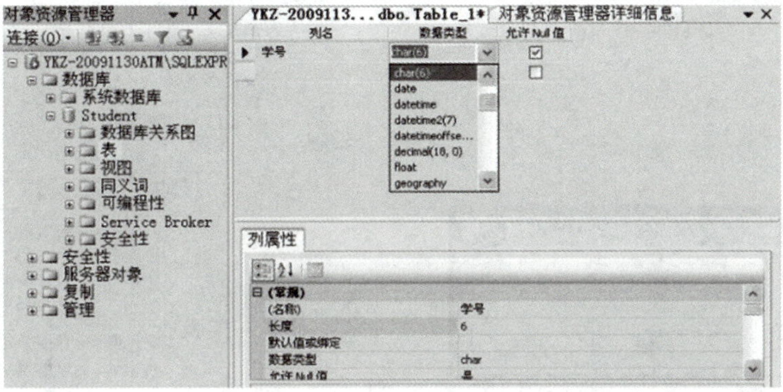

图 3-2 “表设计器”对话框

如果需要设置默认值，可在列属性选项卡中的“默认值和绑定”的编辑框中进行设置。“列属性”选项卡中有个“标识规范”的编辑框用于对表创建系统所生成序号值的一个标识列，该序号值唯一标识表中的一行，可以作为键值。每个表只能有一个列设置为标识属性，该值只能是 decimal、int、numeric、smallint、bigint 或 tinyint 数据类型。定义标识属性时，可指定其种子（即起始）值、增量值，两者的默认值均为 1。系统自动更新标识列值，标识列不允许为空值。如要将某个字段设置为自动增加，可以选中这个字段，在列属性窗口中展开“标识规范”选项，将“是标识”设置为“是”，再设置“标识增量”和“标识种子”的值。

（4） 在“学号”列上右击鼠标，选择如图 3-3 所示的“设置主键”菜单项，此时在“学号”的前面将显示一个钥匙标记，这就说明了该列已被指定为标识列。

（5） 根据已经设计好的“学生表”表结构分别输入或选择各列的名称、数据类型、是否允许为空值等属性。根据需要可以在“列属性”选项卡编辑框中输入相应的内容，最后的效果如图 3-4 所示。

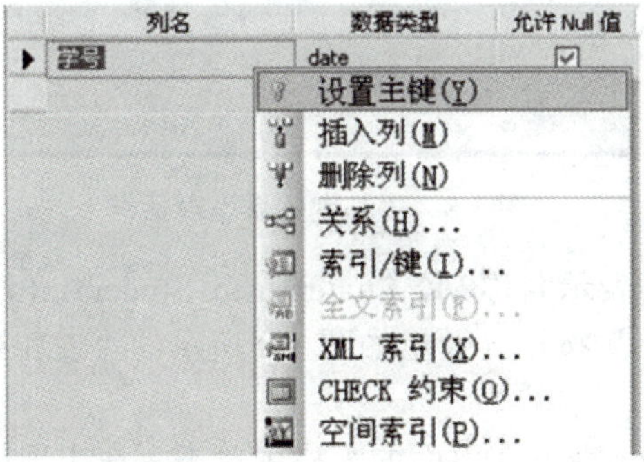

图 3-3 设置主键图

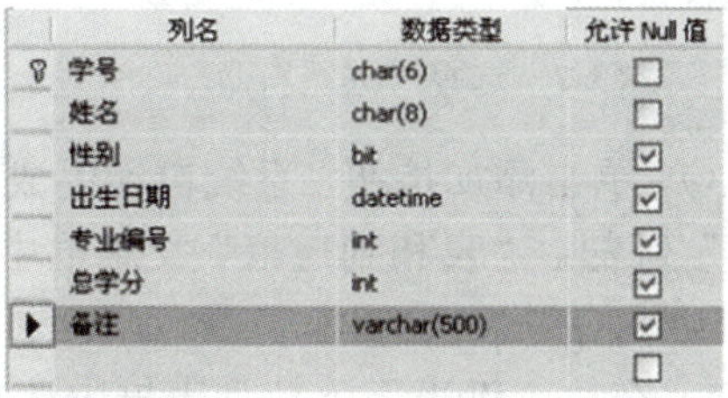

图 3-4 输入结束的效果

（6） 在表的各列的属性均编辑完成后，单击工具栏中的“保存”按钮，出现如图 3-5 所示的“选择名称”对话框。在“输入表名称”文本框中输入表名 StudentInfo，单击“确定”按钮，这样“学生表”就创建好了。

（7） 在“对象资源管理器”中可以找到如图 3-6 所示的新创建的表 StudentInfo。

图 3-5 “选择名称”对话框

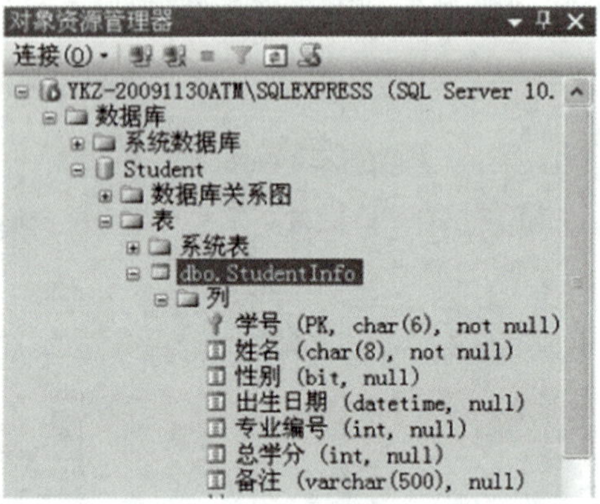

图 3-6 新创建的“学生表”

按照【例 3-1】所示的步骤，分别创建 Course 课程表、Major 专业类别表和 Scores 选课成绩表。接着为“学生表”和“专业类别表”设置外键关系。

【例 3-2】为“学生表”设置外键。

（1） 启动 SSMS，在“对象资源管理器”中展开“数据库”| Student |“表”，单击 dbo.StudentInfo，弹出“表设计器”对话框。

（2） 在“专业编号”列上右击鼠标，选择“关系(H)”命令，如图 3-7 所示。接着弹出如图 3-8 所示的“外键关系”对话框。

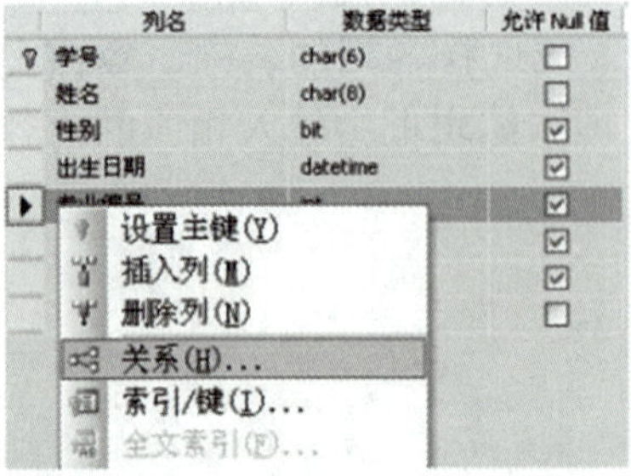

图 3-7 选择“关系”命令

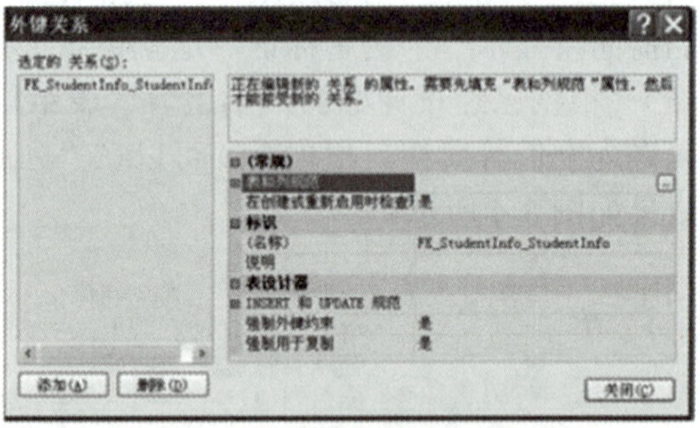

图 3-8 “外键关系”对话框

（3） 单击添加按钮，系统自动生成外键的表示名称 FK_StudentInfo_StudentInfo，单击“常规”列表中“表和列规范”文本框中的“...”按钮，弹出如图 3-9 所示的“表和列”对话框。

（4）在“主键表”下拉列表框中选择 Major 表，在下面的表格中单击，在出现的下拉列表框中选择 Major 表中的字段“专业编号”。然后，在外链表 StudentInfo 下的表格中单击，在出现的下拉列表框中选择 StudentInfo 表中的字段“专业编号”，最后单击“确定”按钮。

（5）回到“外键关系”对话框，单击“关闭”按钮。此时，在“对象资源管理器”中 StudentInfo 表下的“专业编号”字段前出现如图 3-10 所示的外键标识。

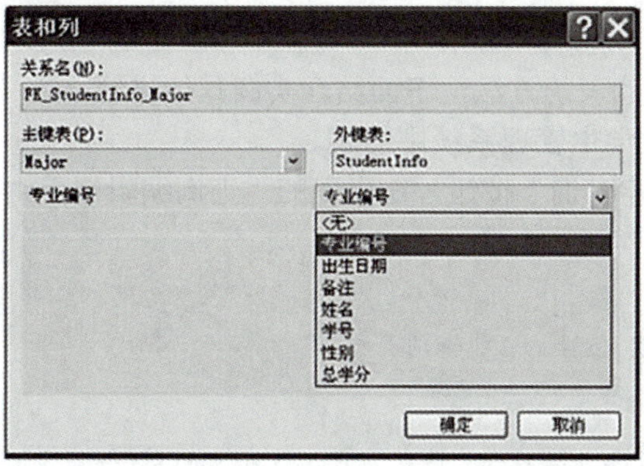

图 3-9　“表和列”对话框

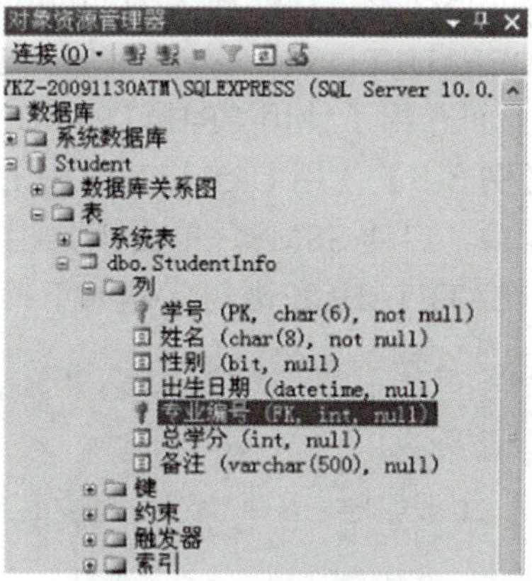

图 3-10　表的外键标识

至此，学生成绩管理系统中所有的表都已创建完毕了。

二、使用命令创建表

使用命令语句创建表在程序设计中具有灵活性，开发人员可以根据需要随时在程序中为数据库创建表来存储数据。在 SQL Server 2008 中是使用 CREATETABLE 语句来创建表的。

其语法格式如下：

```
CREATE TABLE tablename
(columnamel data_type[DEFAULT constant_express]
[IDENTITY (START,INCERMENT)][NULL | NOT NULL]
columname2 data_type[DEFAULT constant_express]
[IDENTITY(START,INCERMENT)][NULL | NOT NULL]
...
)
[ON{group | DEFAULT}]
```

其语法参数的含义如下所述。

CREATE TABLE：用来创建表。

tablename：表示表的名称。

columnamel：表示列的字段名，其圆括号“()”中的内容表示一列值。

data_type：表示该列的数据类型及长度。

关键字 DEFAULT：表示创建默认值。方括号“[]”中内容是可选项。

constant_express：默认的值，其值是常量表达式。

关键字 IDENTITY：表示定义一个标识列。

关键字 START：是标识列的初始值。

关键字 INCERMENT：是标识列的增量。

关键字 NULL：表示该列允许空。

关键字 NOT NULL：表示该列不允许空。

关键字 ON：表示把所创建的表添加到文件组中。

gorup：表示存储在名为 group 的文件组中。

DEFAULT：表示存储在默认文件组中。

上面介绍了使用 CREATETABLE 语句创建表的方法，下面结合实例具体讲解。

【例 3-3】 使用 CREATETABLE 语句创建学生管理系统中的表。

（1） 启动 SSMS，单击工具栏中的“新建查询”按钮，在出现的“查询编辑器”中编写 CREATETABLE 语句代码如下：

```
Use Student                          /*打开 Student 数据库*/
CREATE TABLE Major                   /*创建 Major 专业类别表*/
(
    专业编号 int NOT NULL PRIMARY KEY,
                                     /*定义专业编号列的数据类型、不为空和设置主键*/
    专业名称 varchar(50) NOT NULL,       /*定义专业名称列的数据类型和不为空值*/
CREATE TABLE Course                      /*创建 Course 课程表*/
(
            课程编号 char(10)NOT NULL PRIMARYKEY,
                                     /*定义课程编号列的数据类型、不为空和设置
    课程名称 char<20)NOT NULL,
                                     /*定义课程名称列的数据类型和不为空值*/
    开学学期[tinyint]NULL DEFAULT 1,
                                     /*定义开学日期列的数据类型、不为空值并设置默认值*/
    学时 tiny int NULL DEFAULT 0,
                                     /*定义学时列的数据类型、可为空值并设置默认值*/
    学分 tiny int NOT NULL DEFAULT 1
                                     /*定义学分列的数据类型、不为空值并设置默认值*/
)
CREATE TABLE Student info            /*创建 Student info 学生表*/
(
学号 char(6) NOT NULL PRIMARY KEY,
                                     /*定义学号列的数据类型、不为空和设置为主键*/
姓名 char(8) NOT NULL,                /*定义姓名列的数据类型和不为空值*/
性别 bit NULL DEFAULT 1,              /*定义性别列的数据类型、可为空值并设置默认值*/
出生日期 datetime NULL,               /*定义出生日期列的数据类型和可为空值*/
专业编号 int NULL,                    /*定义专业编号列的数据类型和可为空值*/
总学分 int NULL DEFAULT 0,            /*定义总学分列的数据类型、可为空值并设置默认值*/
备注 varchar <500)  NULL,             /*定义备注列的数据类型和可为空值*/
FOREIGN KEY（专业编号）REFERENCES Major（专业编号）     /*设置专业编号列为外键*/
)
CREATE TABLE Scores                   /*创建 Scores 选课成绩表*/
(
学号 char (6> NOT NULL PRIMARY KEY, /*定义学号列的数据类型、不为空和设置为主键*/
课程编号 char <10) NOT NULL,          /*定义课程编号列的数据类型和不为空值*/
成绩 int NULL  DEFAULT O,             /*定义成绩列的数据类型、可为空值并设置默认值*/
FOREIGN KEY（课程编号）REFERENCES Course（课程编号），   /*设置课程编号列为外键*/
```

```
FOREIGN KEY（学号）REFERENCES StudentInfo（学号），　/*设置学号列为外键*/
)
```

（2） 选择菜单栏中的“查询”子菜单，在下拉菜单中选择“执行”命令或按 F5 快捷键。

（3） 如果语句被成功执行，在“查询编辑器”的查询结果窗口中，可以看到“命令已成功完成”的消息。

任务 4　表数据的操作

创建表的主要目的是利用表来存储和管理数据。而实现数据管理的过程就是向表中添加、修改和删除数据的过程。

一、添加表数据

在 SSMS 中操作表数据非常方便，只要在表的编辑窗口中输入内容即可。下面我们以向 Course 课程表中添加 3 门课程为例，介绍具体的操作。表中要添加的数据内容如表 3-6 所示。

表 3-6　“课程表”数据内容

课程编号	课程名称	开学学期	学　时	学　分
A01	计算机基础	1	78	5
A02	程序设计	2	66	4
A03	数据结构	4	66	4

【例 3-4】 使用 SSMS 向“课程表”中添加数据。

（1） 启动 SSMS，在“对象资源管理器”中展开“数据库”|Student|“表”，右击 dbo.Course，在弹出如图 3-11 所示的快捷菜单中选择“编辑前 200 行(E)”命令，弹出如图 3-12 所示的“表数据”对话框。

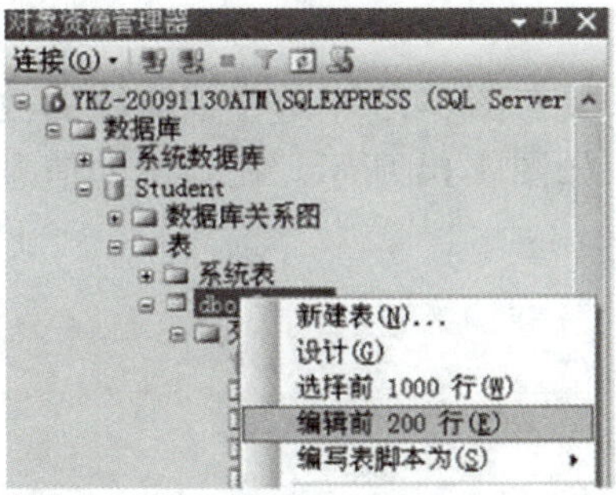

图 3-11　选择“编辑”命令

图 3-12　“表数据”对话框

（2） 在此对话框中，表中的记录将按行显示，每个记录占一行。可以看到此时表中还没有数据。插入记录时将新记录添加在表尾，可以向表中插入多条记录。插入记录的操作方法是：将光标定位到当前表尾的下一行，然后逐列输入列的值。每输入完一列的值，按 Enter 键，光标将自动跳到下一列，就可编辑该列。如果当前列是表的最后一列，则该列编辑完后按 Enter 键，光标将自动跳到下一行的第一列，此时上一行输入的数据已经保存，可以增加下一行。如果表的某列不允许为空值，则必须为该列输入值。如果列允许为空值，那么，不输入该列值，则在表格中将显示 NULL 的字样。用户可以自己根据需要向表中插入数据，但是插入的数据要符合列的约束条件。

（3） 根据上表 3-6 的内容依次将数据内容添加到表中，数据添加后的“课程表”如图 3-13 所示。

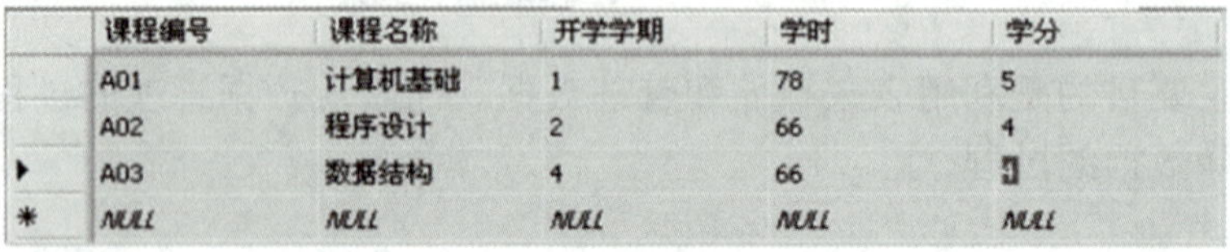

	课程编号	课程名称	开学学期	学时	学分
	A01	计算机基础	1	78	5
	A02	程序设计	2	66	4
▶	A03	数据结构	4	66	3
*	NULL	NULL	NULL	NULL	NULL

图 3-13　插入数据后的表

现在就可以根据以上例子中的步骤，依次给 Student 数据库中的其他几张表分别添加所需要的数据了。

二、修改表数据

修改表数据的操作也很简单，跟添加数据的方法类似。添加数据是在显示 NULL 行中输入数据，而修改数据必须在图 3-13 所示的“表数据”窗口先将光标定位到要修改的数据字段上，然后对此单元格中的数据进行修改、删除或重新输入，修改完毕后单击“保存”按钮即可。注意修改后的数据要满足列的约束要求，否则系统不接受所做的修改。

由于在浏览数据的同时修改数据，其操作比较直观和灵活，这种方法适合于需要修改的数据量不大且比较零散，或修改的值不易表达的情况。如果有大量数据需要统一修改，即多行数据需要同样的修改操作，这种情况往往使用命令操作方式更为快捷方便。

三、删除表数据

在 SSMS 中删除数据与添加和修改数据也非常类似，只要在图 3-13 中选中要删除的数据，右击该数据，在弹出的快捷菜单中选择“删除”命令，如图 3-14 所示。在弹出的信息提示框里单击“确定”按钮，即可完成数据删除的操作。

	学号	姓名	性别	出生日期	专业编号	总学分	备注
	071001	程琳	False	1985-06-04 00:...	1	50	NULL
	071002	王卫平	True	1985-10-12 00:...	1	48	NULL
▶	071003	李梅	False	1983		60	已获得二门课...
	071004	罗平飞	True	1986		42	NULL
	071005	刘艳	False	1984		42	NULL
	071006	张玉明	False	1985		55	三好学生
	071007	贺强	True	1987		50	有一门不及格...
	071008	严妍	False	1985		50	已提前修完一...
	071009	李虎	True	1986		42	NULL
	071010	赵红梅	False	1986		48	NULL
*	NULL	NULL	NULL	NULL	NULL	NULL	NULL

图 3-14　在表中删除数据

在删除记录时，需要注意以下几点。

（1）　记录删除之后不能再撤销删除。

（2）　一次可以删除多条记录，按住 Shift 或 Ctrl 键，可以选择多条记录。

（3）　在选择记录后，按 Delete 键也可以进行删除操作。

（4）　如果要删除的记录是其他表的外键指向，删除操作可能会影响外键表。

任务 5　查看表信息

用户在创建了一个表后，往往需要了解一些有关该表的信息。另外有时还需要查看该表与其他表之间所存在的依赖关系等。本任务就介绍如何查看数据表的信息。

一、查看表数据

可以使用 SSMS 和命令语句两种方法来查看数据库中的表数据，前一种方法的优点是简单直观，而后一种方法则可以实现特定的查询。

要查看表中的数据，使用 SSMS 的图形界面会非常方便。可启动 SSMS，在“对象资源管理器”中展开“数据库”| Student |“表”，右击要查看的表 dbo.StudentInfo，在弹出的快捷菜单中选择“选择前 1000 行（W）”命令，在如图 3-15 所示的查询结果窗口中可以看到该表的前 1000 行数据。

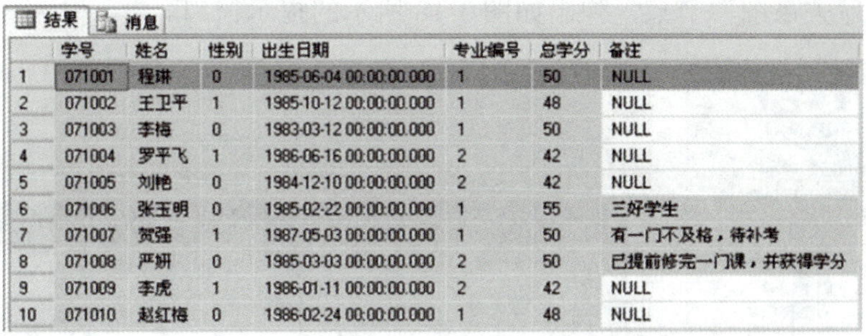

结果　消息

	学号	姓名	性别	出生日期	专业编号	总学分	备注
1	071001	程琳	0	1985-06-04 00:00:00.000	1	50	NULL
2	071002	王卫平	1	1985-10-12 00:00:00.000	1	48	NULL
3	071003	李梅	0	1983-03-12 00:00:00.000	1	50	NULL
4	071004	罗平飞	1	1986-06-16 00:00:00.000	2	42	NULL
5	071005	刘艳	0	1984-12-10 00:00:00.000	2	42	NULL
6	071006	张玉明	0	1985-02-22 00:00:00.000	1	55	三好学生
7	071007	贺强	1	1987-05-03 00:00:00.000	1	50	有一门不及格，待补考
8	071008	严妍	0	1985-03-03 00:00:00.000	2	50	已提前修完一门课，并获得学分
9	071009	李虎	1	1986-01-11 00:00:00.000	2	42	NULL
10	071010	赵红梅	0	1986-02-24 00:00:00.000	1	48	NULL

图 3-15　显示表中的数据

二、查看表上的约束

在 SQL Server 2008 中，可以使用系统存储过程来显示表上所定义的主键、外键和默认值等约束的信息。具体的语法格式如下：

```
EXEC sp_helpconstraint DatabaseName
```

命令参数说明如下。

EXEC：指明是存储过程的关键字。

sp_helpconstraint：系统内置的查看数据表约束的存储过程。

DatabaseName：要查看的数据库名称。

【例 3-5】 查询 StudentInfo 表的约束。

（1）启动 SSMS，单击工具栏中的“新建查询（N）”按钮，在出现的“查询编辑器”

中编写查看的代码如下：

```
EXEC sp_helpconstraint  StudentInfo
```

（2）按 F5 快捷键，命令执行成功后可以在如图 3-16 所示的查询结果窗口中显示出 StudentInfo 表的详细约束信息。

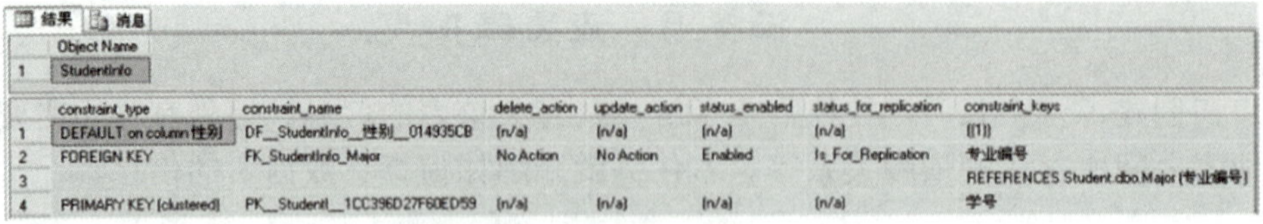

图 3-16　显示表的约束信息

三、查看表间关系

所谓表间的关系，就是指在数据库中的某个表和其他表之间的依赖关系。如果该表发生了变化，则所有依赖于它的表都有可能受到影响。因此，了解表间的依赖关系非常重要。在 SQL Server 2008 中，可以通过创建数据库关系图来查看表之间的关系。

【例 3-6】创建数据库关系图并查看表关系。

（1）启动 SSMS，在“对象资源管理器”中展开 Student 数据库节点，单击如图 3-17 所示的“数据库关系图”节点，弹出如图 3-18 所示的提示窗口。

图 3-17　“数据库关系图”节点

图 3-18　提示信息框

（2）单击“是”按钮。在“数据库关系图”节点上右击，在弹出如图 3-19 所示的快捷菜单中选择“新建数据库关系图”命令，弹出如图 3-20 所示的“添加表”对话框。

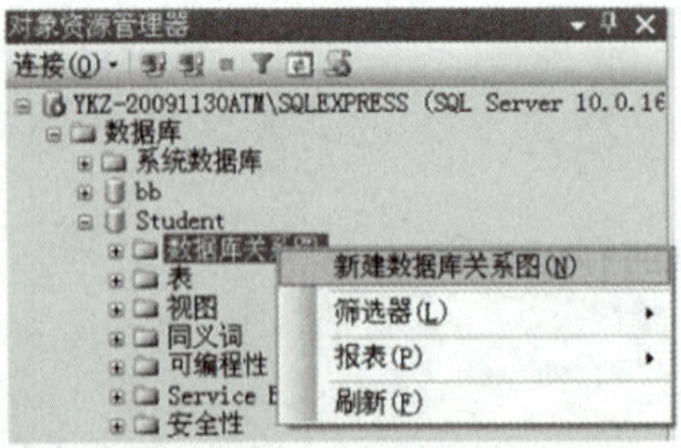

图 3-19　“新建数据库关系图”命令

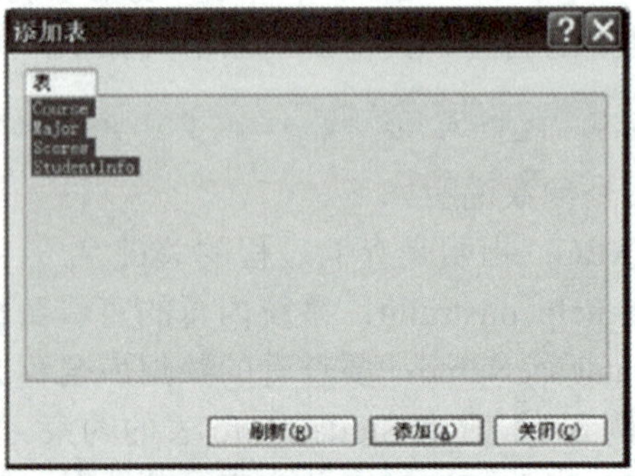

图 3-20　“添加表”对话框

（3）在“表”选项卡下列出了 Student 数据库中所有的表。选择全部表，单击“添加”按钮。当表全部添加到关系图中后，“表”选项卡下的列表被清空，单击“关闭”按钮。如果数据库的表中都设有主键，那么，系统会自动地建立表与表之间的关系，如图 3-21 所示的表关系图。

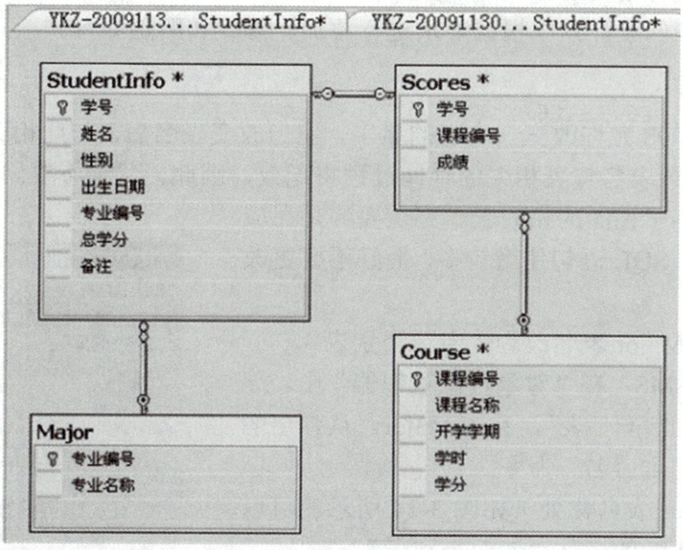

图 3-21　数据库表关系图

（4）单击工具栏上的“保存”按钮，在弹出如图 3-22 所示的“选择名称”对话框中输入创建的数据库关系图的名称“Student 关系图”，单击“确定”按钮。

（5）此时，在“对象资源管理器”中的 Student 数据库节点下会出现如图 3-23 所示的名为“dbo.Student 关系图”的子节点，以后再单击该节点，就可以打开如图 3-21 所示的数据库表关系图。

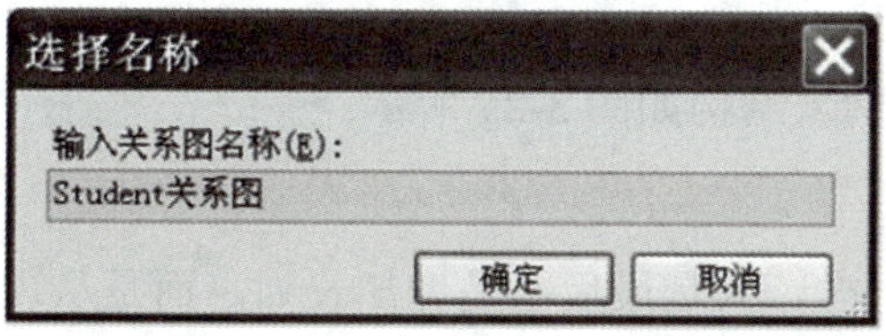

图 3-22　“选择名称”对话框

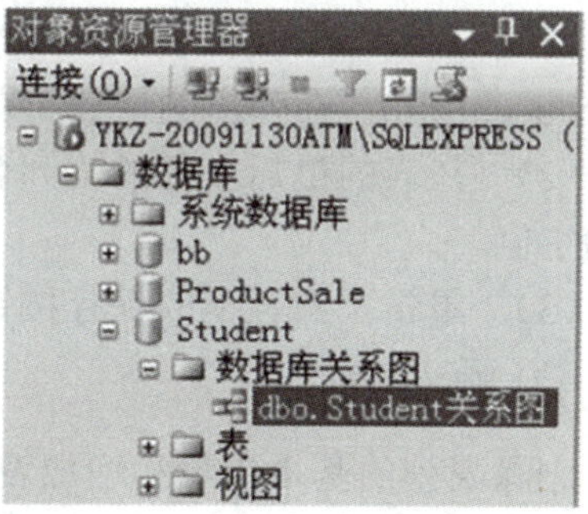

图 3-23　创建的数据库关系图

任务 6　表结构的修改

在创建完一个表之后，不仅会去查看有关的属性、数值等，最重要的是要经常对其进行修改，例如修改表名、添加和删除列、修改列属性等。对于这些内容的修改可以使用命令和 SSMS 两种方法来进行。

一、使用图形界面修改表

本任务介绍几种常用的在 SSMS 图形界面来修改表结构的方法，过程非常简单，只要在要修改的表或表的设计器中根据要求进行添加、修改和删除即可。

1. 更改表名

SQL Server 2008 允许改变一个表的名字，但当改变表名后，与此相关的某些对象（如视图），以及通过该表名与表相关的存储过程将无效，因此，尽量不要修改已存在的表名，特别是在其上建立了视图的相关表。更重要的是在应用程序编程时，如 SQL 语句使用较多，最好不要更改表名。

【例 3-7】将 Major 表名改为“专业类别表”。

（1） 启动 SSMS，在“对象资源管理器”中，展开“数据库”| Student |“表”，右击 Major，从弹出的快捷菜单中选择“重命名”命令。

（2） 当 Major 表名称处于如图 3-24 所示的可以编辑状态时，输入新的名称“专业类别表”。

（3） 按回车键，完成表名的修改。

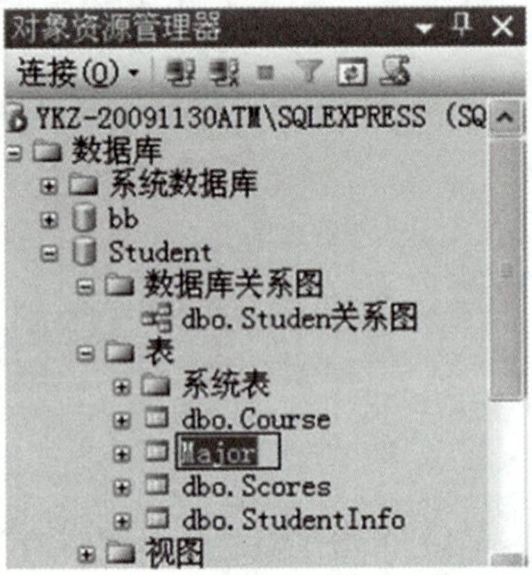

图 3-24　修改表名

2. 增加表列和修改表列属性

增加表列和修改表列属性的操作和创建新表非常类似，两者最大的区别在于增加和修改是在已存在的表结构基础上进行操作。

【例 3-8】使用 SSMS 向 StudentInfo 表中添加新的字段列“年龄”

（1） 启动 SSMS，在“对象资源管理器”中展开“数据库”| Student |“表”，右击 dbo.StudentInfo，在弹出的快捷菜单中选择“设计(G)”命令，弹出“表设计器”对话框。

（2） 在表的最后空行的“列名”中增加“年龄”属性，设置数据类型为 int，设置列可为空值。

（3） 单击工具栏上的保存按钮，添加后的表结构如图 3-25 所示。

3. 删除表列

删除表列的基本步骤和增加表列的步骤一样，只是最后不是增加表列，而是从现有的表列中选中要删除的列，然后右击该选中的列，在弹出菜单中选择“删除列”命令即可删除数据，如图 3-26 所示。

从删除表列的弹出菜单中可以看到还有“插入列”等命令项，据此，也可以在被选中列位置插入新的列。

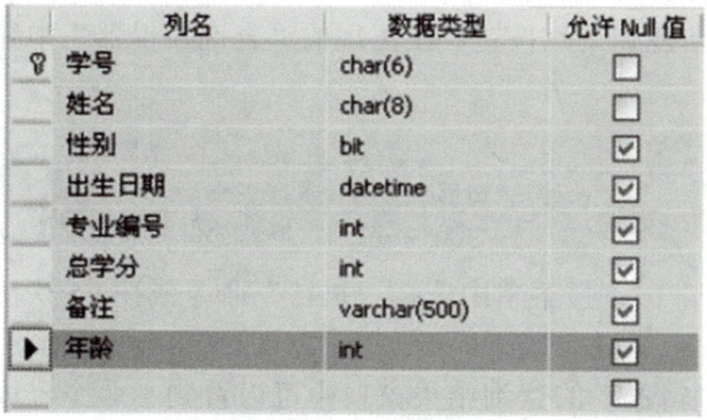

图 3-25　添加后的新列

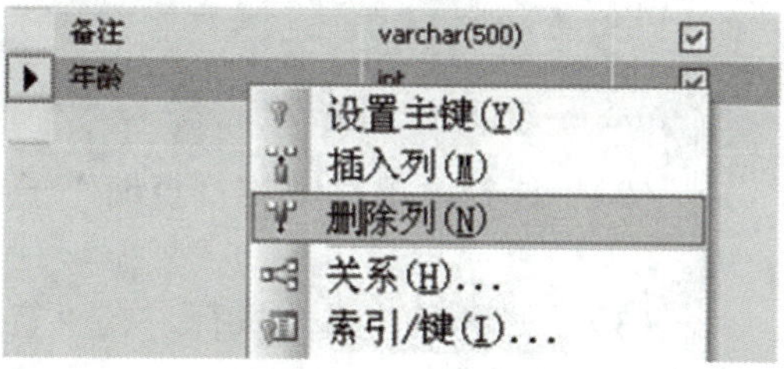

图 3-26　删除表列

二、使用命令修改表

在使用 SQL Server 2008 修改数据库表结构时，往往首选图形界面，这是因为图形界面直观，操作简单，当然这是一种好的选择。其实也可以使用命令语句 ALTER TABLE 语句修改表结构。其语法格式如下：

```
ALTER TABLE table_name
{ [ ALTER COLUMN column name
new_data_type  [ NULL| NOT NULL]}
[ ADD{ [<column_definition>]  [,…n]
| column_name AS  computed_column_expression  [  ,…n]}]
DROP COLUMN column   [,…n ]]
```

语句中的参数说明如下。

- ALTER COLUMN 子句：用于说明修改表中指定列的属性，要修改的列名由 column_name 给出，new_data_type 为被修改列的新的数据类型。
- ADD 子句：向表中增加新列或新计算列。新列的定义方法与 CREATE TABLE 语句中定义列的方法相同。
- DROP 子句：可删除现有的列。

下面通过几个范例说明 ALTER TABLE 语句的使用。

【例 3-9】将 Major 表名改为“专业类别表”。

（1） 启动 SSMS，单击工具栏中的“新建查询”按钮，在出现的“查询编辑器”中编写如下代码：

```
Use  Student                                 /*打开 Student 数据库*/
ALTER TABLE Major RENAME 专业类别表          /*执行重命名*/
```

（2） 选择菜单栏中的“查询”子菜单，在下拉菜单中选择“执行”命令或按 F5 快捷键。

（3） 语句被成功执行，在“查询编辑器”的“查询结果”窗口中，可以看到“注意：更改对象名的任一部分都可能会破坏脚本和存储过程。”的消息。

【例 3-10】为 StudentInfo 表中添加新的字段列“年龄”。

（1） 启动 SSMS，单击工具栏中的“新建查询”按钮，在出现的“查询编辑器”中编写如下代码：

```
Use  Student                                /*打开 Student 数据库*/
ALTER TABLE StudentInfo                 /*修改 StudentInfo 数据表*/
ADD 年龄 int  NULL                       /*添加年龄列、数据类型和可为空值*/
```

（2） 选择菜单栏中的“查询”子菜单，在下拉菜单中选择“执行”命令或按 F5 快捷键。

（3） 如语句被成功执行，在“查询编辑器”的查询结果窗口中可以看到“命令已成功完成”的消息。

（4） 使用 sp_help 系统存储过程，可在查询结果窗口中查看修改后的 StudentInfo 表结构，如图 3-27 所示的。

结果 | 消息

	Name	Owner	Type	Created_datetime
1	StudentInfo	dbo	user table	2012-03-11 18:04:55.060

	Column_name	Type	Computed	Length	Prec	Scale	Nullable	TrimTrailingBlanks	FixedLenNullInSource	Collation
1	学号	char	no	6			no	no	no	Chinese_PRC_CI_AS
2	姓名	char	no	8			no	no	no	Chinese_PRC_CI_AS
3	性别	bit	no	1			yes	(n/a)	(n/a)	NULL
4	出生日期	datetime	no	8			yes	(n/a)	(n/a)	NULL
5	专业编号	int	no	4	10	0	yes	(n/a)	(n/a)	NULL
6	总学分	int	no	4	10	0	yes	(n/a)	(n/a)	NULL
7	备注	varchar	no	500			yes	no	yes	Chinese_PRC_CI_AS
8	年龄	int	no	4	10	0	yes	(n/a)	(n/a)	NULL

图 3-27 添加列后的表结构

【例 3-11】修改 StudentInfo 表中姓名列数据长度。

（1） 启动 SSMS，单击工具栏中的“新建查询”按钮，在出现的“查询编辑器”中编写如下代码：

```
Use  Student                              /*打开 Student 数据库*/
ALTER TABLE StudentInfo             /*修改 StudentInfo 数据表*/
ALTER COLUMN 姓名 char (20)        /*将姓名列的数据长度从 8 修改为 20 数据表*/
```

（2） 选择菜单栏中的“查询”子菜单，在下拉菜单中选择“执行”命令或按 F5 快捷键。

（3） 如语句被成功执行，在“查询编辑器”的查询结果窗口中，可以看到“命令已成功完成”的消息。

（4） 使用 sp_help 系统存储过程，可在查询结果窗口中查看修改后的“年龄”列数据长度，如图 3-28 所示。

结果 | 消息

	Name	Owner	Type	Created_datetime
1	StudentInfo	dbo	user table	2012-03-11 18:04:55.060

	Column_name	Type	Computed	Length	Prec	Scale	Nullable	TrimTrailingBlanks	FixedLenNullInSource	Collation
1	学号	char	no	6			no	no	no	Chinese_PRC_CI_AS
2	姓名	char	no	20			yes	no	yes	Chinese_PRC_CI_AS

图 3-28 修改列数据长度

三、表的删除

当一个表不再使用时，用户可以将其删除，以便释放其所占用的存储空间。但是，在删除一个表时应注意两个方面的问题：一是在删除表时，表的结构定义、数据、全文索引、约束和索引都将永久地从数据库中删除，原来存放表及其索引的存储空间将被用来存放其他表；二是只有在表没有被其他表引用的时候，才能被删除；否则，删除操作就会失败。删除数据库中的一个表，可以使用 SSMS 图形界面和使用命令语句两种方法。

1. 在图形界面中删除表

在图形界面中删除表与添加表非常类似，下面以删除 Student 数据库中的 Major 专业类别表为例进行说明。

【例 3-12】 删除 Major 表。

（1）启动 SSMS，在“对象资源管理器”中展开“数据库”| Student |“表”，右击 dbo.Major，在弹出的快捷菜单中选择“删除”命令，弹出如图 3-29 所示的“删除对象”对话框。

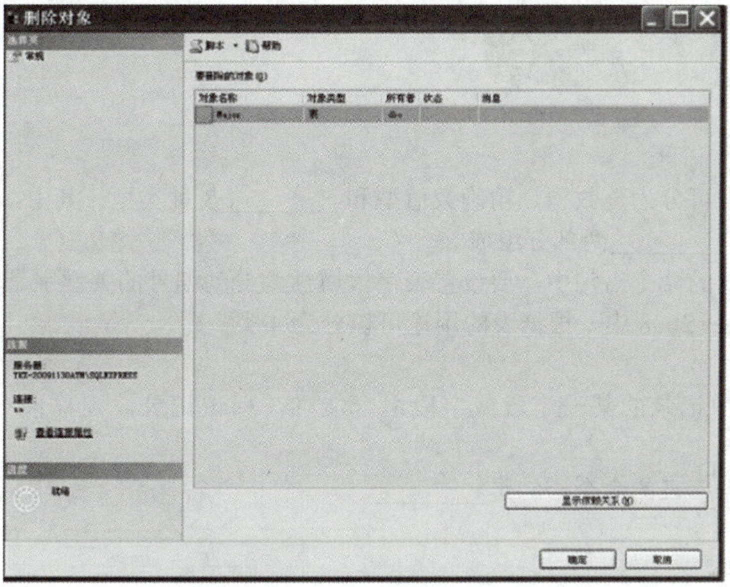

图 3-29　“删除对象”对话框

（2） 单击“显示依赖关系”，会弹出“依赖关系”对话框，可查看要删除的 Major 表是否被其他表所引用（如果有的话，必须先删除关联的表），确认没有依赖关系后，单击“确定”按钮，返回到“删除对象”对话框。

（3） 单击对话框中的“确定”按钮即可将 Major 表从数据库中删除。

2. 使用命令删除表

使用命令语句 DROP TABLE 语句也可以删除不再使用的表。需要注意，使用 DROPTABLE 语句不能删除系统表。同样，要使用 DROP TABLE 语句删除的表，也必须与其他表之间不存在依赖关系。DROP TABLE 语句删除表的格式为：

```
DROP  TABLE  table_name
```

语句中的参数说明如下。

DROP：表示删除表的关键字。

Table_name：表示要删除的数据表名。

【例 3-13】 删除 Major 表。

（1） 启动 SSMS，单击工具栏中的“新建查询”按钮，在出现的“查询编辑器”中编写如下代码：

```
Use  Student                              /*打开 Student 数据库*/
DROP  TABLE Major                         /*删除 Major 数据表*/
```

（2） 选择菜单栏中的“查询”子菜单，在下拉菜单中选择“执行”命令或按 F5 快捷键。

（3） 如语句被成功执行，在“查询编辑器”的查询结果窗口中可以看到“命令已成功完成”的消息。

习 题

一、填空题

1. 数字数据可分为整数型、精确数值型和________3 种类型。其中，精确数值型数据由________和________两部分组成。

2. 在创建表的命令语句中，要设置表字段属性为自动编号的关键字是________。

3. SQL Server 2008 中，根据表的用途可以分为 4 类，即________、________、已分区表和临时表。

4. 如果表中记录的某一字段或字段组合能唯一标识记录，则称该字段或字段组合为________。

5. 创建数据库表的命令语句是________。

二、选择题

1. 使用 SQL 语句修改表结构时，其语句是下面的（　）选项。

   A. ALTER DATABASE　　　　B. ALTER TABLE

   C. UPDATE TABLE　　　　D. UPDATE DABASE

2. 下列对表的描述正确的是（　）。

   A. 在数据库中表用来表示关系模型中的实体

   B. 表是对数据进行存储和操作的一种逻辑结构

   C. 表是用来组织和存储数据的数据库对象

   D. 表可以存储数据库的其他数据库对象

3. 在 SQL Server 2008 的数据类型中可以用来存储图片的数据类型是（　）

   A. binary　　　　B. image

   C. varchar　　　　D. int

4. 使用系统存储过程（ ）可以查看表的行、大小和空间的统计信息。

A. sp_table　　B. sp_help

C. sp_spaceused　　D. sp_rename

5. 订单表 Orders 的列 Orderid 的类型是小整型(small int)，根据业务的发展需要将其改为整型(integer)，应该使用下面的（ ）语句。

A. ALTER TABLE Orders ALTER COLUMN Orderid integer

B. ALTER COLUMN Orderid integer FROM Orders

C. ALTER TABLE Orders (Orderid integer)

D. ALTER COLUMN Orders.Orderid integer

实训项目

一、使用命令语句创建表

实验目的：了解表的结构特点及 SQL Server 的基本数据类型，掌握使用命令语句创建数据表的方法。

实验任务：使用 CREATE TABLE 语句在 ProductSale 产品销售系统数据库中创建 Category 产品类别表、Customer 客户表、Department 部门表、Employee 员工表、Orders 产品订单表和 Product 产品表。

实验提示：

ProductSale 数据库中的各个表结构如表 3-7～表 3-12 所示。

表 3-7　Employee 表

列　名	数据类型	长　度	是否为空	说　明
E_ID	int		不为空	员工号，主键
E_Name	varchar	50	不为空	姓名
Sex	char	2	不为空	性别，取值为“男”和“女”
BirthDate	smalldatetime		为空	出生年月
HireDate	smalldatetime		为空	聘任日期
Salary	money	4	为空	工资
D_TD	int		不为空	部门编分，外键

表 3-8　Department 表

列　名	数据类型	长　度	是否为空	说　明
D_ID	int		不为空	部门编号，主键
D_Name	varchar	30	不为空	部门名称
Manager	char	8	为空	部门主管
Description	varchar	50	为空	部门描述

表 3-9　order 表

列　　名	数据类型	长　　度	是否为空	说　　明
O_ID	int		不为空	订单号，主键
P_ID	int		为空	产品编号，外键
Number	int		为空	订货数量
E ID	int		为空	员工号，外键
CustomerID	int		为空	客广号，外键
Date	smalldatetime		为空	订单签订日期

表 3-10　Product 表

列　　名	数据类型	长　　度	是否为空	说　　明
P_ID	int		不为空	产品编号，主键
P_Name	varchar	50	不为空	产品名称
Price	decimal(18,2)		为空	产品中价
C_ID	int		为空	类别编号，外键

表 3-11　Customer 表

列　　名	数据类型	长　　度	是否为空	说　　明
CustomerID	int		不为空	客户编号，主键
CompanyName	varchar	50	不为空	公司名称
ContactName	char	8	不为空	联系人的姓名
Phone	varchar	20	为空	联系电
address	varchar	100	为空	客户地址
Email	varchar	50	为空	客广 E-mail 地址

表 3-12　Category 表

列　　名	数据类型	长　　度	是否为空	说　　明
C_ID	int		.个为空	类别编号，主键
C_Name	varchar	50	.个为空	类别名称

二、使用 SQL Server Management Studio 创建表

实验目的：熟悉 SSMS 的操作界面，了解表的结构特点及 SQL Server 的基本数据类型，掌握使用图形界面创建数据表的方法。

实验任务：使用 SSMS 图形界面在 ProductSale 数据库中创建 Category 产品类别表、Customer 客户表、Department 部门表、Employee 员工表、Orders 产品订单表和 Product 产品表。

实验提示：

（1）　打开 SQL Server Management Studio。

（2）　在“对象资源管理器”中展开 ProductSale 节点，右击“表”对象，在打开的快捷菜单中执行“新建表”命令。

（3）　在打开的设计表对话框中，依次根据 6 张表的结构内容设定列、数据类型、长度等属性。

（4）　定义完各字段后，单击工具栏上的“保存”按钮，输入表名后，单击“确定”按钮完成表的创建。

三、创建表数据库关系图

实验目的：熟悉 SSMS 的操作界面，了解表的主键、外键、表与表之间的依赖关系，掌握使用图形界面创建表关系的方法。

实验任务：使用 SSMS 图形界面创建数据库 ProductSale 的表关系图，根据各表的结构实现各表间的相互关联。

实验提示：

（1）　通过“新建数据库关系图”命令将数据库 ProductSale 中所有的表添加到关系图中。

（2）　在关系图中，找到要关联的表中作为主键和外键的字段。

（3）　通过“外键关系”对话框进行字段间的关联的设置。

（4）　设置完成后后，单击工具栏上的“保存”按钮，输入关系图的名称后，单击“确定”按钮完成 ProductSale 数据库表关系图的创建。

四、修改表结构

实验目的：掌握使用命令语句修改数据表的结构和删除数据表的操作。

实验任务：对实验 1 中创建的 Employee 数据表进行结构的修改。

实验提示：

（1）　修改 Employee 数据表，将 EName 字段的数据类型改为 varchar，长度为 100。

（2）　将 Employee 数据表中的 EName 字段强制非空约束。

（3）　将 Employee 数据表中的 Sex 字段创建一个 DEFAULT 约束，默认值为“男”。

（4）　将修改好的 Employee 数据表从数据库中删除。

五、录入数据表记录

实验目的：熟悉 SSMS 的操作界面，了解表的主键、外键、表与表之间的依赖关系，掌握使用图形界面向表中输入记录。

实验任务：使用 SQL Server Management Studio 图形界面为数据库中的各张表录入数据。

模块 4

数据库查询语句

学习目标

通过本模块的学习，熟练掌握 SQL Server 数据库查询语言的语法、操纵语言（INSERT、UPDATE、DELETE），掌握连接查询、子查询和集合查询。

主要内容

（1） SQL Server 数据库查询语言的语法。

（2） 掌握数据表到数据的插入、修改和删除。

（3） 掌握连接查询。

（4） 掌握子查询。

（5） 掌握集合查询。

重点与难点

（1） 连接查询。

（2） 子查询语句。

（3） 集合查询语句。

任务 1 SELECT 基础语法

SQL 语言中最重要、最核心的部分就是它的查询功能，而查询语言就是主要用来对已经存在于数据库中的数据按照特定的组合、条件表达式或次序进行检索的。

SQL 执行查询的最基本方式是使用 SELECT 语句，该语句按照用户给定的条件从 SQL Server 数据库中取出数据，并将它们通过一个或多个结果集返回给用户。与作为数据库对象的表类似，SELECT 语句的结果集也采用表的形式，即由行和列组成。SELECT 语句主要由以下几个方面来描述其要返回的结果集。

- 要查询的表有哪些，以及这些表之间的逻辑关系。
- 结果集中要包含的列有哪些，也就是要从表中取哪些列的数据出来。
- 从表中取出数据所需要的条件，也就是表中的行可以被取出到结果集中的条件。

- 取出到结果集中的行按什么方式进行排序。

SELECT 语句的基本格式如下：

```
SELECT [ALL | DISTINCT]  select_list
FROM table_list/view_list
[WHERE conditions]
[GROUP BY group_list]
[HAVING  conditions ]
[ORDER  BY  order_list ]
```

SELECT 语句中参数的含义如下。

- ALL：表示将显示所有检索到的数据，包括重复的数据。
- DISTINCT：表示不在结果中显示重复的数据。
- Select_list：指出所选择列的名称，在检索之后系统将显示在 Select_list 中列出符合条件的列的数据。
- FROM：指定要进行检索的表的名称 table_list 或视图的名称 view_list。在 FROM 后可由一组用逗号分开的表名组成。每个表名都代表一个包括该查询要检索数据的表。
- WHERE：指定检索的条件，使 SELECT 语句按照指定的检索条件在表中检索数据。
- GROUP BY：指定对检索到的数据进行分组，使显示结果按照需要分好组，产生可读性更好的结果。
- HAVING：可以看成用于组的 WHERE 子句。
- ORDERBY：指定对检索到的数据进行排序，使显示结果按照用户的需要排序。

一、SELECT 子句

前面已经介绍了 SELECT 的语法格式，本节主要列举范例介绍 SELECT 查询语句的使用。SELECT 子句的语法格式如下：

```
SELECT [ALLIDISTINCT]
[TOP n[PERCENT][WITH TIES]]
<select_list>
```

SELECT 子句中主要参数的含义如下。

- TOP n[PERCENT]：指定只返回查询结果的前几行。如果加了 PERCENT，则表示只返回查询结果集中的前 n%行。
- WITH TIES：指定从基表结果集中返回附加的行。
- select_list：指定要查询的选择列表。列表可以包括若干个列名或表达式，列名或表达式之间用逗号隔开，用来指示应该返回哪些数据。如果使用星号“*”则表示返回 FROM 子句中指定的表或视图中的所有列。表达式可以是列名、函数或常数的列表。

1.　检索表中所有行

对一个表的所有列进行检索，以查询出该表中所有已经存在的数据，是 SQL 查询语言中最基本的操作，而其所使用的语句也是 SELECT 语句中最基本的语句形式。

【例 4-1】 查询 Student 数据库中 StudentInfo 学生信息表中的所有信息。

（1） 启动 SSMS，单击工具栏中的“新建查询（N）”按钮，在出现的“查询编辑器”中编写如下代码：

```
USE Student                                      /*打开 Student 数据库*/
SELECT * FROM StudentInfo                 /*表示查询数据表中所有的字段信息*/
```

（2） 按 F5 快捷键，命令执行成功后，在如图 4-1 所示的查询结果窗口中显示出 StudentInfo 表的所有信息。

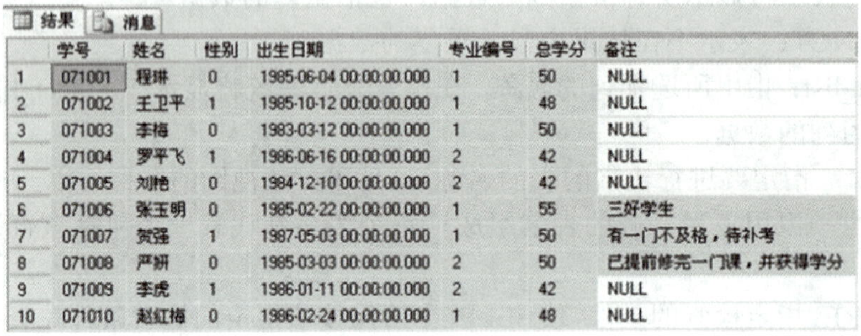

	学号	姓名	性别	出生日期	专业编号	总学分	备注
1	071001	程琳	0	1985-06-04 00:00:00.000	1	50	NULL
2	071002	王卫平	1	1985-10-12 00:00:00.000	1	48	NULL
3	071003	李梅	0	1983-03-12 00:00:00.000	1	50	NULL
4	071004	罗平飞	1	1986-06-16 00:00:00.000	2	42	NULL
5	071005	刘艳	0	1984-12-10 00:00:00.000	2	42	NULL
6	071006	张玉明	0	1985-02-22 00:00:00.000	1	55	三好学生
7	071007	贺强	1	1987-05-03 00:00:00.000	1	50	有一门不及格，待补考
8	071008	严妍	0	1985-03-03 00:00:00.000	2	50	已提前修完一门课，并获得学分
9	071009	李虎	1	1986-01-11 00:00:00.000	2	42	NULL
10	071010	赵红梅	0	1986-02-24 00:00:00.000	1	48	NULL

图 4-1　查询表中所有行

2. 检索表中特定列

用户可以指定表中特定的列来进行检索，这种方式可以使所查询到的结果集一目了然，便于用户对结果集进行查看。该方式通常用于用户对要查询的内容有很强的针对性时的查询操作。

【例 4-2】 查询 StudentInfo 表中学生姓名和学号的信息。

（1） 启动 SSMS，单击工具栏中的“新建查询（N）”按钮，在出现的“查询编辑器”中编写如下代码：

```
USE Student                                      /*打开 Student 数据库*/
SELECT 姓名,学号 FROM StudentInfo   /*查询数据表中学号和姓名字段的信息*/
```

（2） 按 F5 快捷键，命令执行成功后，在如图 4-2 所示的查询结果窗口中显示出 StudentInfo 表中学生姓名和学号的信息。

3. 改变列标题

在默认情况下，结果集显示的查询结果中的列标题都是列名。但也可以采用“列名 [AS]列标题”的格式来改变结果集中的列标题。

【例 4-3】 查询 StudentInfo 表，并使“出生日期”列显示为“出生时间”列，启动 SSMS，单击工具栏中的“新建查询（N）”按钮，在出现的“查询编辑器”中编写如下代码：

```
USE Student                                 /*打开 Student 数据库*/
SELECT 学号,姓名,出生日期 AS '出生时间' FROM StudentInfo
                                                   /*查询数据表中学号和姓名
并改变出生日期的列名*/
```

按 F5 快捷键，命令执行成功后，在如图 4-3 所示的查询结果窗口中显示出修改列名后的学生信息。

结果 | 消息

	姓名	学号
1	程琳	071001
2	王卫平	071002
3	李梅	071003
4	罗平飞	071004
5	刘艳	071005
6	张玉明	071006
7	贺强	071007
8	严妍	071008
9	李虎	071009
10	赵红梅	071010

图 4-2　查询表中特定列

结果 | 消息

	学号	姓名	出生时间
1	071001	程琳	1985-06-04 00:00:00.000
2	071002	王卫平	1985-10-12 00:00:00.000
3	071003	李梅	1983-03-12 00:00:00.000
4	071004	罗平飞	1986-06-16 00:00:00.000
5	071005	刘艳	1984-12-10 00:00:00.000
6	071006	张玉明	1985-02-22 00:00:00.000
7	071007	贺强	1987-05-03 00:00:00.000
8	071008	严妍	1985-03-03 00:00:00.000
9	071009	李虎	1986-01-11 00:00:00.000
10	071010	赵红梅	1986-02-24 00:00:00.000

图 4-3　修改列标题

4. 返回有限的结果

在要查询的结果集中，如果并不需要其后面的一些记录，则可以使用。

【例 4-4】 查询返回 StudentInfo 表中前五位学生的信息。

（1）　启动 SSMS，单击工具栏中的“新建查询（N）”按钮，写代码如下：

```
USE Student                                    /*打开 Student 数据库*/
SELECT TOP 5* FROM StudentInfo                 /*返回学生表中前五位学生的信息*/
```

（2）　按 F5 快捷键，命令执行成功后，在如图 4-4 所示的查询结果窗口中显示出 StudentInfo 表中前五位学生的信息。

结果 | 消息

	学号	姓名	性别	出生日期	专业编号	总学分	备注
1	071001	程琳	0	1985-06-04 00:00:00.000	1	50	NULL
2	071002	王卫平	1	1985-10-12 00:00:00.000	1	48	NULL
3	071003	李梅	0	1983-03-12 00:00:00.000	1	50	NULL
4	071004	罗平飞	1	1986-06-16 00:00:00.000	2	42	NULL
5	071005	刘艳	0	1984-12-10 00:00:00.000	2	42	NULL

图 4-4　返回有限结果

二、WHERE 子句

在现实应用中，大多数的查询都不是针对全表所有行的查询，而只是从整个表中选出想要查询的记录即可。要实现这样特定的查询，就要用到 WHERE 子句。WHERE 子句用于指明查询所要满足的条件。一般情况下，必须定义一个或多个条件限制检索选择的数据行。WHERE 子句后跟逻辑表达式，结果集将返回表达式为真的数据行。

WHERE 子句中条件的写法与一般高级语言中条件的写法基本相同。一般来说，在 WHERE 子句中常用的条件操作运算符如表 4-1 所示。

表 4-1　WHERE 子句中常用的条件运算符

搜索功能	运 算 符
比较	=、>、<、>=、<=、○、！=、！<、！>
范围	BETWEEN、NOT BETWEEN、CONTAINS
列表	IN、NOTIN
字符串匹配	LIKE、NOT LIKE
未知值判断	IS NULL , IS NOT NULL
组合条件	AND. OR
取反	NOT

1. 单条件查询

在对数据库表作条件查询时候，如果只有一个查询条件，那么就是单条件查询。

【例 4-5】查询 StudentInfo 表中总学分大于 48 的学生信息。

（1） 启动 SSMS，单击工具栏中的“新建查询（N)”按钮，在出现的“查询编辑器”中编写如下代码：

```
USE Student                                           /*打开 Student 数据库*/
SELECT * FROM StudentInfo WHERE 总学分>48
                                              /*返回表中总学分大于 48 的学生信息*/
```

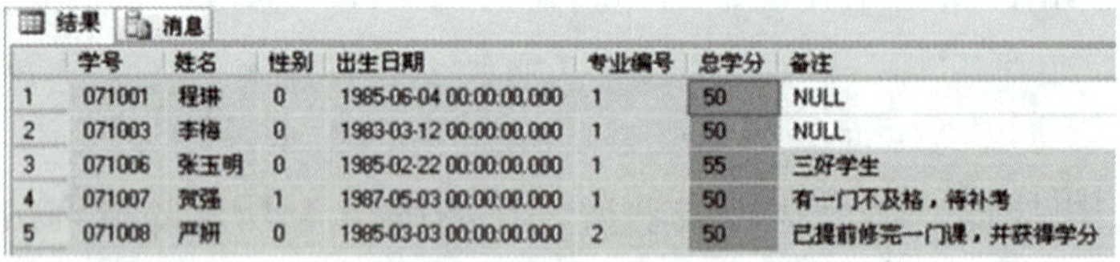

	学号	姓名	性别	出生日期	专业编号	总学分	备注
1	071001	程琳	0	1985-06-04 00:00:00.000	1	50	NULL
2	071003	李梅	0	1983-03-12 00:00:00.000	1	50	NULL
3	071006	张玉明	0	1985-02-22 00:00:00.000	1	55	三好学生
4	071007	贺强	1	1987-05-03 00:00:00.000	1	50	有一门不及格，待补考
5	071008	严妍	0	1985-03-03 00:00:00.000	2	50	已提前修完一门课，并获得学分

图 4-5　单条件查询

2. 多条件查询

在对数据库表作条件查询时，如果有多个查询条件作限制的查询，那么就是多条件查询。

【例 4-6】查询 StudentInfo 表中专业编号为 2 且总学分大于等于 40 的学生信息。

（1） 启动 SSMS，单击工具栏中的“新建查询（N)”按钮，在出现的“查询编辑器”中编写如下代码：

```
USE Student                                  /*打开 Student 数据库*/
SELECT * FROM StudentInfo WHERE 专业编号=2 and 总学分>=40
                                                    /*使用 AND 关键字组合条件*/
```

（2） 按 F5 快捷键，命令执行成功后，在如图 4-6 所示的查询结果窗口中显示出 StudentInfo 表中专业编号为 2 且总学分大于等于 40 的学生信息。

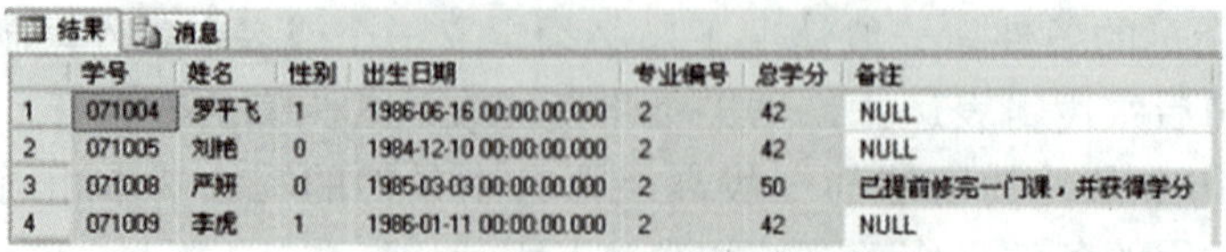

	学号	姓名	性别	出生日期	专业编号	总学分	备注
1	071004	罗平飞	1	1986-06-16 00:00:00.000	2	42	NULL
2	071005	刘艳	0	1984-12-10 00:00:00.000	2	42	NULL
3	071008	严妍	0	1985-03-03 00:00:00.000	2	50	已提前修完一门课，并获得学分
4	071009	李虎	1	1986-01-11 00:00:00.000	2	42	NULL

图 4-6　多条件查询

3. 使用通配符查询

使用通配符查询是指在执行查询时，对字符串进行比较，以实现字符串之间的模糊匹配。执行该类查询，需要使用 LIKE 运算符。其语法格式如下：

```
SELECT <列表名> FROM <表或视图名>
WHERE  <表达式> [NOT] LIKE  字符串
```

在 WHERE 子句中表达式的值和指定的字符串相同时，选择条件为 TRUE。在指定的字符串中可以包含通配符。在 SQL Server 2008 中共提供了如下四个通配符。

- 百分号（%）：代表任意多个字符。有 3 种情况：当其置于字符后面时，表示以其前面的字符开头的字符串；当其置于字符前面时，表示以其后面的字符结尾的字符串；当字符置于两个百分号中间时，表示中间出现这些指定字符的字符串。
- 下划线（_）：代表单个字符。用于表示仅在同一个位置上有不相同字符的字符串。
- 中括号（[]）：代表指定范围内的单个字符。位于中括号中间的既可以是单个字符（如[abcd]，也可以是指定的一个字符范围（如[a-d]）。
- 复合符号（[^]）：代表不在指定范围内的单个字符。其用法与中括号基本相似，即中间既可以是单个字符（如[^abcd]），也可以是指定的一个字符范围（如[^a-d]）。

【例 4-7】查询 StudentInfo 表中姓名中含有“梅”的学生信息。

（1） 启动 SSMS，单击工具栏中的“新建查询（N）”按钮，在出现的“查询编辑器”中编写如下代码：

```
USE Student                                          /*打开 Student 数据库*/
SELECT * FROM StudentInfo WHERE 姓名 LIKE '%梅%'
                                                     /*使用 LIKE 关键字和%字符串%*/
```

（2） 按 F5 快捷键，命令执行成功后，在如图 4-7 所示的查询结果窗口中显示出 StudentInfo 表中姓名中含有“梅”的学生信息。

	学号	姓名	性别	出生日期	专业编号	总学分	备注
1	071003	李梅	0	1983-03-12 00:00:00.000	1	50	NULL
2	071010	赵红梅	0	1986-02-24 00:00:00.000	1	48	NULL

图 4-7　模糊查询

4. 确定属性值范围的查询

在数据库查询中，经常需要查询某个时间段内的数据记录，或按某个时间段进行数据统计，都是基于属性值范围的查询。这时就需要在 WHERE 子句中使用 BETWEEN 或 NOT BETWEEN 运算符。其语法格式如下：

```
SELECT  <列表名>  FROM  <表或视图名>
WHERE <表达式> [NOT] BETWEEN <表达式（下限值）> AND <表达式（上限值）>
```

【例 4-8】查询 StudentInfo 表中在 1985 年出生的学生信息。

（1） 启动 SSMS，单击工具栏中的“新建查询（N）”按钮，在出现的“查询编辑器”中编写如下代码：

```
USE Student                                        /*打开 Student 数据库*/
SELECT * FROM StudentInfo WHERE 出生日期 BETWEEN '1985-1-1' AND '1985-12-31'
                                    /*使用 BETWEEN AND 关键字确定日期范围的上下限*/
```

（2） 按 F5 快捷键，命令执行成功后，在如图 4-8 所示的查询结果窗口中显示出 StudentInfo 表中在 1985 年出生的学生信息。

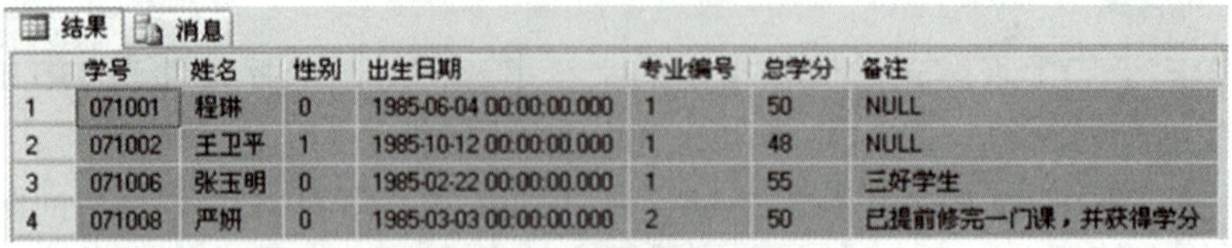

结果 | 消息

	学号	姓名	性别	出生日期	专业编号	总学分	备注
1	071001	程琳	0	1985-06-04 00:00:00.000	1	50	NULL
2	071002	王卫平	1	1985-10-12 00:00:00.000	1	48	NULL
3	071006	张玉明	0	1985-02-22 00:00:00.000	1	55	三好学生
4	071008	严妍	0	1985-03-03 00:00:00.000	2	50	已提前修完一门课，并获得学分

图 4-8　属性值范围的查询

三、GROUP BY 子句

GROUP BY 子句在 WHERE 子句之后，用于对查询的结果集进行分组。当使用 GROUPBY 子句进行分组时，如果 SELECT 子句<select list>中包含聚合函数，则 GROUP BY 将计算每组的汇总值。其语法如下：

```
 [GROUP BY [ALL] group_by_expression [,…n]
[WITH {CUBE | ROLLUP }  ]
]
```


语句中的参数含义如下：

- ALL：包含所有组和结果集，甚至包含那些其中任何行都不满足 WHERE 子句指定的搜索条件的组和结果集。如果指定了 ALL，将对组中不满足搜索条件的汇总列返回空值。不能用 CUBE 或 ROLLUP 运算符指定 ALL。
- group_by_expression：进行分组所依据的表达式。group_by_expression 也称为组合列。group_by_expression 可以是列，也可以是引用由 FROM 子句返回的列的非聚合表达式。不能使用在选择列表中定义的列别名来指定组合列。
- CUBE：指定在结果集内不仅包含由 GROUP BY 提供的行，还包含汇总行。
- ROLLUP：指定在结果集内不仅包含由 GROUP BY 提供的行，还包含汇总行。

1. 常用的聚合函数

数据库查询的主要特点之一就是将各种分散的数据按照一定的规律、条件进行分类汇总，得出统计结果。在讲解 GROUP BY 子句的使用前，先介绍几个常用的聚合函数。SQL Server 2008 中提供的常用聚合函数如表 4-2 所示。

表 4-2　聚合函数及其说明

集合函数	说　明
AVG	求平均值
COUNT	求记录数
MAX	求最大值
MIN	求最小值
SUM	求和

聚合函数对一组数据返回单一的值，在以上所有的集合函数中，除了 COUNT 函数需要考虑 NULL 值外，其他集合函数都不考虑 NULL 值列。

2. 单列分组

使用 GROUP BY 子句进行单列分组是最简单的使用方式，单列分组就是指在 GROUP BY 子句中使用单个列生成分组统计数据，进行单列分组时会基于列的每个不同值生成数据统计结果。

【例 4-9】对 StudentInfo 表中总学分进行分组。

（1） 启动 SSMS，单击工具栏中的“新建查询（N）”按钮，在出现的“查询编辑器”中编写如下代码：

```
USE Student                                          /*打开 Student 数据库*/
SELECT 总学分 FROM StudentInfo GROUP BY 总学分          /*对总学分进行分组*/
```

（2） 按 F5 快捷键，命令执行成功后，在如图 4-9 所示的查询结果窗口中显示出 StudentInfo 表中总学分的分组情况。

3. 多列分组

多列分组就是指在 GROUP BY 子句中使用多个列生成分组统计数据。进行多列分组会基于多个列的不同值生成数据统计结果。

例【4-10】查询 Scores 选课成绩表中各门课程的平均成绩和选修人数。

（1） 启动 SSMS，单击工具栏中的“新建查询（N）”按钮，在出现的“查询编辑器”中编写如下代码：

```
USE  Student                          /*打开 Student 数据库*/
SELECT 课程编号，AVG（成绩）AS 平均成绩，COUNT（学号）AS 选修人数 FROM  Scores  GROUP
BY 课程编号
  /*AVG 关键字返回平均成绩，COUNT 关键字返回学号的记录条数*/
```

（2）按 F5 快捷键，命令执行成功后，在如图 4-10 所示的查询结果窗口中显示出 Scores 表中各门课程的平均成绩和选修人数。

结果 | 消息

	总学分
1	42
2	48
3	50
4	55

图 4-9　单列分组

结果 | 消息

	课程编号	平均成绩	选修人数
1	A01	77	4
2	A02	78	3
3	B03	77	3

图 4-10　多列分组

对与 GROUP BY 子句有如下几点需要说明。

- 在包含 GROUP BY 子句的查询语句中，SELECT 语句后的所有字段列表，除集合函数外，都应包含在 GROUP BY 子句中，否则会出错。
- 对数据进行分组时，也可以用条件进行选择，这就是 HAVING 子句。

四、HAVING 子句

HAVING 子句可以用来向使用 GROUP BY 子句的查询中添加数据过滤准则，即检查分组之后的各组是否满足条件。HAVING 子句必须跟在 GROUP BY 子句后面，可以认为 HAVING 子句就是 GROUP BY 子句带条件分组的条件。HAVING 子句其语法格式如下：

```
[ HAVING <search condition>]
```

其中，<search condition>参数用来指定组或聚合应满足的搜索条件。当 HAVING 与 GROUP BY ALL 一起使用时，HAVING 子句优于 ALL。HAVING 子句的语法与 WHERE 子句一样，但两者之间还是存在以下几点区别。

- WHERE 子句的作用是检查每条记录是否满足条件，而 HAVING 子句是检查分组之后的各组是否满足条件。
- HAVING 子句是针对 GROUP BY 子句的，没有 GROUP BY 子句时不能使用 HAVING 子句。
- HAVING 子句可以在条件中包含集合函数，但 WHERE 子句不行。

【例 4-11】 查询平均成绩在 80 分以上的学生学号和平均成绩。

（1） 启动 SSMS，单击工具栏中的“新建查询（N）”按钮，在出现的“查询编辑器”中编写如下代码：

```
USE Student                                          /*打开 Student 数据库*/
SELECT 学号，AVG（成绩）AS 平均成绩 FROM Scores GROUP BY 学号 HAVING AVG（成绩）>-80
/*AVG 关键字返回平均成绩，HAVING 关键字对分组后的学号再次进行成绩要求的过滤*/
```

（2） 按 F5 快捷键，命令执行成功后，在如图 4-11 所示的查询结果窗口中显示出平均成绩在 80 分以上的学生学号和平均成绩。

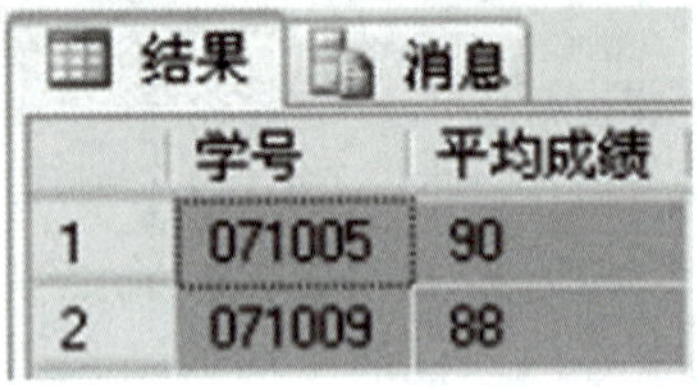

	学号	平均成绩
1	071005	90
2	071009	88

图 4-11 HAVING 条件分组

五、ORDER BY 子句

ORDER BY 子句对查询结果集中的行进行重新排序，在 ORDER BY 中可以指定多个排序列，也就是嵌套排序。ORDER BY 子句要写在 WHERE 子句的后面并且除非同时指定了 TOP，否则 ORDER BY 子句在视图、内联函数、派生表和子查询中无效。其语法格式如下：

```
[ ORDER BY {
    order_by_expression
    [ COLLATE collation_name]
    [ ASC I DESC] }  [, …n]
]
```

语句中参数的含义如下。

- order_by_expression：指定要排序的列。可以以将排序列指定为一个名称或列别名，也可以指定一个表示该名称或别名在选择列表中所处位置的非负整数。
- COLLATE{collation_name}：指定根据 collation_name 中指定的排序规则，而不是

表或视图中所定义的列的排序规则，应执行的 ORDER BY 操作。

- ASC：指定按升序，从最低值到最高值对指定列中的值进行排序，也是系统默认的排序方式。
- DESC：指定按降序，从最高值到最低值对指定列中的值进行排序。

【例 4-12】将学生“程序设计”课程的成绩按降序排列。

（1）启动 SSMS，单击工具栏中的“新建查询（N）”按钮，在出现的“查询编辑器”中编写代码如下：

```
USE Student                                          /*打开 Student 数据库*/
SELECT * FROM Scores WHERE 课程编号='A02' ORDER BY 成绩 DESC
                              /*使用 ORDER BY 对成绩进行排序，DESC 指定降序排列*/
```

（2）按 F5 快捷键，命令执行成功后，在如图 4-12 所示的查询结果窗口中显示出按“程序设计”课程成绩降序的排列。

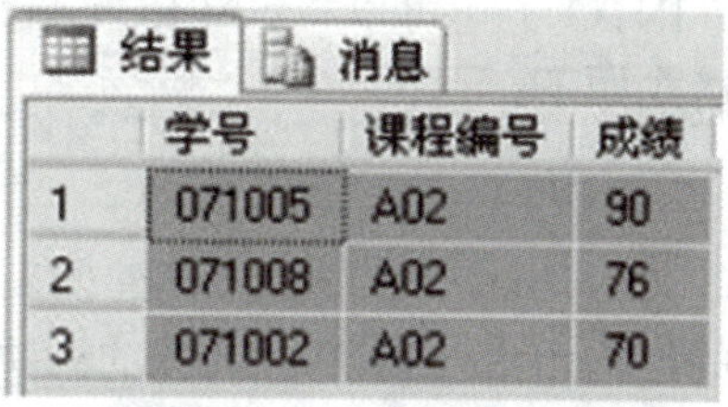

	学号	课程编号	成绩
1	071005	A02	90
2	071008	A02	76
3	071002	A02	70

图 4-12　降序排序

六、COMPUTE 子句

COMPUTE 子句用来计算总计并进行分组小计，可以使用聚合函数，总计值或小计值将作为附加新行出现在检索结果中。当与 BY 一起使用时，COMPUTE 子句在结果集内生成控制中断和小计。可以在同一查询内指定 COMPUTE BY 和 COMPUTE。COMPUTE 子句的语法格式如下：

```
[COMPUTE
{ { AVG | COUNT | MAX | MIN | STDEV  | STDEVP | VAR | VARP  | SUM }
        ( expression) }  [,…n]
        [ BY expression  [,…n] ]
]
```

语句中参数的含义如下。

- AVG | COUNT | MAX | MIN | STDEV | STDEVP | VAR | VARP | SUM：制定要执行的聚合函数。
- expression：指表达式，比如可以是对其执行计算的列名。
- BY expression：在结果集中生成控制中断和小计。

【例 4-13】对通信工程专业学生排序并汇总人数和平均学分。

（1）启动 SSMS，单击工具栏中的“新建查询（N）”按钮，在出现的“查询编辑器”中编写如下代码：

```
USE Student                                          /*打开 Student 数据库*/
SELECT 学号,姓名,出生日期,总学分 FROM StudentInfo WHERE 专业编号=2 ORDER BY 专业
编号 COMPUTE COUNT（学号）,AVG（总学分）BY 专业编号
                              /*使用了 COMPUTE BY 对专业人数和平均学分进行汇总*/
```

	学号	姓名	出生日期	总学分
1	071004	罗平飞	1986-06-16 00:00:00.000	42
2	071005	刘艳	1984-12-10 00:00:00.000	42
3	071008	严妍	1985-03-03 00:00:00.000	50
4	071009	李虎	1986-01-11 00:00:00.000	42

	cnt	avg
1	4	44

图 4-13　附加汇总

七、NTO 子句

INTO 子句可以将 SELECT 查询所得到的结果保存到一个新建的表中，INTO 子句的语法格式如下：

```
[ INTO new_table]
```

其中，new_table 指要创建的新表名。包含 INTO 子句的 SELECT 语句执行后所创建的表的结构由 SELECT 所选择的列决定，新创建的表中的记录由 SELECT 的查询结果决定。如果 SELECT 的查询结果为空，则创建一个只有结构而没有记录的空表。但是用户必须要在创建新表的数据库中拥有 CREATE TABLE 权限，而且 INTO 子句不能与 GOMPUTE 子句一起使用。

【例 4-14】 由 StudentInfo 表创建“通讯工程系学生”表并显示学号和姓名。

（1）　启动 SSMS，单击工具栏中的“新建查询（N）”按钮，在出现的“查询编辑器”中编写如下代码：

```
USE  Student                                              /*打开 Student 数据库*/
SELECT 学号，姓名 INTO  通讯工程系学生 FROM  StudentInfo WHERE 专业编号=2
                                           /*使用 INTO 子句从 StudentInfo 表中创建新表*/
```

（2）　按 F5 快捷键，命令执行成功后，在查询结果窗口中显示出“4 行受影响”的消息，说明“通讯工程系学生”表创建成功。

（3）　展开“对象资源管理器”中的 Student 数据库 |“表”，可以看到新创建的“通讯工程系学生”表。

（4）　右击“通讯工程系学生”表，在弹出的快捷菜单中选择“选择前 1000 行（w）”命令，在查询结果窗口中显示如图 4-14 所示的“通讯工程系学生”表数据。

	学号	姓名
1	071004	罗平飞
2	071005	刘艳
3	071008	严妍
4	071009	李虎

图 4-14　创建的新表

任务 2　连接查询

前面我们使用的 SELECT 语句都是从数据库的单个表中查询所要的数据，在实际应用中，多数情况下需要查询的数据来自多个数据表，比如在学生成绩管理系统中，查询选修了某个课程编号的课程的学生姓名，该课程名称和成绩，所需要的数据来自三个不同的表，我们把涉及多个表的查询称为连接查询。连接查询的一般语法格式如下：

```
FROM join_table join_type join_table
[ON (join_conditon)]
```

其中各参数的含义如下。

- Join_table：指定参与连接操作的数据表名。
- Join_type：指定连接类型。
- ON(join_conditon)：指出连接条件，由被连接表中的列和比较运算符、逻辑运算符等构成，其中，比较运算符主要有=、>、<、>=、<、!=。

在 SQL Server 2008 数据库中，连接类型可以分为内连接、外连接、交叉连接 3 种，含义如下。

- 内连接：使用比较运算符进行数据表间的比较操作，列出数据表中与连接条件相匹配的数据行。
- 外连接：返回与连接条件相匹配的数据行，而且根据外连接条件返回与连接条件不匹配的数据行。
- 交叉连接：返回第一个数据表中符合查询条件的数据行数乘以第二个数据表中符合查询条件的数据行数。

一、内连接

该连接方式将两个表中的列进行比较，并将两个表中满足连接条件的行组合起来，作为查询的结果集显示出来。根据所使用的比较方式不同，内连接又分为等值连接、自连接和不等值连接 3 种。

1. 等值连接

等值连接是指定了使用 INNER JOIN 关键字，并通过关键字 ON 在连接条件中使用等于号（=）运算符比较被连接列的列值，然后合并两张表，返回满足条件的列。

【例 4-15】查询 Student 数据库中每个学生的选修课程情况。

（1） 启动 SSMS，单击工具栏中的“新建查询（N）”按钮，在出现的“查询编辑器”中编写如下代码：

```
USE Student                                      /*打开 Student 数据库*/
SELECT 姓名，课程编号，成绩 FROM StudentInfo INNER JOIN Scores ON StudentInfo. 学号=Scores. 学号
                            /*使用 INNER JOIN 和 ON 关键字连接两个表中的学号字段*/
```

（2） 按 F5 快捷键，命令执行成功后，在如图 4-15 所示的查询结果窗口中显示出每个学生的选修课程情况。

2. 不等值连接

不等值连接和等值连接的区别仅在于连接条件中使用除等于运算符（=）以外的其他比较运算符来比较被连接的列值，其他完全相同。不等值连接的运算符包括>、>=、<=、<、!>、!<和◇。

3. 自连接

自连接就是对同一张表进行自身连接，即将同一张表中的不同行连接起来。自连接可以看成是在一张表的两个副本之间进行的连接操作。在进行自连接时，必须提供表的两个别名，使其成为逻辑上的两张表。

【例 4-16】统计 Scores 表中不同课程但成绩相同的课程情况。

（1） 启动 SSMS，单击工具栏中的“新建查询（N）”按钮，在出现的“查询编辑器”中编写如下代码：

```
USE Student                                                    /*打开 Student 数据库*/
SELECT A.课程编号,B.课程编号,A.成绩 FROM Scores AS A JOIN Scores AS B ON A.课程编号!=B.课程编号 AND A.成绩=B.成绩
                                                    /*使用 AS 关键字创建同一个表的两个不同的别名 A 和 B*/
```

（2） 按 F5 快捷键，命令执行成功后，在如图 4-16 所示的查询结果窗口中显示出不同课程但成绩相同的课程情况。

结果 | 消息

	姓名	课程编号	成绩
1	程琳	A01	78
2	王卫平	A02	70
3	李梅	B03	65
4	罗平飞	A01	79
5	刘艳	A02	90
6	张玉明	B03	78
7	贺强	A01	75
8	严妍	A02	76
9	李虎	B03	88
10	赵红梅	A01	77

图 4-15　内连接查询结果

结果 | 消息

	课程编号	课程编号	成绩
1	B03	A01	78
2	A01	A02	70

图 4-16　自连接查询结果

二、外连接

与内连接不同的是，外连接不但返回与连接条件相匹配的数据行，而且还返回包括左表（左连接时）、右表（右连接时）或两个表（完全连接时）中所有不符合搜索条件的数据行。外连接又分为左连接、右连接和完全连接 3 种。

1. 左连接

左连接就是通过指定 LEFT JOIN 关键字将左边数据表的所有数据分别与右边数据表的每条数据进行连接组合，返回的结果除内连接的数据外，还包括左表中不符合条件的数据，并在右表的相应列中填上 NULL 值。

【例 4-17】查询被选修课程的情况以及所有开设的课程名称。

（1） 启动 SSMS，单击工具栏中的“新建查询（N）”按钮，在出现的“查询编辑器”中编写如下代码：

```
USE Student                          /*打开 Student 数据库*/
SELECT Scores.*,课程名称 FROM Scores LEFT JOIN Course ON Scores.课程编号=Course.
课程编号                                /*使用 LEFT JOIN 关键字进行 Scores 和
Course 两张表的右连接*/
```

（2） 按 F5 快捷键，命令执行成功后，在如图 4-17 所示的查询结果窗口中显示出被选修课程的情况以及所有开设的课程名称。

2. 右连接

右连接就是通过指定 RIGHT JOIN 关键字将右边数据表的所有数据分别与左数据表的每条数据进行连接组合，返回的结果除内连接的数据外，还包括右表中不符合条件的数据，并在左表的相应列中填上 NULL 值。

【例 4-18】使用右连接查询被选修课程的情况以及所有开设的课程名称 。

（1） 启动 SSMS，单击工具栏中的“新建查询（N）”按钮，在出现的“查询编辑器”中编写如下代码：

```
USE Student                          /*打开 Student 数据库*/
SELECT Scores.*,课程名称 FROM Scores RIGHT JOIN Course ON Scores.课程编号=Course.
课程编号
                                       /*使用 RIGHT JOIN 关键字进行 Scores 和
Course 两张表的左连接*/
```

（2） 按 F5 快捷键，命令执行成功后，在如图 4-18 所示的查询结果窗口中显示出被选修课程的情况以及所有开设的课程名称。

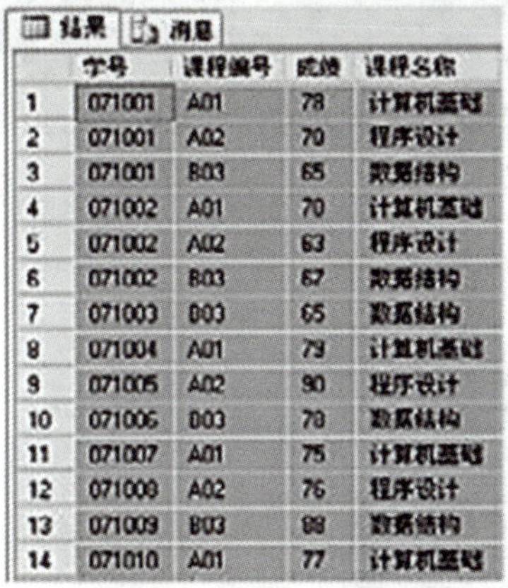

	学号	课程编号	成绩	课程名称
1	071001	A01	78	计算机基础
2	071001	A02	70	程序设计
3	071001	B03	65	数据结构
4	071002	A01	70	计算机基础
5	071002	A02	63	程序设计
6	071002	B03	67	数据结构
7	071003	B03	65	数据结构
8	071004	A01	79	计算机基础
9	071005	A02	90	程序设计
10	071006	B03	78	数据结构
11	071007	A01	75	计算机基础
12	071008	A02	76	程序设计
13	071009	B03	88	数据结构
14	071010	A01	77	计算机基础

图 4-17　左连接

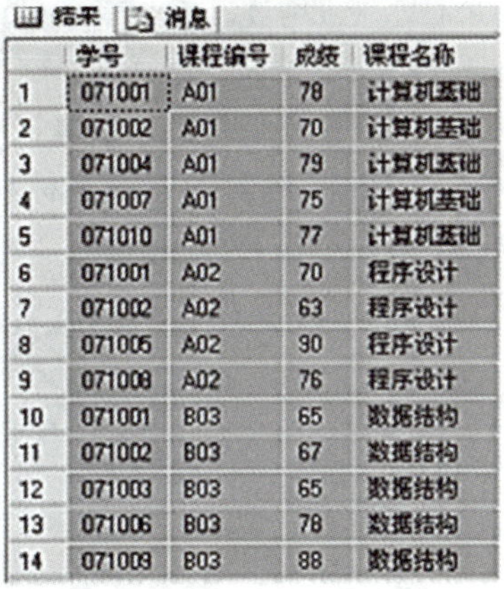

	学号	课程编号	成绩	课程名称
1	071001	A01	78	计算机基础
2	071002	A01	70	计算机基础
3	071004	A01	79	计算机基础
4	071007	A01	75	计算机基础
5	071010	A01	77	计算机基础
6	071001	A02	70	程序设计
7	071002	A02	63	程序设计
8	071005	A02	90	程序设计
9	071008	A02	76	程序设计
10	071001	B03	65	数据结构
11	071002	B03	67	数据结构
12	071003	B03	65	数据结构
13	071006	B03	78	数据结构
14	071009	B03	88	数据结构

图 4-18　右连接

这里请注意对照左连接和右连接查询结果，体会一下这两种连接查询的不同之处。

3. 完全连接

完全连接就是通过指定 FULL JOIN 关键字将左边数据表的所有数据分别与右边数据表的每条数据进行连接组合，返回的结果除内连接的数据外，还有两个表中不符合条件的数据，并在左表或右表的相应列中填上 NULL 值。

【例 4-19】使用完全连接查询被选修课程的情况以及所有开设的课程名称

（1） 启动 SSMS，单击工具栏中的“新建查询（N）”按钮，在出现的“查询编辑器”中编写如下代码：

```
    USE  Student                              /*打开 Student 数据库*/
    SELECT Scores.*,课程名称 FROM Scores FULL JOIN Course ON Scores.课程编号=Course.
课程编号
                                   /*使用 FULL  JOIN 关键字进行 Scores 和 Course 两张表的完全连接*/
```

（2）按 F5 快捷键，命令执行成功后，在查询结果窗口中显示出如图 4-17 所示被选修课程的情况以及所有开设的课程名称。由此可见，对于完全连接，如果两个表中没有不符合条件数据的话，它的查询结果和左连接的查询结果是完全相同的。

三、交叉连接

交叉连接指定的关键字为 CROSS JOIN，通常用于不带 WHERE 子句的连接查询，其结果集为两个表的笛卡儿积运算。例如，如果对 R 表和 S 表进行交叉连接，其中 R 表有 X 行，S 表有 Y 行，那么其结果集即为 X*Y 行，也就是说 R 表中的每一行都对应着 S 表中的所有行。

【例 4-20】列出 Major 表中各种专业所包含的课程名称和编号。

（1） 启动 SSMS，单击工具栏中的“新建查询（N）”按钮，在出现的“查询编辑器”中编写如下代码：

```
    USE  Student                                   /*打开 Student 数据库*/
    SELECT 专业编号，专业名称，课程编号，课程名称 FROM Major  CROSS  JOIN  Course
                                   /*使用 CROSS  JOIN 关键字进行 Major 和 Course 两张表的交叉连接*/
```


（2）按 F5 快捷键，命令执行成功后，在查询结果窗口中显示出如图 4-19 所示的 Major 表中各种专业所包含的课程名称和编号。

结果 | 消息

	专业编号	专业名称	课程编号	课程名称
1	1	计算机	A01	计算机基础
2	1	计算机	A02	程序设计
3	1	计算机	B03	数据结构
4	2	通讯工程	A01	计算机基础
5	2	通讯工程	A02	程序设计
6	2	通讯工程	B03	数据结构

图 4-19　交叉连接

任务 3　子查询

在 SQL Server 中，一条 SELECT 语句可以作为另一条 SELECT 语句的一部分，这种作为另一个 SELECT 语句的一部分的 SELECT 查询语句就被称为子查询。其中外层的 SELECT 语句叫做外部查询，而内层的 SELECT 语句叫做内部查询（或叫子查询）。

SQL Server 2008 有以下三种基本的子查询。

- 通过 IN 或 NOT IN 引出的子查询。
- 通过比较运算符引出的子查询。
- 通过 EXISTS 和 NOT EXISTS 引入的子查询。

一、IN 子查询

IN 子查询用于进行一个给定值是否在子查询结果集中的判断。其语法格式如下：

```
test_expression [NOT] IN( subquery expression[,…n])
```

语句中参数的含义如下。

- test_expression：表示 SQL Server 2008 中的任何有效表达式。
- subquery：表示具有一个列的结果集的子查询。该列必须具有与 test_expression 相同的数据类型。当表达式 test_expression 与子查询 subquery 的结果表中的某个值相等时，IN 关键字返回 TRUE，否则返回 FALSE；如果使用 NOT，则返回的值刚好相反。
- expression[,.. n]：要进行匹配测试的表达式列表。

【例 4-21】 查询选修课程编号为 B03 的学生信息。

（1） 启动 SSMS，单击工具栏中的“新建查询（N)”按钮，在出现的“查询编辑器”中编写如下代码：

```
USE Student                                           /*打开 Student 数据库*/
SELECT * FROM StudentInfo WHERE 学号 IN (SELECT 学号 FROM Scores WHERE 课程编号='B03')
                                                      /*使用 IN 关键字进行子查询*/
```

（2） 按 F5 快捷键，命令执行成功后，在查询结果窗口中显示出如图 4-20 所示的选修课程编号为 B03 的学生信息。

结果　消息

	学号	姓名	性别	出生日期	专业编号	总学分	备注
1	071001	程琳	0	1985-06-04 00:00:00.000	1	50	NULL
2	071002	王卫平	1	1985-10-12 00:00:00.000	1	48	NULL
3	071003	李梅	0	1983-03-12 00:00:00.000	1	50	NULL
4	071006	张玉明	0	1985-02-22 00:00:00.000	1	55	三好学生
5	071009	李虎	1	1986-01-11 00:00:00.000	2	42	NULL

图 4-20　IN 子查询

二、EXISTS 子查询

EXISTS 子查询用于测试子查询的结果是否为空表，如果查询的结果集不为空，则 EXISTS 返回 TRUE，否则返回 FALSE。EXISTS 还可与 NOT 结合使用，即 NOT EXISTS，其返回值与 EXISTS 刚好相反。EXISTS 子查询的语法格式如下：

```
[NOT] EXISTS subquery
```

其中，subquery 参数是一个受限制的 SELECT 语句。

【例 4-22】查询选修课程编号为 A01 的学生的姓名。

（1） 启动 SSMS，单击工具栏中的“新建查询（N）”按钮，在出现的“查询编辑器”中编写如下代码：

```
USE Student                                              /*打开 Student 数据库*/
SELECT 姓名 FROM StudentInfo  WHERE EXISTS(SELECT * FROM Scores WHERE 学号=
StudentInfo.学号 AND 课程编号='A01')                     /*使用 EXISTS 关键字进行子查询*/
```

（2） 按 F5 快捷键，命令执行成功后，在查询结果窗口中显示出如图 4-21 所示的选修课程编号为 A01 的学生姓名。

	姓名
1	程琳
2	王卫平
3	罗平飞
4	贺强
5	赵红梅

图 4-21 EXISTS 子查询

三、由比较运算符引出的子查询

由比较运算符引出的子查询是指外层查询与子查询之间用比较运算符进行连接，子查询一定要跟在比较运算符之后。这种子查询可以认为是 IN 子查询的扩展，它使表达式的值与子查询的结果进行比较运算，其语法格式如下：

```
expression{<|<=|=|>|>=|!=|<>|!<|!>}{ALL|SOME|ANY} (subquery)
```

语法句中参数的含义如下。

- subquery：表示一个子查询。
- expression：表示要进行比较的表达式。
- ALL：指定表达式要与子查询结果集中的每个值都进行比较，当表达式与每个值都满足比较的关系时，才返回 TRUE，否则返回 FALSE。
- SOME 或 ANY：表示表达式只要与子查询结果集中的某个值满足比较的关系时，就返回 TRUE，否则返回 FALSE。

【例 4-23】查询和通讯工程专业学生年龄相同的学生信息。

（1） 启动 SSMS，单击工具栏中的“新建查询（N）”按钮，在出现的“查询编辑器”中编写如下代码：

```
USE Student                                              /*打开 Student 数据库*/
SELECT * FROM StudentInfo WHERE 出生同期=ANY (SELECT 出生同期 FROM StudentInfo
WHERE 专业编号=2)                                        /*使用 ANY 关键字进行子查询*/
```

（2） 按 F5 快捷键，命令执行成功后，在查询结果窗口中显示出如图 4-22 所示的和通讯工程专业学生年龄相同的学生信息。

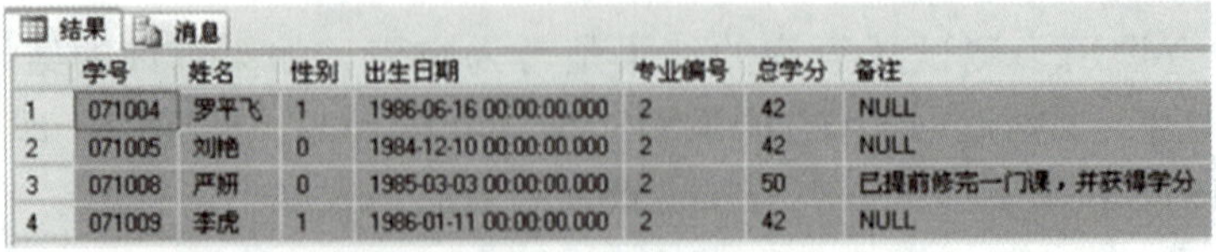

	学号	姓名	性别	出生日期	专业编号	总学分	备注
1	071004	罗平飞	1	1986-06-16 00:00:00.000	2	42	NULL
2	071005	刘艳	0	1984-12-10 00:00:00.000	2	42	NULL
3	071008	严妍	0	1985-03-03 00:00:00.000	2	50	已提前修完一门课，并获得学分
4	071009	李虎	1	1986-01-11 00:00:00.000	2	42	NULL

图 4-22 比较运算符子查询

任务 4　集合查询

有时候需要的查询结果是通过多个查询结果集合来得到的，例如，金融交易系统的流水信息查询，其查询的结果可能来自当前流水表或历史流水表，这时可以用两条 SELECT 语句分别查询当前和历史流水表，然后合并两个 SELECT 查询的结果集，这种的查询就是集合查询。为了集合多个 SELECT 查询语句的结果，可以采用 UNION、UNION ALL、EXCEPT 和 INTERSECT 关键字。

一、使用 UNION

两个或多个 SELECT 语句通过 UNION 关键字连接起来并将 SELECT 查询结果集合合并成一个结果集合显示。UNION 运算符的语法格式如下：

```
select_statement
UNION [ALL] select-statement
[UNION [ALL] select_statement][, …n]
```

语句中参数的含义如下。

- select_statement：表示 SELECT 查询语句。
- ALL：表示将所有行合并到结果集合中，如果不指定 ALL，则查询结果集合中的重复行将被只保留一行。

使用 UNION 关键字组合两个查询结果集的基本要求如下。

- 所有查询中的列数和列的顺序必须相同。
- 数据类型必须相同。

【例 4-24】 UNION 集合查询所有计算机专业和总学分等于 50 的所有同学的信息。

（1） 启动 SSMS，单击工具栏中的“新建查询（N）”按钮，在出现的“查询编辑器”中编写如下代码：

```
USE Student                                          /*打开 Student 数据库*/
SELECT * FROM StudentInfo WHERE 总学分=50 WHERE 专业编号=1 UNION SELECT * FROM
StudentInfo                                          /*使用 UNION 关键字合并查询结果*/
```

结果　消息

	学号	姓名	性别	出生日期	专业编号	总学分	备注
1	071001	程琳	0	1985-06-04 00:00:00.000	1	50	NULL
2	071002	王卫平	1	1985-10-12 00:00:00.000	1	48	NULL
3	071003	李梅	0	1983-03-12 00:00:00.000	1	50	NULL
4	071006	张玉明	0	1985-02-22 00:00:00.000	1	55	三好学生
5	071007	贺强	1	1987-05-03 00:00:00.000	1	50	有一门不及格，待补考
6	071008	严妍	0	1985-03-03 00:00:00.000	2	50	已提前修完一门课，并获得学分
7	071010	赵红梅	0	1986-02-24 00:00:00.000	1	48	NULL

图 4-23　UNION 集合查询

二、使用 UNION ALL

UNION ALL 关键字用于获取两个结果集的并集，该查询不会过滤掉重复数据行，并不会按输出结果的任何列进行排序。

【例 4-25】UNION ALL 集合查询计算机专业和总学分等于 50 的所有同学的信息。

（1） 启动 SSMS，单击工具栏中的“新建查询（N）”按钮，在出现的“查询编辑器”中编写如下代码：

```
    USE Student                                        /*打开 Student 数据库*/
    SELECT * FROM StudentInfo WHERE 总学分=50 UNION AIL SELECT * FROM StudentInfo
WHERE 专业编号=1                            /*使用 UNION ALL 关键字合并查询结果*/
```

（2） 按 F5 快捷键，命令执行成功后，在查询结果窗口中显示出如图 4-24 所示的所有计算机专业和总学分等于 50 的所有同学的信息。

结果 消息

	学号	姓名	性别	出生日期	专业编号	总学分	备注
1	071001	程琳	0	1985-06-04 00:00:00.000	1	50	NULL
2	071003	李梅	0	1983-03-12 00:00:00.000	1	50	NULL
3	071007	贺强	1	1987-05-03 00:00:00.000	1	50	有一门不及格，待补考
4	071008	严妍	0	1985-03-03 00:00:00.000	2	50	已提前修完一门课，并获得学分
5	071001	程琳	0	1985-06-04 00:00:00.000	1	50	NULL
6	071002	王卫平	1	1985-10-12 00:00:00.000	1	48	NULL
7	071003	李梅	0	1983-03-12 00:00:00.000	1	50	NULL
8	071006	张玉明	0	1985-02-22 00:00:00.000	1	55	三好学生
9	071007	贺强	1	1987-05-03 00:00:00.000	1	50	有一门不及格，待补考
10	071010	赵红梅	0	1986-02-24 00:00:00.000	1	48	NULL

图 4-24　UNION ALL 集合查询

比较 UNION 和 UNION ALL 的查询结果可以发现，前者过滤掉了重复的数据，而后者不会。

三、使用 EXCEPT 和 INTERSECT

EXCEPT 和 INTERSECT 关键字用于比较两个查询的结果，返回非重复值。其语法格式如下：

```
{<query_specification>| (<query_expression>)}
{EXCEPT | INTERSECT}
{<query_specification>|(<query_expression>)}
```

语句中参数的含义如下。

- <query_specification>|（<query_expression>）：都是 SELECT 查询语句，比较两个查询的规则和 UNION 运算符一样。
- EXCEPT：从 EXCEPT 关键字左边的查询中返回右边查询没有找到的所有非重复值。
- INTERSECT：返回 INTERSECT 操作数左右两边的两个查询都返回的所有非重复值。

【例 4-26】使用 EXCEPT 查找通讯工程专业性别不为女的学生信息。

（1） 启动 SSMS，单击工具栏中的“新建查询（N）”按钮，在出现的“查询编辑器”中编写如下代码：

```
    USE Student                                        /*打开 Student 数据库*/
```

```
    SELECT * FROM StudentInfo WHERE 专业编号=2 EXCEPT SELECT * FROM StudentInfo
WHERE  性别=0  /*使用 EXCEPT 关键字合并通讯工程专业中性别不是女的学生信息*/
```

（2） 按 F5 快捷键，命令执行成功后，在查询结果窗口中显示出如图 4-25 所示的所有通讯工程专业性别不为女的学生信息。

结果 | 消息

	学号	姓名	性别	出生日期	专业编号	总学分	备注
1	071004	罗平飞	1	1986-06-16 00:00:00.000	2	42	NULL
2	071009	李虎	1	1986-01-11 00:00:00.000	2	42	NULL

图 4-25　EXCEPT 集合查询

【例 4-27】使用 INTERSECT 查找总学分大于 50 且性别为女的学生信息。

（1） 启动 SSMS，单击工具栏中的“新建查询（N）”按钮，在出现的“查询编辑器”中编写如下代码：

```
    USE Student                                        /*打开 Student 数据库*/
    SELECT  *  FROM  StudentInfo  WHERE  总 学 分 >=50  INTERSECT  SELECT  *  FROM
StudentInfo  WHERE  性别 0= (2)
                    /*使用 INTERSECT 关键字合并总学分大于 50 且性别为女的学生信息*/
```

（2） 按 F5 快捷键，命令执行成功后，在查询结果窗口中显示出如图 4-26 所示的总学分大于 50 且性别为女的学生信息。

结果 | 消息

	学号	姓名	性别	出生日期	专业编号	总学分	备注
1	071001	程琳	0	1985-06-04 00:00:00.000	1	50	NULL
2	071003	李梅	0	1983-03-12 00:00:00.000	1	50	NULL
3	071006	张玉明	0	1985-02-22 00:00:00.000	1	55	三好学生
4	071008	严妍	0	1985-03-03 00:00:00.000	2	50	已提前修完一门课，并获得学分

图 4-26　INTERSECT 集合查询

任务 5　插入数据

数据库中只有插入数据之后，才能供用户查询使用。所谓插入表数据，指的是向数据库的表中插入（添加）新数据（记录）。这些数据可以从其他来源获得，需要被转存或引入表中；也可能是新数据要被添加到新创建的表中或已存在的表中。插入数据需要使用 INSERT 语句。

其语法格式如下：

```
  [ WITH <common_table_expression> [, …n ]
 INSERT
      [ TOP ( expression ) [ PERCENT ] ]
      [ INTO]
     {<object >| rowset_function_limited
                  [WITH (<Table_Hint_Limited>  […n ])]
     }
  {
    [(column_list)]
```

```
    [<OUTPUT Clause>]
    { VALUES ({DEFAULT | NULL | expression }  [ ,…n ])
    | derived_table
    | execute_statement
    }
}
    | DEFAULT VALUES
```

语句中参数的含义如下。

- WITH <common_table_expression>：指定在 INSERT 语句作用域内定义的临时命名结果集（也称为公用表表达式），结果集源自 SELECT 语句。
- TOP(expression)[PERCENT]：指定将插入的随机行的数目或百分比。expression 可以是行数或行的百分比。在和 INSERT、UPDATE 或 DELETE 语句结合使用的 TOP 表达式中引用的行不按任何顺序排列。
- INTO：一个可选的关键字，可以将它用在 INSERT 和目标表之间。
- WITH（<table_hint_limited>[…n]）：指定目标表所允许的一个或多个表提示。需要有 WITH 关键字和括号。
- (column_list)：要在其中插入数据的一列或多列的列表。必须用括号将 column_list 括起来，并且用逗号进行分隔。
- output 子句：将插入行作为插入操作的一部分返回。
- VALUES：引入要插入的数据值的列表。
- DEFAULT：强制数据库引擎加载为列定义的默认值。
- expression：一个常量、变量或表达式，表达式不能包含 SELECT 或 EXECUTE 语句。
- derived_table：任何有效的 SELECT 语句，它返回将加载到表中的数据行。SELECT 语句不能包含公用表表达式（CTE）。
- execute_statement：任何有效的 EXECUTE 语句，它使用 SELECT 或 READTEXT 语句返回数据。
- DEFAULT VALUES：强制新行包含为每个列定义的默认值。

一、添加数据到一行中所有列

当需要向表中添加一行中的所有列时，在 INSERT 语句中无须给出表中的列名，可直接使用 VALUES 关键字，并在其中直接按照用 CREATE TABLE 语句定义表时给定的列名顺序给出要添加的数据即可。

【例 4-28】使用 INSERT 语句向“课程”表中添加数据。

（1） 启动 SSMS，单击工具栏中的“新建查询”按钮，在出现的“查询编辑器”中编写 INSERT 语句代码如下：

```
USE Student
INSERT INTO Course（课程编号，课程名称，开学学期，学时，学分）
VALUE（'A01', '计算机基础',1,78, 5）
INSERT INTO Course（课程编号，课程名称，开学学期，学时，学分）
VALUES（'A02', '课程设计',2,66, 4）
```

```
INSERT INTO Course（课程编号，课程名称，开学学期，学时，学分）
VALUES（'A03','数据结构',4,66，4）
```

上面使用 INSERT 语句向表中添加了三条数据记录。

（2） 选择菜单栏中的“查询”子菜单，在下拉菜单中选择“执行”命令或按 F5 快捷键。

（3） 语句被成功执行，在“查询编辑器”的“查询结果”窗口中显示如图 4-27 所示的“行受影响”的消息。

（4） 打开“课程”表可以看到如图 4-28 所示的三条数据已经被插入到了表中。

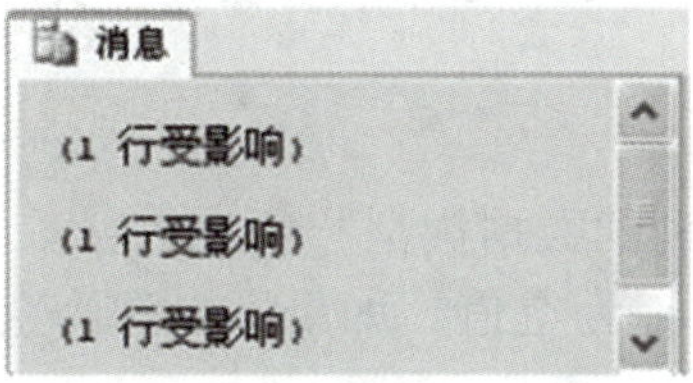

图 4-27　显示语句执行结果

	课程编号	课程名称	开学学期	学时	学分
1	A01	计算机基础	1	78	5
2	A02	程序设计	2	66	4
3	B03	数据结构	4	66	4

图 4-28　插入的数据

二、为某一列插入默认值

使用 INSERT INTO 语句为表中的某一列插入默认值时，该列的值只需用 DEFAULT 代替即可。

【例 4-29】使用 INSERT 语句向“课程”表中添加带默认值的数据。

（1） 启动 SSMS，单击工具栏中的“新建查询”按钮，在出现的“查询编辑器”中编写 INSERT 语句代码如下：

```
USE Student                                        /*打开 Student 数据库*/
INSERT INTO Course（课程编号，课程名称，开学学期，学时，学分）
VALUES （'BOI'，'网页设计'，DEFAULT，DEFAULT，DEFAULT）
/*使用 DEFAULT 关键字代替要插入的数据*/
```

（2） 按 F5 快捷键，命令执行成功后，在查询结果窗口中显示出如图 4-29 所示的带有默认值的数据。

	课程编号	课程名称	开学学期	学时	学分
1	A01	计算机基础	1	78	5
2	A02	程序设计	2	66	4
3	B01	网页设计	1	0	0
4	B03	数据结构	4	66	4

图 4-29　插入默认值数据

三、用 INSERT SELECT 插入多行

上面介绍了一次只能插入一行记录的 INSERT 语句，但在实际应用中，会有很多情况下要求一次插入多条语句，不过这里要求一次插入的数据都是从其他数据源选择获得的，这些数据源包括：

- 数据库中的另一张表。
- 同一服务器上其他不同的数据库。
- 同一个表。
- 另一个 SQL Server 的不同查询或其他数据。

使用 INSERT SELECT 语句就可将一个或多个表中的数据添加到新的表中。其语句的基本格式如下：

```
INSERT INTO 表名[（属性列 1，[属性列 2，…]）]
SELECT 属性列
FROM 表名
WHERE 条件
```

由 SELECT 语句产生的结果集为 INSERT 语句中的插入值，INSERT SELECT 语句可以把其他数据源的行添加到现有的表中。使用 INSERT SELECT 语句比使用多个单行的 INSERT 语句效率要高得多。在使用 INSERT_SELECT 语句添加记录时，必须注意以下事项：

- 在最外面的查询表中插入所有满足 SELECT 语句的行。
- 必须检验插入了新行的表是否在数据库中。
- 必须保证接受新值的表中列的数据类型与源表中相应列的数据类型一致。
- 必须明确是否存在默认值，或所有被忽略的列是否允许为空值。如果不允许为空值，则必须为这些列提供值。

【例 4-30】从 StudentInfo 表中生成新的包含学号、姓名和专业的通讯工程专业前四位学生的表。

（1） 启动 SSMS，单击工具栏中的“新建查询”按钮，在出现的“查询编辑器”中编写创建新表 NewTable：

```
USE Student                                              /*打开数据库*/
CREATE TABLE NewTable                                    /*创建新表*/
(
    Number  char (6)  NOT NULL PRIMARY KEY,     /*定义学号字段*/
    Name char (8)  NOT NULL,                             /*定义姓名字段*/
    ProfessionalNum int NULL                             /*定义专业编号字段*/
)
```

（2） 在“查询编辑器”中编写 INSERT SELECT 语句向上面创建的新表中插入数据然后进行查询：

```
/*将学生表中专业名为“通讯工程”的前 4 位学生的学号、姓名和专业编号列的值插入到新表的各行中*/
INSERT TOP (4)  INTO  NewTable
    SELECT 学号，姓名，专业编号 FROM StudentInfo
    WHERE 专业编号=2
 SELECT * FROM NewTable                                  /*查询新表的内容*/
```

（3） 按 F5 快捷键，命令执行成功后，在查询结果窗口中显示出如图 4-30 所示的 NewTable 表中内容。

结果 | 消息

	Number	Name	ProfessionalNum
1	071004	罗平飞	2
2	071005	刘艳	2
3	071008	严妍	2
4	071009	李虎	2

图 4-30　多行插入

任务 6　更新数据

如果数据表中的数据已经没用了，或插入的数据不正确，那么可以修改这些有问题的数据。修改数据需要使用 UPDATE 语句。其语法格式如下：

```
  [ WITH <common_table_expression>  [… n ]
UPDATE
   [TOP ( expression )  [ PERCENT ] ]
   {<object> | rowset_function_limited
     [WITH ( <Table_Hint_Limited>  […n ] ) ]
}
SET
    { column_name = { expression | DEFAULT | NULL }
           | @variable = expression
           | @variable = column= expression  [,…n]
    } [,…n]
  [ FROM { <table_source> }  [,… ] ]
  [ WHERE { <search_condition>
    | {[CURRENT OF
    {{ [ GLOBAL ] cursor_name } | cursor_variable_name }]
}
}
   [ OPTION (<query_hint> [,…n ]  )]
```

语句参数的含义如下。

- WITH <common_table_expression>：指定在 UPDATE 语句作用域内定义的临时命名结果集或视图，也称为公用表表达式（CTE）。CTE 结果集派生自简单查询并由 UPDATE 语句引用。
- TOP(expression)[PERCENT]：指定将要更新的行数或行百分比。expression 可以为行数或行百分比。
- WITH(<Table_Hint_Limited>)：指定目标表允许的一个或多个表提示。需要有 WITH 关键字和括号。不允许使用 NOLOCK 和 READUNCOMMITTED。
- SET：指定要更新的列或变量名称的列表。
- column_name={expression | DEFAULT | NULL}：将指定的列值改变为所指定的值。
- expression 为表达式，DEFAULT 为默认值，NULL 为空值，要注意指定的新列值的合法性。
- @variable=expression：将变量的值改变为表达式的值。@variable 为已声明的变量，expression 为表达式，有关变量的声明在下一模块中介绍。
- @variable=column=expression：将变量和列的值改变为表达式的值。@variable 为已声明的变量，column 为列名，expression 为表达式。
- FROM 子句：指定用表来为更新操作提供数据。
- WHERE 子句：WHERE 子句中的<search_condition>指明只对满足该条件的行进行修改，若省略该子句，则对表中的所有行进行修改。
- CURRENT OF：指定更新在指定游标的当前位置进行。
- GLOBAL：指定 cursor name 涉及全局游标。
- cursor name：要从中进行提取的开放游标的名称。
- cursor_variable_name：游标变量的名称。cursor_variable_name 必须引用允许更新

的游标。

- OPTION(<query_hint>[，…n])：指定优化器提示用于自定义数据库引擎处理语句的方式。

一、更新特定行数据

所谓更新表中特定的行，是指按特定条件更新数据库表中的符合查询条件的数据行。这时需要修改的数据行只是特定行数据，所以需要使用 WHERE 条件来限定访问的数据结果集。

【例 4-31】 将 StudentInfo 表中学号为 071003 的学生的备注修改为“已获得两门课的学分”、专业编号修改为 2、总学分修改为 60。

（1） 启动 SSMS，单击具栏中的“新建查询”按钮，在出现的“查询编辑器”中编写 UPDATE 语句代码如下：

```
USE Student                                              /*打开 Student 数据库*/
UPDATE StudentInf。SET 备注='已获得两门课的学分'，专业编号=2，总学分=60 WHERE 学号
=071003
                            /*使用 UPDATE、SET、WHERE 关键字对特定行数据进行修改*/
```

（2）按 F5 快捷键，命令执行成功后，在查询结果窗口中显示出如图 4-31 所示的修改后的数据。

结果 | 消息

	学号	姓名	性别	出生日期	专业编号	总学分	备注
1	071001	程琳	0	1985-06-04 00:00:00.000	1	50	NULL
2	071002	王卫平	1	1985-10-12 00:00:00.000	1	48	NULL
3	071003	李梅	0	1983-03-12 00:00:00.000	2	60	已获得二门课的学分

图 4-31 特定行修改

二、更新所有行数据

有时需要一次更新数据表中整列，也就有所有行的数据，这时也可以使用 UPDATE 语句，但不需要再用 WHERE 条件来进行限定。

【例 4-32】 将 StudentInfo 表中所有学生的“总学分”都增加 20 分。

（1） 启动 SSMS，单击工具栏中的“新建查询”按钮，在出现的“查询编辑器”中编写 UPDATE 语句代码如下：

```
USE Student                                  /*打开 Student 数据库*/
                                             /*使用 UPDATE SET 对整列数据进行修改*/
UPDATE StudentInfo SET 总学分=总学分+20
```

（2） 按 F5 快捷键，命令执行成功后，在查询结果窗口中显示出“10 行受影响”的提示。

（3） 使用 SELECT 语句查询 StudentInfo 表的数据如图 4-32 所示。

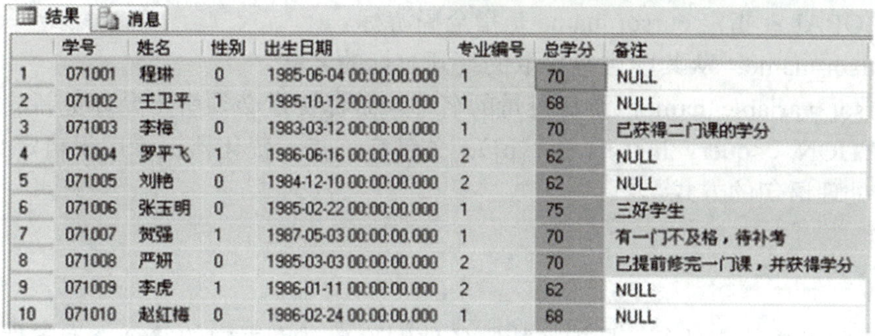

	学号	姓名	性别	出生日期	专业编号	总学分	备注
1	071001	程琳	0	1985-06-04 00:00:00.000	1	70	NULL
2	071002	王卫平	1	1985-10-12 00:00:00.000	1	68	NULL
3	071003	李梅	0	1983-03-12 00:00:00.000	1	70	已获得二门课的学分
4	071004	罗平飞	1	1986-06-16 00:00:00.000	2	62	NULL
5	071005	刘艳	0	1984-12-10 00:00:00.000	2	62	NULL
6	071006	张玉明	0	1985-02-22 00:00:00.000	1	75	三好学生
7	071007	贺强	1	1987-05-03 00:00:00.000	1	70	有一门不及格，待补考
8	071008	严妍	0	1985-03-03 00:00:00.000	2	70	已提前修完一门课，并获得学分
9	071009	李虎	1	1986-01-11 00:00:00.000	2	62	NULL
10	071010	赵红梅	0	1986-02-24 00:00:00.000	1	68	NULL

图 4-32　修改所有行

任务 7　删除数据

当数据库的添加工作完成以后，随着使用和对数据的修改，表中可能存在着一些无用的数据，这些无用的数据不仅会占用空间，还会影响修改和查询的速度，所以应及时将它们删除。这时需要用到 DELETE 命令。其语法格式如下：

```
 [ WITH <common_table_expression> [,…n  ]]
DELETE [ TOP (expression)  [ PERCENT ]]
     [ FROM ]
{ table_name
|view name
|rowset_function_limited
  [ WITH (<table_hint_limited> […n ] )]
}
  [ FROM  { <table_source> } [,….n ] ]
  [ <OUTPUT Clause>]
   [WHERE { <search_condition>
  | { [ CURRENT OF { { [ GLOBAL ] cursor_name}
| cursor_variable_name } ] }
}]
  [ OPTION (<Query Hint> [,…n  ]  )]
```

语句中参数的含义如下。

- TOP(expression)[PERCENT]：指定将要删除的任意行数或任意行的百分比。expression 可以为行数或行的百分比。
- FROM 子句：用于说明从何处删除数据。
- table_name：指定要从其中删除数据的表名。
- view_name：指定要从其中删除行的视图名称。
- FROM<table_source>：指定附加的 FROM 子句。
- WITH(<table_hint_limited>[... n])：指定目标表所允许的一个或多个表提示。
- WHERE：指定用于限制删除行数的条件。如果没有提供 WHERE 子句，则 DELETE 删除表中的所有行。
- <search_condition>：指定删除行的限定条件。
- CURRENT OF：指定 DELETE 在指定游标的当前位置执行。

- GLOBAL：指定 cursor_name 是指全局游标。
- Cursor_name：从其中进行提取的打开游标的名称。
- cursor_variable_name：游标变量的名称。游标变量必须引用允许更新的游标。
- OPTION（<query_hint>[，… n]）：关键字，指示优化器提示用于自定义数据库引擎处理语句的方式。

一、删除特定行的数据

所谓删除表中特定的行，是指按特定条件删除数据库表中的符合查询条件的数据行。需要删除的数据行只是特定行数据，所以需要使用 WHERE 条件来限定访问的数据结果集。

【例 4-33】删除 StudentInfo 表中学号为 071010 的学生信息。

（1） 启动 SSMS，单击工具栏中的“新建查询”按钮，在出现的“查询编辑器”中编写 DELETE 语句如下代码：

```
USE Student                                  /*打开 Student 数据库*/
DELETE FROM StudentInfo WHERE 学号=071010
                                             /*使用 DELETE WHERE 对特定行数据进行删除*/
```

（2） 按 F5 快捷键，命令执行成功后，在查询结果窗口中显示出“1 行受影响”的提示，表明该行数据已经被删除。

二、删除整个表数据

删除整个表数据就是把整张表的数据全部清空，使记录行数为 0，但是仅仅删除记录，不会删除表结构。如果要删除表使用 DROP TABLE 命令。

【例 4-34】删除 Major 表的所有数据。

（1） 启动 SSMS，单击工具栏中的“新建查询”按钮，在出现的“查询编辑器”中编写 DELETE 语句如下代码：

```
USE Student                                  /*打开 Student 数据库*/
DELETE FROM Major                            /*使用 DELETE 对整表数据进行删除*/
```

（2） 按 F5 快捷键，命令执行成功后，在查询结果窗口中显示出“2 行受影响”的提示，说明该表中所有的数据行都已经被删除。

三、使用 TRUNCATE TABLE

TRUNCATE TABLE 语句提供了一种删除表中所有记录的快速方法。因为 TRUNCATE TABLE 语句不记录日志，只记录整个数据页的释放操作，而 DELETE 语句对每一行修改都记录日志，所以使用 TRUNCATE TABLE 语句进行删除操作总是比没有指定条件的 DELETE 语句效率高。其语法格式如下：

```
TRUNCATE TABLE
 [{ database_name.[ schema_name ]. | schema_name . }]
```

```
table_name
 [; ]
```

语句中参数的含义如下：

- database_name：数据库的名称。
- schema_name：表所属架构的名称。
- table_name：要截断的表的名称，或要删除其全部行的表的名称。

TRUNCATE TABLE 删除表中的所有行，但表结构及其列、约束、索引等保持不变。新行标识所用的计数值重置为该列的种子。

【例 4-35】使用 TRUNCATE TABLE 删除 Major 表的所有数据。

（1） 启动 SSMS，单击工具栏中的“新建查询”按钮，在出现的“查询编辑器”中编写如下代码：

```
USE Student                                   /*打开 Student 数据库*/
TRUNCATE TABLE Major                     /*使用 TRUNCATE TABLE 对整表数据进行删除*/
```

（2） 按 F5 快捷键，命令执行成功后，在查询结果窗口中显示出“命令已成功完成”的提示，说明该表中所有的数据行都已经被删除。

习　题

一、填空题

1. 集合查询的关键字为________，在使用它时一定要注意多个查询的________一定要相同。

2. 内连接的关键字为________，外连接的关键字为________，交叉连接的关键字为________。

3. 在连接多个表时，基本连接使用________来连接，其他连接形式都需要用到关键字________。

4. GROUP BY 子句中可以使用聚合函数，那么 MAX（数量）表示________。

5. ORDER BY 子句中________表示升序排列，________表示降序排列，默认情况下为升序排列。

二、选择题

1. 下面所述连接方式中哪种连接方式中可以使用 ON 子句（　）。

   A. 内连接　　　　B. 基本连接

   C. 交叉连接　　　　D. 联合查询

2. 下面哪些关键字可用于返回多行的子查询（　）。

   A. IN 和 EXISTS 关键字　　　　B. SOME，ANY 和 ALL 关键字

   C. QUERY 关键字　　　　D. JOIN 关键字

3. 下面 SELECT 语句中哪些子句可以包含子查询（　）。

A. SELECT　　B. GROUP BY
C. WHERE　　D. ORDER BY

4. 下面对 HAVING 子句说法错误的是（　）。
A. HAVING 子句的使用方法与 WHERE 子句基本相同
B. 与 GROUP BY 子句结合使用时，其限定检索范围为 GROUP BY 子句结果集
C. 与 WHERE 子句相同，HAVING 子句中同样可以使用 IN LIKE 或 BETWEEN
D. 只能与 GROUP BY 子句结合使用

5. 在 SELECT 子句中，下列（　）子句用于将查询结果存储在一个新表中。
A. SELECT 子句　　B. INTO 子句
C. WHERE 子句　　D. FROM 子句

实训项目

一、练习使用基本的 SELECT 语句

实验目的：了解 SELECT 语句的语法结构，掌握基本 SELECT 的语句书写方式，掌握 SELECT 语句中各种关键字的使用。

实验任务：使用 SELECT 语句对模块 3 创建的 ProductSale 数据库中的表数据进行查询。

实验提示：

（1） 使用 SELECT 语句获取 Product 产品信息表中 PName 和 Price 两列的数据。

（2） 使用 SELECT 语句将 Orders 订单表中 CustomerID、PID 和 Number 三列的标题更改为“客户编号”、“产品编号” 和 “数量”。

（3） 使用 SELECT 语句获得 Orders 订单表中 Number 的相异行。

（4） 使用 SELECT 语句返回 Orders 订单表中前五行的信息。

二、在 SELECT 语句中使用 WHERE 子句

实验目的：掌握 WHERE 子句的语法结构，掌握 WHERE 子句的使用方式，掌握 WHERE 子句中各种条件的应用。

实验任务：使用 WHERE 子句对 ProductSale 数据库中的表数据进行条件限定查询。

实验提示：

（1） 查询 Orders 订单表中 Number 在 200～500 之间的产品。

（2） 查询 Orders 订单表中 CustomerID 分别为 2、3、4 的产品情况。

（3） 查询 Employee 员工表中工资大于 200 且性别为男的员工的信息。

（4） 查询 Employee 员工表中所有蔡姓员工的信息。

三、练习分组和排序查询

实验目的：掌握 GROUP BY 子句的使用方法、掌握 HAVING 子句的使用方法、掌握 ORDER BY 子句的使用方法。

实验任务：使用 GROUP BY、HAVING 和 ORDER BY 子句对 ProductSale 数据库中的表数据进行查询。

实验提示：

（1）　统计公司一共有多少名员工。

（2）　查询平均工资超过 2500 元的部门信息。

（3）　查询 Orders 订单表中产品编号、数量和订货日期并按订货日期的降序显示。

（4）　查询每类产品订购数量的总和。

（5）　查询所有员工的最高和最低工资信息。

四、连接多个表

实验目的：掌握多表查询的含义，掌握多表查询的各种连接方式，熟练应用多表查询的各种连接方式。

实验任务：使用多表连接查询的子句对 ProductSale 数据库中的表数据进行多表连接查询。

实验提示：

（1）　显示所有产品的类别名称及该类别的产品在产品表中已存在的产品名称。

（2）　查询“百佳超市”的订单信息。

（3）　查询所有员工接受了销售订单的情况，包括员工的姓名和订单信息。

（4）　查询员工表与部门表的所有组合。

（5）　查询所有产品的编号、类别和名称。

五、练习应用子查询

实验目的：掌握子查询的语法结构，掌握不同类型子查询的使用方法，掌握子查询的嵌套使用。

实验任务：对 ProductSale 数据库中的表数据进行子查询。

实验提示：

（1）　查询易初莲花所订购的订单编号和订购数量。

（2）　查询订购了类别编号为 2 的所有订单信息。

（3）　查询客户编号为 1 的公司所有订单信息。

（4）　查询销售部所有人员接受的订单信息。

（5）　查询订购数量大于平均订购量的产品的信息。

六、使用 UPDATE 语句修改数据

实验目的：了解 UPDATE 语句的语法结构，掌握 UPDATE 语句的使用方法，掌握更新表中数据的方法。

实验任务：对 ProductSale 数据库中的表数据进行修改。

实验提示：

（1） 使用 SELECT 语句，查询员工表中“党少生”的具体信息。

（2） 执行查询语句，看“党少生”所在部门是否为“销售部”。

（3） 使用 UPDATE 语句，更新“党少生”所在的部门为“人事部”。

（4） 执行上面语句后，然后再次使用查询语句看“党少生”的具体信息，看所在部门是否更新为“人事部”。

七、使用 DELETE 语句删除数据

实验目的：了解 DELETE 语句的语法结构，掌握 DELETE 删除语句的使用方法，掌握使用 DELETE 语句删除数据的方法。

实验任务：对 ProductSale 数据库中的表数据进行删除。

实验提示：

（1） 首先使用 SELECT 语句，查询产品表中是否存在类别为 3 的产品信息。

（2） 然后使用 DELETE 语句，将产品表中类别为 3 的产品信息删除。

（3） 最后，再次使用 SELECT 语句查询，确认产品表中类别为 3 的信息是否已经被删除。

八、使用 INSERT 语句

实验目的：了解 INSERT 语句的语法结构，掌握 INSERT 语句的使用方法，掌握使用 INSERT 语句插入数据的方法。

实验任务：对 ProductSale 数据库中的表数据进行插入。

实验提示：

（1） 首先使用 SELECT 语句，查询订单表中是否存在订单日期大于或等于 2010-08-08 的订单信息。

（2） 然后使用 INSERT 语句将查询的结果插入到一个新建的临时表#Order 中。

（3） 执行上述操作后，使用 SELECT 语句查询临时表#Order 中的内容是否与上述查询的结果保持一致。

模块 5

T-SQL 语句

学习目标

本模块对 T-SQL 语句编程方面的内容进行详细的讲解，通过对本模块的学习，能够理解和掌握 T-SQL 语言的基础知识、掌握 T-SQL 内置函数、理解与掌握流程控制语句、批处理等编程方法。

主要内容

（1） 掌握 T-SQL 语言的基础知识。
（2） 掌握 T-SQL 流程控制语句。
（3） 掌握 T-SQL 系统函数。
（4） 掌握 T-SQL 批处理。

重点与难点

（1） T-SQL 流程控制语句。
（2） T-SQL 系统函数。
（3） T-SQL 批处理。

任务 1　T-SQL 概述

T-SQL 语言是微软公司在 Microsoft SQL Server 系统中使用的语言，是 SQL 语言的一种扩展形式。T-SQL 语言是一种交互式查询语言，具有功能强大、简单易学的特点。该语言允许用户直接查询存储在数据库中的数据，也可以把语句嵌入到某种高级程序设计语言中使用，如可以嵌入到 Visual C#. NET、Java 语言中。与任何其他程序设计语言一样，T-SQL 语言有自己的数据类型、表达式、关键字等。当然，T-SQL 语言与其他语言相比要简单得多。

一、T-SQL 语言的类型

在 SQL Server 2008 系统中，T-SQL 可以创建、维护、保护数据库对象，并且可以操作对象中的数据，所以 T-SQL 语言是一种完整的语言。根据 T-SQL 语言的执行功能特点，可以将 T-SQL 语言分为以下五种类型。

1. 数据定义语言

数据定义语言（Data Definition Language，DDL）是 T-SQL 中最基本的语言类型，它用于创建数据库和各种数据库对象，如表、视图、存储过程等。在数据定义语言中，主要的 T-SQL 语句包括 CREATE、ALTER 和 DROP 语句。

2. 数据操纵语言

数据操纵语言（Data Manipulation Language，DML）用于操纵数据库中的数据，数据操纵语言主要包括的语句有 SELECT、INSERT、UPDATE、DELETE 和 CURSOR 语句等。

3. 数据控制语言

数据控制语言（Data Control Language，DCL）是用来确保数据库安全的一系列语句，主要包括 GRANT、REVOKE、DENY 等语句。

4. 事务管理语言

事务管理语言（Transact Management Language，TML）用于进行事务管理。在数据库中执行操作时，经常需要多个操作同时完成或同时取消。事务就是一个单元的操作，这些操作要么全部成功，要么全部失败。

5. 附加的语言元素

作为一种语言，T-SQL 还提供了有关变量、标识符、数据类型、表达式及控制流语句等语言元素，这些语言元素被称为附加的语言元素。

二、T-SQL 语言和 SQL 语言

SQL（Structure Query Language，结构化查询语言）是国际标准化组织（International Standardize Organization，ISO）采纳的标准数据库语言。1979 年，SQL 成功在商业数据库中得到了应用。1986 年，美国国家标准化组织正式发表编号为 x3.135-1986 的 SQL 标准，并且在 1987 年获得了 ISO 组织的认可，被命名为 IS09075-1987，后来这个标准又分别得到了扩充。

T-SQL 语言是微软公司对 SQL 语言的扩展。

T-SQL 语言与 SQL 语言相比，具有以下四个特点。

- 一体化：T-SQL 语言集数据定义语言、数据操纵语言、数据控制语言元素为一体。其中附加语言元素不是标准 SQL 语言的内容，但是它增加了用户对数据库操作的灵活性和简便性，从而增强了程序的功能。
- 使用方式：T-SOL 语言有两种使用方式，即交互使用方式和嵌入高级语言的使用方式。统一的语法结构使 T-SQL 语言可用于所有用户的数据库活动模型，包括系统管理员、数据库管理员、应用程序员、决策支持系统管理人员以及许多其他类型的终端用户。
- 非过程化语言：T-SQL 语言只需要提出“干什么”，不需要指出“如何干”，语句的操作过程由系统自动完成。另外，T-SQL 语言不要求用户指定对数据的存储方法，所有的 T-SQL 语句都使用查询优化器，用以指定数据以最快速度存取的手段。

- 人性化：T-SQL 语言继承了 SQL 语言易学易用的特点，并符合人们的思维方式，因此非常容易理解和掌握。

任务 2　常量和变量

在任何语言中，最必不可少的就是常量和变量，常量用于表示特定数据值的符号，变量就是没有固定值的元素对象，在 SQL Server 2008 系统中，可分为全局变量和局部变量两类。

一、标识符

在 T-SQL 语言中，数据库对象的名称就是其标识符，按照标识符的使用方式，可以把标识符分为两种：常规标识符和分隔标识符。

1. 常规标识符

在 T-SQL 语句中，不使用分隔标识符分开的标识符称为常规标识符。常规标识符的规则如下：

- 首字符必须是以 Unicode 标准定义的字母、下划线（_）、符号（@）或者数字符号（#）开头。
- 标识符第一个字符后面的字符可为字母、数字或下划线（_），符号（@），数字符号（#）。
- 首字符必须是以 Unicode 标准定义的字母、下划线 U、符号（@）或者数字符号（#）开头。
- 标识符第一个字符后面的字符可为字母、数字或下划线（_），符号（@），数字符号（#）或美元符号（$）。
- 标识符不能是 T-SQL 的保留字，包括大写和小写形式。
- 不允许嵌入空格或其他特殊字符。

例如，companyProduct、_comA3roduct、comProduct 123 等标识符都是常规标识符，但是诸如 this product info、company 123 等则不是常规标识符。

2. 分隔标识符

包括在双引号（""）或方括号（[]）内的常规标识符或不符合常规标识符规则的标识符。符合常规标识符规则的标识符可以分隔，也可以不分隔。对不符合标识符规则的标识符必须进行分隔。

例如，companyProduct 标识符既可以分割也可以不分割，分割后的标识符为[companyProduct]。但是，this product info 必须进行分割，分割后为[this product info]或”this product info”标识符。

二、常量

常量是指在程序运行过程中值不变的量，它又称为字面值或标量值。常量的使用格式取决于值的数据类型。根据常量值的不同类型，分为数字、字符串、日期时间常量、货币、唯一标识常量多种。

1. 字符串常量

字符串常量是被单引号括起来的字符串，包括字母、数字、字符（a～z、A～Z 和 0～9 等）以及特殊字符（!、@、#等）。例如'CHINA'、'中国'、'SQL Server 2008'。

2. 数字常量

数字常量分为整型和实型数字常量，前者表示的是二进制、十六进制和十进制的整数，而后者代表的是小数。例如 88、88.8、+88、OxEBF、1888.88、8.0、0.82E5。

3. 日期时间常量

日期时间常量由单引号将表示日期时间的字符串括起来构成。SQL Server 系统中可以识别以下格式的日期和时间。

- 字母日期格式，例如'April 10，2008'。
- 数字日期格式，例如'12/10/2009'。
- 未分隔的字符串格式，例如'200901012'。
- 时间常量格式，例如：'15:56:09'、'08:56:PM'。
- 日期时间常量格式，例如'Apnl 10，2008 15:56:09'。

4. 货币常量

货币常量又称为 money 常量，是以“$”作为前缀的一个整形或实型常量数据。例如 $18、$867574、$68.98。

5. 唯一标识常量

唯一标识常量用于表示全局唯—标识（GUID）值的字符串。可以使用字符或十六进制字符串格式指定，例如'6F9619FF 8A86 13011 842D-00004FC964FF'、Oxff19966fg6gblldOb42dOOc04fc964ff。

三、变量

变量用于临时存放数据，其中的数据随着程序的运行而变化，变量有名字及数据类型两个属性。变量名用于标识该变量，数据类型确定了该变量存放值的格式以及允许的运算。在 SQL Server 中变量可分为两类：全局变量和局部变量。

1. 局部变量

局部变量是一个能够拥有特定数据类型的对象，它的作用范围仅限于在程序内部。这些变量可以用来存储数值型、字符串型等数据，也可以存储函数或存储过程返回来的值。局部变量被引用时要在其名称前加上标志“@”，而且必须先用 DECLARE 命令定义后才可以使用。其语法格式如下：

```
DECLARE
{ @local_variable  [AS]  data_type)
[,…n]
```

语句中参数的含义如下。

- @local_variable：局部变量名称。
- data_type：局部变量的数据类型，但不能是 text、ntext 或 image 数据类型。一般来说，如果没有特殊的用途，建议在应用时尽量使用系统提供的数据类型。这样做可以减少维护应用程序的工作量。
- n：表示可定义多个变量，各变量间用逗号隔开。

例如，声明一个字符型变量@ADDRESS，可编写以下 DECLARE 语句：

```
DECLARE @ADDRESS  varchar (50)
```

如果要在一条 DECLARE 语句中声明多个局部变量，可以这样来写：

```
DECLARE @ID varchar(6),@NAME varchar (10), @AGE  int
```

当 DECLARE 命令声明并创建局部变量后，会将其初始值设为 NULL，如果想要设定局部变量的值，必须使用 SET 或 SELECT 语句为其赋值。其语法格式如下：

```
SELECT {@local_variable=value)
```

或者

```
SET  { @local_variable=value }
```

其中参数@local_variable 是给其赋值并声明的局部变量名，不能是 cursor、text、ntext、image 这几种数据类型。参数 expression 为任何有效的 SQL Server 表达式。当局部变量被赋值后，可以用 SELECT 语句或 Print 语句输出变量的值。其语法格式如下：

```
PRINT @local_variable
```


下面来通过几个范例学习如何在 T-SQL 中使用局部变量。

【例 5-1】 创建两个局部变量并赋值，然后输出变量的值。

（1）启动 SSMS，单击工具栏中的“新建查询（N）”按钮，在出现的“查询编辑器”中编写如下代码：

```
DECLARE @var1 char(10),@var2  char  (30)        /*声明局部变量*/
SET  @var1='T-SQL'                              /*使用 SET 给局部变量赋值*/
SELECT  @var2='是一种数据库编程语言'               /*使用 SELECT 给局部变量赋值*/
SELECT @var1,@var2                              /*使用 SELECT 输出变量值*/
```

（2） 按 F5 快捷键，命令执行成功后，在查询结果窗口中显示如图 5-1 所示的执行结果。

【例 5-2】 在 SELECT 语句中使用已声明并赋值的局部变量。

（1） 启动 SSMS，单击工具栏中的“新建查询（N）”按钮，在出现的“查询编辑器”中编写如下代码：

```
USE Student                                     /*打开 Student 数据库*/
DECLARE @sex bit                                /*声明局部变量 n 性别” */
SET @sex=1                                      /*局部变量赋值为代表男生的数字 1*/
SELECT 学号，姓名，性别 FROM StudentInfo WHERE 性别=@sex
                                                /*查询学生信息表中男生的信息 /
```

（2） 按 F5 快捷键，命令执行成功后，在查询结果窗口中显示如图 5-2 所示的男学生的学号、姓名和性别信息。

【例 5-3】将查询的结果赋值给变量。

（1） 启动 SSMS，单击工具栏中的“新建查询（N）”按钮，在出现的“查询编辑器”中编写如下代码：

```
USE Student                                      /*打开 Student 数据库*/
DECLARE  @rows  char (10)                        /*声明局部变量*/
SELECT @rows=（SELECT 课程名称 FROM Course WHERE 课程编号='A01'）
                                                 /*查询获得课程编号为 AOI 的课程名称并赋给局部变量@rows*/
SELECT  @rows AS '课程名称'                      /*输出包含别名列的@rows 变量的值*/
```

（2） 按 F5 快捷键，命令执行成功后，在查询结果窗口中显示如图 5-3 所示的课程名称。

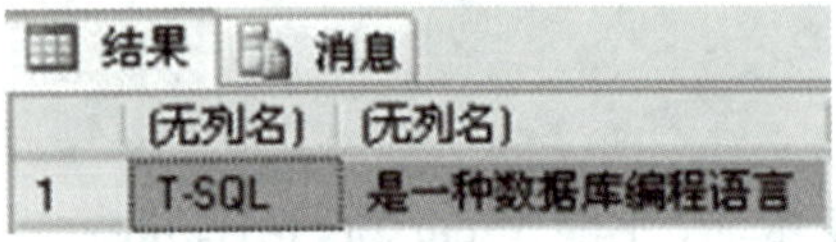

	(无列名)	(无列名)
1	T-SQL	是一种数据库编程语言

图 5-1 【例 5-1】执行结果

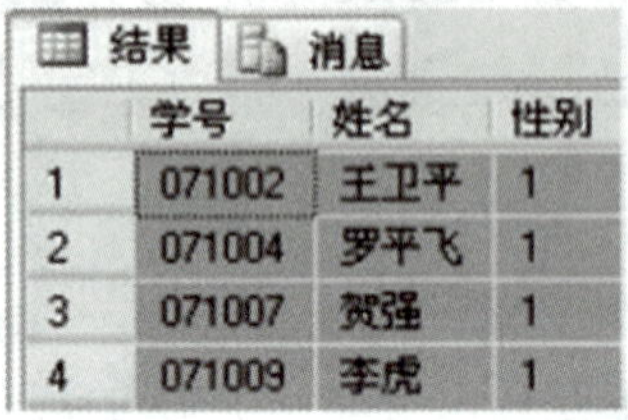

	学号	姓名	性别
1	071002	王卫平	1
2	071004	罗平飞	1
3	071007	贺强	1
4	071009	李虎	1

图 5-2 【例 5-2】执行结果

	课程名称
1	计算机基础

图 5-3 【例 5-3】执行结果

2. 全局变量

全局变量是用来记录 SQL Server 服务器活动状态的一组数据，是 SQL Server 系统提供并赋值的变量，用户不能建立全局变量，也不能给全局变量赋值或直接更改全局变量的值。

通常将全局变量的值赋给局部变量，以便保存和处理。全局变量的名字以@@开始。

SQL Server 提供的全局变量分为两类：

- 与每次处理相关的全局变量。如@@ rowcount 表示最近一个语句影响的行数。
- 与系统内部信息有关的全局变量。如@@version 表示 SQL Server 的版本号。

SQL Server 一共提供了 30 多个全局变量，常见的全局变量如表 5-1 所示。

表 5-1 常见的全局变置

全局变量	含　义
@@IO_BUSY	返回 SQL Server 本次启动后，输入操作所花费的总时间，单位为毫秒
@@CPU_BUSY	返回 SQL Serve 本次启动后，花费 CPU 时间兑量，单位为毫秒
@@IDLE	返回 SQL Server 本次启动后，处于空闲状态的时间兑量，单位为毫秒
@@CONNECTIONS	返回 SQL Server 本次启动后，所接受连接或视图连接的次数
@@MAX_CONNECTIONS	当前服务器配置下，SQL Server 可以同时响应的最大连接数
@@VERSION	返回 SQL Server 数据库系统的软件版本号
@@SERVERNAME	返回 SQL Server 服务器名称
@@PACK_RECEIVED	返回 SQL Server 本次启动后，从网络中所读取的输入数据包数
@@PACK_SENT	返回 SQL Server 本次启动后，向网络所发送的输出数据包数
@@PACKET ERRORS	返回 SQL Server 本次启动后，SQL Server 连接中所产生的错误网络数据包数
@@TOTAL_WRITE	返回 SQL Server 本次启动后，磁盘写入次数

（续表）

全局变量	含　义
@@TOTAL_READ	返回 SQL Server 本次启动后，磁盘读取次数
@@ERROR	返回 SQL Server _执行最后一个 T-SQL 语句以来而产生的错误号
@@TOTAL_ERRORS	返回 SQL Server 本次启动后，读写过程中产生的错误数
@@LANGUAGE	返回 SQL Server 服务器当前语言
@@LANGID	返回当前语言的逻辑标识号
@@TTRANCOUNT	返回当前用户的有效事务数
@@ NESTLEVEL	返回当前存储过程的嵌套数
@@SPID	返回与当前户进程对应的服务器进程标识号
@@PROCID	返回当前所执行存储过程的标识号
@@DBTS	返回数据库当前的时间截值
@@FETCH_STATUS	返回最后一个 FETCH 游标语句的状态
@@ROW_COUNT	返回所执行的最后一个 T-SQL 语句所影响的行数
@@CURSOR_ROWS	返回当前连接所打开的最后一个游标结果集合中的行数
@@LOCK_TIMEOUT	返回当前会话所设置的资源锁定的超时时限
@@OPTIONS	返回当前会话的连接选项设置信息
@@REMSERVER	返回当前服务器中注册的远程服务器名称
@@SERV1CENAME	返回运行服务器所使用的登录表键名
@@TIMETTCKS	返回系统中最小时间分辨率对应的毫秒值

全局变量是 SQL Server 系统内部使用的变量，其作用范围并不仅仅局限于某一程序，而是任何程序均可以随时调用。全局变量通常存储 SQL Server 的一些配置设定值和统计数据。用户可以在程序中用全局变量来测试系统的设定值或者是 T-SQL 命令执行后的状态值。在使用全局变量时应该注意以下几点：

- 全局变量不是由用户的程序定义的，它们是在服务器级定义的。
- 用户只能使用预先定义的全局变量。
- 局部变量的名称不能和全局变量的名称相同，否则会在应用程序中出现不可预测的结果。

【例 5-4】显示从上次服务器启动到当前日期和时间为止，试图登录 SQL Server 的次数。

（1） 启动 SSMS，单击工具栏中的“新建查询（N)”按钮，在出现的“查询编辑器”中编写如下代码：

```
SELECT GETDATE ()AS '当前日期和时间',
                                    /*通过 GETDATE 系统函数获得当前时间*/
@@CONNECTIONS AS '尝试登录的次数'
                                    /*通过@@CONNECTIONS 获得创建的连接数*/
```

（2） 按 F5 快捷键，命令执行成功后，在查询结果窗口中显示出如图 5-4 所示的运行结果。

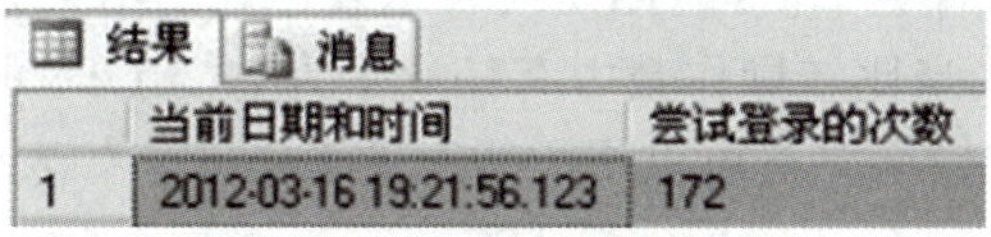

图 5-4　执行结果

任务3　运算符与表达式

运算符是一些符号，它们能够用来执行算术运算、字符串连接、赋值，以及在字段、常量和变量之间进行比较。在 SQL Server 2008 中，运算符主要有算术运算符、赋值运算符、位运算符、比较运算符、逻辑运算符、字符串运算符和一元运算符。

一、算术运算符

算术运算符用于对两个表达式执行数学运算，这两个表达式可以是数值数据类型类别的一个或多个数据类型。如表 5-2 列出了算术运算符及其含义。

表 5-2　算术运算符

运 算 符	说　明
&（按位 AND）	按位 AND（两个操作数）
|（按位 OR）	按位 OR（两个操作数）
^（按位异或 OR）	按位异或 OR（两个操作数）

二、赋值运算符

T-SQL 中只有一个赋值运算符，即等号（=）。它将表达式的值赋给一个变量，或为某列制定列标题。例如：

```
DECLARE  @NAME  varchar (20)
SET @NAME='张梅'                                    /*使用“=”给变量@NAME 赋值*/
```


三、位运算符

按位运算符在两个表达式之间执行位操作，这两个表达式可以是整数数据类型中的任何数据类型。如表 5-3 列出了位运算符及其含义。

表 5-3　位运算符

运 算 符	说　明
&（按位 AND）	按位 AND（两个操作数）
|（按位 OR）	按位 OR（两个操作数）
^（按位异或 OR）	按位异或 OR（两个操作数）

四、比较运算符

比较运算符也称关系运算符，用于比较两个表达式的大小或是否相同。比较运算符返回值为布尔数据类型，它有三个值：TRUE（表示表达式的结果为真）、FALSE（表示表达式的结果为假）和 NULL（当比较操作数中有任一个为 NULL 时）。除了 text、ntext 或 image 数据类型的表达式外，比较运算符可以用于所有的表达式。如表 5-4 列出了比较运算符及其含义。

表 5-4　比较运算符

运 算 符	说　　明	运 算 符	说　　明
	等于	<>	不等于
>	大于	<>	不等于
<	小于	!<	不小于
>=	大于等于	!>	不大于
<=	小于等于		

例如，下面的 SQL 语句用来查询学生成绩管理系统 Student 数据库的 StudentInfo 学生信息表中总学分大于 40 的学生，其中使用到了“>”运算符。

```
USE Student
SELECT * FROM StudentInfo WHERE 总学分>40
```

五、逻辑运算符

逻辑运算符用于对某些条件进行测试，以获得其真实情况。逻辑运算符和比较运算符一样，返回带有 TRUE 或 FALSE 值的布尔类型的数据类型。如表 5-5 列出了逻辑运算符及其含义。

表 5-5　逻辑运算符

运 算 符	说　　明
All	如果一组的比较都为 TRUE，那么就为 TRUE
AND	如果两个布尔表达式都为 TRUE，那么就为 TRUE
ANY	如果一组的比较中任何一个为 TRUE，那么就为 TRUE
BETWEEN	如果操作数在某个范围之内，那么就为 TRUE
EXISTS	如果子查询包含一些行，那么就为 TRUE
IN	如果操作数等于表达式列表中的一个，那么就为 TRUE
LIKE	如果操作数与一种模式相匹配，那么就为 TRUE
NOT	对任何其他布尔运算符的值取反
OR	如果两个布尔表达式中的一个为 TRUE，那么就为 TRUE
SOME	如果在一组比较中，有些为 TRUE，那么就为 TRUE

【例 5-5】查询课程名称中包含“计”的所有课程的情况。

（1） 启动 SSMS，单击工具栏中的“新建查询（N）”按钮，在出现的“查询编辑器”中编写如下代码：

```
USE Student
SELECT * FROM Course WHERE 课程名称 LIKE '%计%'
                                        /*使用 LIKE 运算符匹配模糊查询*/
```

（2） 按 F5 快捷键，命令执行成功后，在查询结果窗口中显示出如图 5-5 所示的运行结果。

六、字符串连接运算符

字符串连接运算符用“+”运算符将字符串串联起来。其他的所有字符串操作都使用字符串函数进行处理。

【例 5-6】将学号为 071008 的学生的学号、姓名和备注连接起来输出。

（1） 启动 SSMS，单击工具栏中的“新建查询（N）”按钮，在出现的“查询编辑器”中编写如下代码：

```
USE Student
SELECT 学号+' '+姓名+ ' '+CAST(备注 as varchar (50))AS '学生信息' FROM
StudentInfo WHERE 学号=071008
```

（2） 按 F5 快捷键，命令执行成功后，在查询结果窗口中显示出如图 5-6 所示的运行结果。

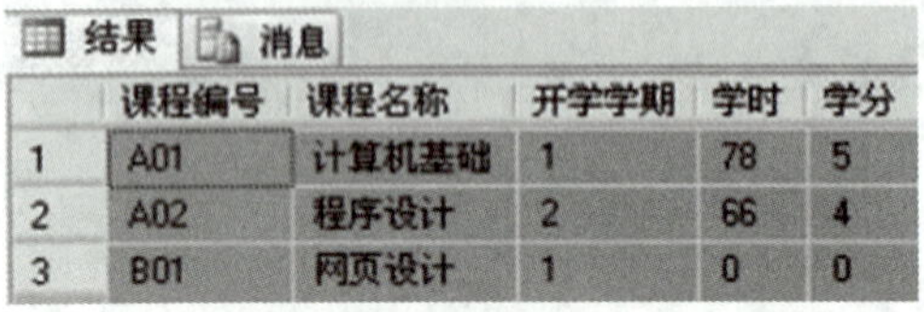

图 5-5 模糊查询

图 5-6 字符串连接运算符

七、一元运算符

一元运算符只对一个表达式执行操作，该表达式可以是 numeric 数据类型类别中的任何一种数据类型。如表 5-6 列出了一元运算符及其含义。

表 5-6 一元运算符

运 算 符	说 明
+	数值为正
-	数值为负
~	返回数字的非

八、运算符优先级

当一个复杂的表达式有多个运算符时，运算符优先级决定执行运算的先后次序。执行的顺序可能严重地影响所得到的值。运算符的优先级别如表 5-7 所示。在较低级别的运算符之前先对较高级别的运算符进行求值。

表 5-7 运算符优先级

级 别	运 算 符
1	~（位非）
2	*（乘）、/（除）、%（取模）
3	+（正）、-（负）、+（加）、+（连接）、-（减）、&（位与）、^（位异或）、（位或）
4	=, >,<, >=, <=, <>,!=, !>, !<（比较运算符）
5	NOT
6	AND
7	ALL、ANY、BETWEEN、IN、LIKE' OR、SOME
8	=（赋值）

任务 4　内置函数

为了使用户对数据库进行查询和修改时更加方便，在 T-SQL 中提供了许多内部函数以供用户调用。使用方法很简单，在 T-SQL 语句中引用这些函数，并提供调用函数所需的参数，服务器根据参数执行系统函数，然后返回正确的结果。

T-SQL 内置的函数较多，本节将介绍主要的且常用的一些标量函数和聚合函数，其他未介绍的函数，可以查询 SQL Server 联机丛书或相关资料获得。

一、标量函数

标量函数用于对传递给它的一个或者多个参数值进行处理和计算，并返回一个单一的值。标量函数可以应用在任何一个有效的表达式中，标量函数可分为如表 5-8 所示的几大类。

表 5-8　标量函数

函数分类	说　明
数学函数	对作为函数参数提供的输入值执行计算
字符串函数	对字符串输入执行操作
日期和时间函数	对日期和时间输入值进行处理
系统函数	执行操作并返回有关 SQL Server 中的值、对象和设置的信息
其他函数	如元数据函数、安全函数、游标函数、配 S 函数、文木和图像函数等

1.　数学函数

数学函数能够在数学型表达式中进行数学运算，然后将结果或结果集返回给用户。能在 SQL Server 2008 的数学函数中使用的数据类型包括 decimal、integer、float、real、money、smallmoney、smallint 和 tinyint。在默认情况下，数学函数把传递给它的数字当做十进制整数对待。

在 SQL Server 2008 中，数学运算的顺序与普通数学运算一致，即：

（1）　执行括号里的运算。

（2）　执行乘方与开方运算。

（3）　按先乘除后加减的规则进行运算。

（4）　执行逻辑运算。

下面就来介绍一些常用的数学函数。

（1）　ABS（数值型表达式）：求绝对值函数。返回数值型表达式的绝对值，返回值的数据类型与输入参数的数据类型一致。

【例 5-7】求-12.34 的绝对值。

```
SELECT ABC (-12.34)
```

执行结果如图 5-7 所示。

（2）　FLOOR（数值型表达式）：返回最大的小于或等于给定数值表达式的整数值。返回值的数据类型与参数的数据类型相同。

【例 5-8】求 10.3 的最大整数。

```
SELECT FLOOR (10.3)
```

执行结果如图 5-8 所示。

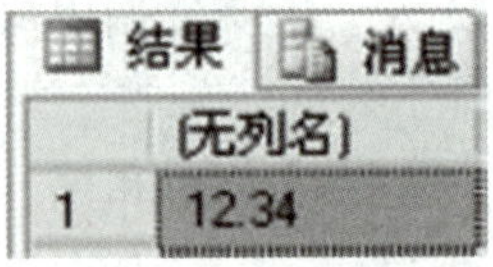

图 5-7　求绝对值

图 5-8　返回小于或等于数字的最大整数

（3） CEILING（数值型表达式）：返回大于或等于给定数值型表达式的最小整数值。返回值的数据类型与参数的数据类型相同。

【例 5-9】求 10.3 的最小整数。

```
SELECT  CEILING (10.3)
```

执行结果如图 5-9 所示。

（4） ROUND(数值型表达式，整数)：四舍五入。将数值表达式四舍五入成整数指定精度的形式。在这里，整数可以是正数或负数，正数表示要进行运算的位置在小数点后，反之要运算的位置在小数点前。

【例 5-10】对 160.748 进行两种四舍五入运算。

```
SELECT  ROUND (160.748, 2) , ROUND (160.748. -2)
```

执行结果如图 5-10 所示。

图 5-9　返回大于或等于数字的最小整数

图 5-10　四舍五入运算

（5） RAND(整型表达式)：产生随机数。返回一个位于 0 和 1 之间的随机数。整型表达式在这里起着产生随机数的起始值的作用。

【例 5-11】产生随机数。

```
DECLARE @count int
SET @count=8
SELECT RAND (@count)
```

执行结果如图 5-11 所示。

2. 字符串函数

字符串是数据库中使用较多的数据类型，字符串函数对二进制数据、字符串和表达式执行不同的运算。可以在 SELECT 语句的 SELECT 和 WHERE 子句以及表达式中使用字符串函数。

（1） LEN(字符型表达式)：返回给定字符串数据的长度。

【例 5-12】查询学号为 071001 的学生姓名的字符长度。

```
USE Student
SELECT 姓名，LEN（姓名）AS '长度' FROM StudentInfo WHERE 学号=071001
```

执行结果如图 5-12 所示。

图 5-11　返回随机数

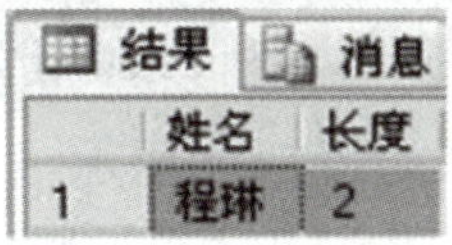

图 5-12　返回姓名长度

（2） DATALENGTH(表达式)：返回该表达式的值所占用的字节数。在处理变长度数据类型时使用 DATALENGTH 非常有用。

（3） LEFT(字符型表达式，整型表达式)：返回该字符型表达式最左边给定整数个字符。

（4） RIGHT(字符型表达式，整型表达式)：返回该字符型表达式最右边给定整数个字符。

（5） SUBSTRING(字符串，表示开始位置的表达式，表示长度的表达式)：返回该字符串在起止位置之间的子串。

【例 5-13】获取专业编号为 2 的专业名称中倒数两个字符。

```
USE Student
SELECT 专业名称，SUBSTRING（专业名称，3，2）FROM Major WHERE 专业编号=2
```

执行结果如图 5-13 所示。

（6） UPPER(字符型表达式)：将字符型表达式全部转化为大写形式。

（7） LOWER(字符型表达式)：将字符型表达式全部转化为小写形式。

（8） SPACE(整型表达式)：返回由给定整数个空格组成的字符串。

（9） REPLICATE(字符型表达式，整型表达式)：将给定的字符型表达式的值复制给定的整数遍。

（10） STUFF(字符型表达式 1，开始位置，长度，字符型表达式 2)：将“字符型表达式 1”从开始位置截断给定长度的子串，然后将字符型表达式 2 从开始位置补充进去。

【例 5-14】替换字符串。

```
DECLARE @str varchar (30)
SET  @str= 'world  with  web'
SELECT  STUFF (@str,7, 4, 'wide') as '替换后',@str as'替换前'
```

执行结果如图 5-14 所示。

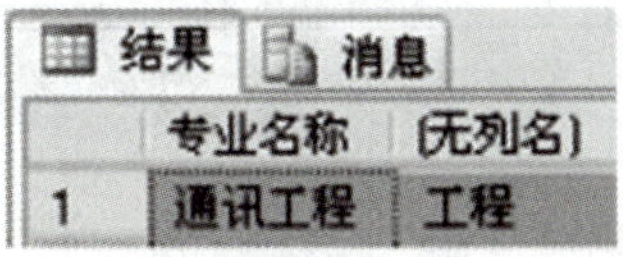

图 5-13　截取字符串

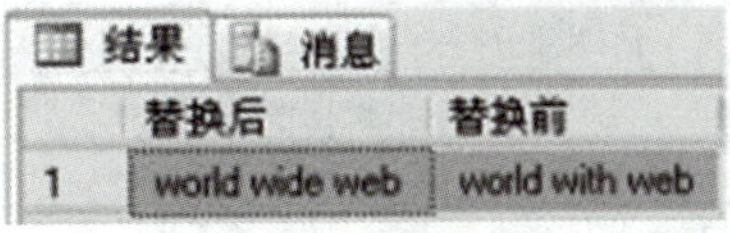

图 5-14　截取字符串

（11） REVERSE（字符型表达式)：返回一个与给定字符型表达式恰好顺序颠倒的字

符型表达式。

（12） LTRIM（字符型表达式）：返回删除给定字符串左端空白后的字符串值。

【例 5-15】 截除字符串左空格。

```
DECLARE  @str1  varchar <30)
SET  @str1='  A sql string'
SELECT @str1 AS '截除前', LTRIM (@str1)  AS '截除后'
```

执行结果如图 5-15 所示。

（13） RTRIM（字符型表达式）：返回删除给定字符串右端空白后的字符串值。

（14） CHARINDEX（字符型表达式 1，字符型表达式 2[，查找位置]）：从指定的位置开始，在字符型表达式 2 中查找字符型表达式 1，如果找到则返回字符型表达式 1 在字符型表达式 2 中的开始位置，默认的查找位置是 1。

【例 5-16】 获取子字符串所在字符串中的位置。

```
DECLARE  @str2  varchar <30)
SET @str2='A sql string'
SELECT  CHARINDEX ( 'sql' , @str2) AS '所在位置 '
```

执行结果如图 5-16 所示。

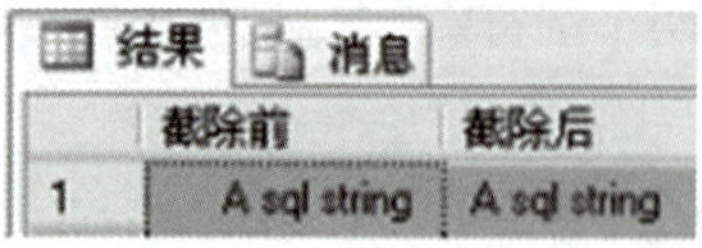

图 5-15　截取字符串

图 5-16　获取字符串位置

（15） STR(float 型表达式[，长度[，小数点后长度]])：将 float 型表达式转换为给定形式的字符串。在参数中长度包含了小数点在内。

（16） CHAR(整型表达式)：将给定的整型表达式的值按照 ASCII 码转换成字符型。

3. 日期和时间函数

在 T-SQL 中定义了很多时间和日期函数，可以很方便地进行时间和日期的显示、比较、修改和格式转换。日期和时间函数可以在 SELECT 语句的 SELECT 和 WHERE 子句以及表达式中使用。

（1） GETDATE()：返回当前的系统时间。

（2） DATEPART(datepart，date)：以整数形式返回给定 date 型数据的指定日期部分。一个 date 型数据日期部分的取值如表 5-9 所示。

表 5-9　date 型数据日期部分的取值及其缩写形式

日期部分	缩　写	值	描　述
year	yy,yyyy	1753～9999	年份
quarter	qq,q	1～4	季度
month	mm,m	1~12	月份
day of year	dy,y	1～366	一年的第几天
day	dd,d	1～31	当月的第几天
week	wk,ww	1～53	一年的第几周

（续表）

日期部分	缩　写	值	描　述
Weekday	dw	1～7	星期几
hour	hh	0～23	小时
minute	mi,n	0～59	分钟
second	ss,s	0～59	秒
millisecond	ms	0～999	毫秒

【例 5-17】获取当前时间所处的年份、季节、月份、天数和时间。

```
SELECT DATEPART (YY, GETDATE())AS '年份',
   DATEPART (q, GETDATE())AS '季节',
   DATEPART (m, GETDATE())AS '月份',
   DATEPART (d, GETDATE())AS '天',
DATEPART (hh, GETDATE()) AS  '时间 '
```

执行结果如图 5-17 所示。

（3）DATENAME(datepart,date)：以字符串形式返回给定 date 型数据的指定日期部分。

（4） DATEADD(datepart,number,date)：在日期变量上加一个整型数值。

【例 5-18】获取前、昨、明天的日期。

```
SELECT DATEADD (day, -1, GETDAT())  AS '昨天 ' ,
DATEADD (day, -2, GETDATE  ())  AS   '前天' ,
DATEADD (day, 1, GETDATE  ())  AS  '明天'
```

执行结果如图 5-18 所示。

（5） DATEDIFF(datepart，date，enddate)：返回开始日期和结束日期在给定日期间的差值。

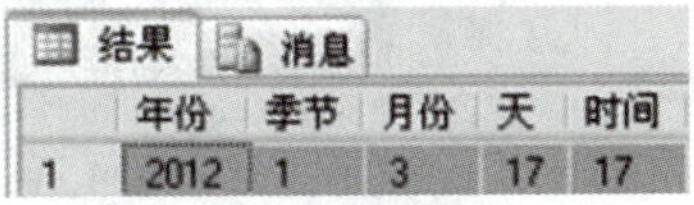

图 5-17　获取当前时间的详情

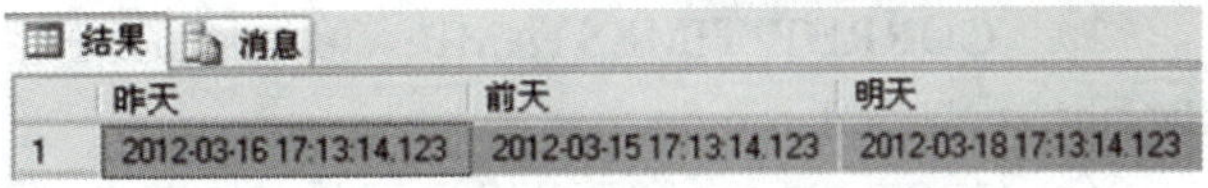

图 5-18　获取前、昨、明天的日期

【例 5-19】计算学号为 071002 的学生的年龄。

```
USE Student
SELECT 姓名，DATEDIFF(year，出生同期，GETDATE()) AS '年龄' FROM StudentInfo
WHERE 学号=071002
/*通过 DATEDIFF 函数计算出生日期字段与当前同期所相差的年份数*/
```

执行结果如图 5-19 所示。

（6） DAY(date)：返回指定日期 DAY 部分的数值。

（7） MONTH(date)：返回指定日期 MONTH 部分的数值。

【例 5-20】从当前日期中提取月份数。

```
SELECT  GETDATE()AS '当前日期'，MONTH  (GETDATE()) AS '当前月份'
```

执行结果如图 5-20 所示。

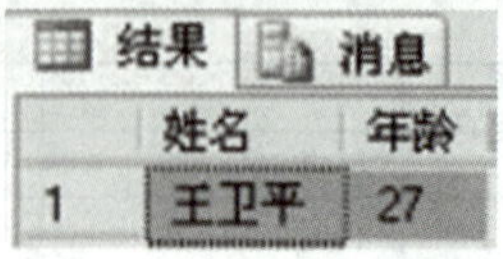

图 5-19 计算学生年龄

图 5-20 提取月份数

（8） YEAR(date)：返回指定日期 YEAR 部分的数值。

4. 系统函数

系统函数对 SQL Server 服务器和数据库对象进行操作，返回服务器配置和数据库对象数值等信息。系统函数可用于选择列表、WHERE 子句以及其他允许使用表达式的地方。系统函数的格式如下：

```
System_function (expression)
```

格式中各参数的含义如下。

- System_function：为系统函数名称。
- expression：为参数、变量或表达式。

当系统函数的参数为选项，并且省略该参数时，则该函数操作的是当前 SQL Server 数据库服务器。

（1） APP_NAME()：返回当前会话的程序名称。

（2） CAST(expression AS data_type)：将 expression 的值转换为 data_type 数据类型。

【例 5-21】将日期时间转换为指定的数据类型。

```
SELECT  CAST (GETDATE () AS  datetime)
SELECT  CAST (GETDATE () AS  char)
```

执行结果如图 5-21 所示。

图 5-21 转换不同格式的日期 2

（3） CURRET_TIMESTAMP：可返回系统当前日期和时间，类型为 datetime。

（4） HOST_ID()：返回主机标识号，数据类型为 int。

（5） HOST_NAME：返回主机名称。

（6） SESSION_USER：返回本次会话的当前数据库用户名称。

（7） SYSTEM_USER：返回当前系统用户。

（8） USER_ID([‘user’])：返回指定用户的标识号。

（9） USER NAME([id])：返回 id 标识指定的用户名称。

二、聚合函数

聚合函数用于对一组数据进行汇总统计并返回一个单一的值。除 COUNT 函数之外，聚合函数忽略空值。聚合函数经常与 SELECT 语句的 GROUP BY 子句一起使用。

（1） AVG(col_name)：返回有关列值的算术平均值。

（2） COUNT(*)或 COUNT(col_name)：返回与选择表达式匹配的列中不为 NULL 值

的数据个数。

（3） MAX(col_name)：返回某一数据列的最大值。此函数适用于数值型、字符型和日期型的列。对于列值为 NULL 的列，该函数不将其列为对比的对象。

（4） MIN(col_name)：返回某一数据列的最小值。此函数适用于数值型、字符型和日期型的列。对于列值为 NULL 的列，该函数不将其列为对比的对象。

（5） SUM(col_name)：返回某数据列的实体总和。此函数只适用于数值型的列。求和时不包括 NULL 值。

任务 5 流程控制语句

流程控制语句是指那些用来控制程序执行和流程分支的语句，在 T-SQL 中，流程控制语句主要用来控制 SQL 语句、语句块或者存储过程的执行流程，包括 BEGIN…END、If、While、Case、Goto、WaitFor 和 Return 语句。

一、BEGIN…END

在 T-SQL 中可以定义 BEGIN…END 语句块，其语法格式如下：

```
BEGIN
{
sql_statement  |  statement_block
}
END
```

语法参数的含义如下。

- sql_statement：是使用语句块定义的任何有效的 T-SQL 语句或语句组。
- statement block：表示使用 BEGIN…END 定义的另一个语句块。BEGIN…END 可以嵌套使用。
- 关键字 BEGIN：标识为语句块的起始位置。
- 关键字 END：标识为语句块的结尾位置。

例如，下面的语句应为一个整体来执行：

```
BEGIN
     Use Student
       SELECT * FROM StudentInfo
       SELECT * FROM Major
       SELECT * FROM Cource
       SELECT * FROM Scores
END
```

二、IF…ELSE 语句

IF…ELSE 语句是条件判断语句，条件判断语句一般有三种表达形式。

1. 表达形式一

```
IF Boolean_expression
{sql_statement  |  statement_block  }
```

这种结构用于测试一个简单条件，如果 Boolean_expression 条件表达式为 TRUE，则执行 sql_statement 或 statement block 操作。

例【5-23】查询总学分大于 40 的学生总人数是否超过 50 人。

```
USE Student
DECLARE @cnt int
SELECT @cnt =COUNT (*) FROM StudentInfo WHERE 总学分>40
IF @cnt<50                                        /*使用 IF 语句判断*/
PRINT '总学分大于 40 分的人数少于 50 人'
```

执行结果如图 5-22 所示。

2. 表达形式二

```
IF Boolean_expression
{ sql_statement1 | statement_block1 }
ELSE
{ sql_statement2 | statement_block2 }
```

这种结构与 IF 结构非常相似，唯一不同的是在条件为 FALSE 时，执行 ELSE 后的一条或多条语句。

【例 5-24】如果学生的平均学分大于等于 50 分，则显示“平均学分大于等于 50 分”，否则分别显示学分在 50 分以上和 50 分以下的人数。

```
USE Student
DECLARE  @ave decimal  (5,2)
SELECT @ave=AVG(总学分)  FROM StudentInfo
IF @ave>=50                                  /*使用 IF-ELSE 语句判断*/
PRINT '平均学分大于等于分'
ELSE
BEGIN
   DECLARE @LOWCNT INT, @HIGHCNT INT
   SELECT  @LOWCNT=COUNT(*) FROM StudentInfo  WHERE 总学分<50
   SELECT  @HIGHCNT=COUNT(*) FROM StudentInfo WHERE 总学分>50
   PRINT '总学分在 50 分以上的人数为：'+CAST <@HIGHCNT AS  varchar)
   PRINT '总学分在 50 分以下的人数为：'+CAST <@LOWCNT AS  varchar)
END
```

执行结果如图 5-23 所示。

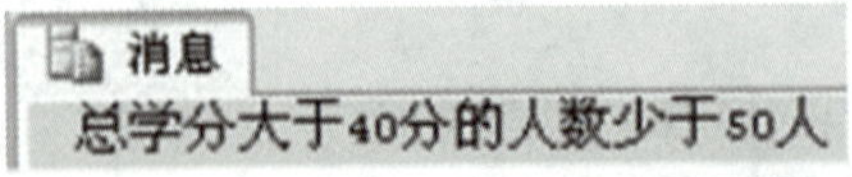

图 5-22　IF 语句

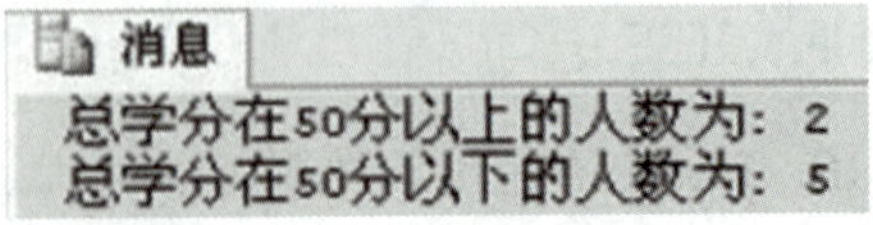

图 5-23　IF…ELSE 语句

3. 表达形式三

```
IF Boolean_expression1
{ sql_statement1    statement_block1 }
ELSE IF  Boolean_expression2
ELSE
{ sql_statement2    statement_block2 }
{ sql_statement3    statement_block3 }
```

在这种结构中，如果 IF 后的 Boolean_expression1 条件表达式为 true，则执行其后的 sql_statement1 语句或语句组，否则判断 ELSE IF 后的条件表达式 Boolean_expression2，为 TRUE 时执行跟在其后的 sql_statement2，否则执行 ELSE 后的语句 sql_statement3。这种结构用于替代嵌套的 IF...ELSE 结构。

【例 5-25】 将学生的总学分分为 3 级，大于等于 60 为 A 级，大于等于 50 且小于 60 为 B 级，小于 50 为 C 级。根据学生的编号，查询并输出该学生的学分和等级。

```
USE Student
DECLARE @CREDIT INT, @GRADE  CHAR (1)
SELECT @CREDIT= (SELECT 总学分 FROM  StudentInfo  WHERE 学号=071001)
IF @CREDIT>=60                              /*使用 IF… ELSE  IF…ELSE 语句判断*/
  SET @GRADE='A'
ELSE IF @CREDIT>=50
  SET @GRADE='B'
ELSE
  SET @GRADE='C'
PRINT '该学生的总学分为: '+CAST (@CREDIT  AS  VARCHAR)
PRINT '该学生的学分等级为: '+@GRADE
```

执行结果如图 5-24 所示。

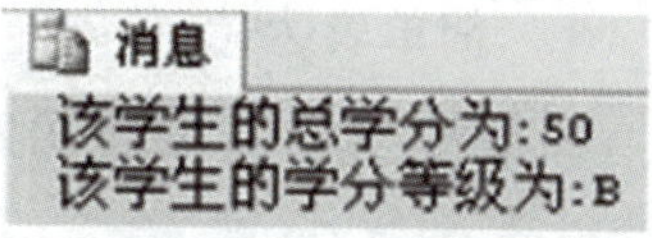

图 5-24　IF…ELSE 语句

三、WHILE 语句

WHILE 语句用于设置重复执行 SQL 语句或语句块的条件，其语法格式如下：

```
WHILE Boolean_expression
    {  sql_statement | statement_block}
    [BREAK]
    {  sql_statement | statement_block}
    [  CONTINUE]
    {  sql_statement | statement_block }
```

参数的含义如下。

- Boolean_expression：表达式，返回 TRUE 或 FALSE。如果布尔表达式中含有 SELECT 语句，则必须用括号将 SELECT 语句括起来。
- {sql_statement1statement_block}：T-SQL 语句或用语句块定义的语句分组。如要定

义语句块，请使用控制流关键字 BEGIN 和 END。

- BREAK：导致从最内层的 WHILE 循环中退出。将执行出现在 END 关键字（循环结束的标记）后面的任何语句。
- CONTINUE：使 WHILE 循环重新开始执行，忽略 CONTINUE 关键字后面的任何语句。

【例 5-26】将学号为 071001 的学生的总学分使用循环修改到大于等于 70，并显示循环次数。

```
USE Student
DECLARE @num int
SET @num=0
                                        /*使用 WHILE 判断总学分是否小于 70 */
WHILE（SELECT 总学多子 FROM StudentInfo WHERE 学号=071001）<70
BEGIN
                                        /*将总学分加 1*/
UPDATE StudentInfo SET 总学分=总学分+1 WHERE 学号=071001
                                        /*将循环次数加 1*/
   SET @num=@num+1
END
SELECT @num AS 循环次数
```

执行结果如图 5-25 所示。

图 5-25　WHILE 语句

四、Case 语句

CASE 语句提供比 IF…ELSE 语句更多的选择和判断机会，CASE 语句有两种形式：即简单表达式和选择表达式。

1. 简单表达式

简单表达式的语法格式如下：

```
CASE input_expression
     WHEN when_expression THEN result_expression
         [...n]
     [
          ELSE else_result_expression
     ]
```

在上述格式中，参数 input_expression 是用于条件判断的表达式，接下来是一系列的 WHEN…THEN 块，每一块的 when_expression 参数是指定要与 input_expression 比较的值，当与 input_expression 的值相等时执行后面的 result_expression 语句，当没有一个 when_expression 与 input_expression 的值相等时执行 else result_expression 语句。CASE 语句最后用 END 关键字结束。

【例 5-27】使用简单表达式的 CASE 语句输出 Major 表的专业分类。

```
USE Student
 SELECT CASE 专业名称                          /*CASE 后指定了参数*/
```

```
    WHEN '计算机'THEN '计算机专业'                /*判断专业名称是否是计算机*/
    WHEN '通讯工程'THEN '通讯工程专业'       /*判断专业名称是否是通讯工程*/
    ELSE '其他专业'
    END AS '专业分类'
    FROM Major
```

执行结果如图 5-26 所示。

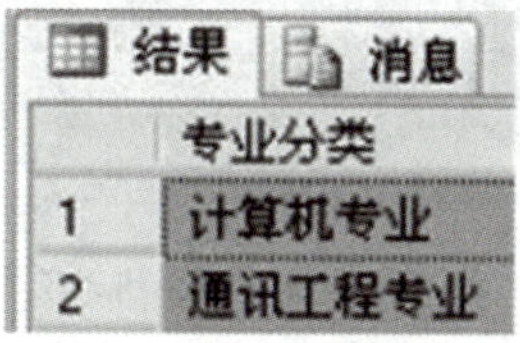

图 5-26　简单 CASE 语句

2. 选择表达式

选择表达式的语法格式如下：

```
CASE
    WHEN boolean_expression THEN result_expression
    [...n]
    [
ELSE else_result_expression
]
```

在上述格式中，CASE 关键字后面没有参数，在 WHEN…THEN 块中，如果 boolean_expression 指定了一个比较表达式，表达式的值为 TRUE，就执行 result_expression 语句。如果没有一个 boolean_expression 的值为 TRUE，则执行 else result_expression 语句。与第一种格式相比，这种格式能够实现更为复杂的条件判断，使用起来更方便。

【例 5-28】 使用选择表达式的 CASE 语句输出 Major 表的专业分类。

```
USE Student                                     /*范例一*/
SELECT CASE                         /*CASE 后没有指定参数*/
WHEN 专业名称='计算机'THEN '计算机专业'
                                       /*使用表达式判断专业名称是否是计算机*/
WHEN 专业名称='通讯工程' THEN '通讯工程专业'
                                     /*使用表达式判断专业名称是否是通讯工程*/
ELSE '其他专业'
END AS '专业分类'
FROM Major
```

执行结果与图 5-26 相同。

五、GOTO 语句

GOTO 语句可以改变流程执行的顺序，将执行流程转移到标号处继续执行流程，从而跳过 GOTO 语句后至标号前的 T-SQL 语句不会被执行。标识符可以为数字与字符的组合，但必须以冒号“:”结尾，其语法格式如下：

```
GOTO label
...
label:
```

使用 GOTO 语句要十分谨慎，GOTO 跳转对于代码理解和维护会造成很大的困难，尽量不要使用 GOTO 语句。

【例 5-29】查询姓名为“王卫平”的记录，如果存在就显示学号和姓名，否则输出提示。

```
USE Student
IF (SELECT COUNT(*) FROM StudentInfo  WHERE 姓名='王卫平') =0
GOTO NOACTION                              /*跳转到标识 NOACTION 处执行指定语句*/
SELECT 学号，姓名  FROM StudentInfo WHERE 姓名='王卫平'
NOACTION:                                            /*标识处*/
PRINT '记录不存在'
```

执行结果如图 5-27 所示。

图 5-27　GOTO 语句

六、WAITFOR 语句

WAITFOR 语句用于延迟后续的代码执行，或等到指定的时间后再执行后续的代码，其语法格式如下：

```
WAITFOR
{
         DELAY 'time_to_pass'
         |TIME 'time_to_execute'
   |(receive_statement)[,TIMEOUT timeout]
}
```

语法参数的含义如下。

- DELAY：可以继续执行批处理、存储过程或事务之前必须经过的指定时段，最长可为 24 小时。
- 'time_to_pass'：等待的时段。可以使用 datetime 数据可接受的格式之一指定 time_to_pass，也可以将其指定为局部变量。
- TIME：指定的运行批处理、存储过程或事务的时间。
- 'time_to_execute'：WAITFOR 语句完成的时间。可以使用 datetime 数据可接受的格式之一指定 time_to_execute，也可以将其指定为局部变量。

【例 5-30】使用 WAITFOR 语句，在下午 2 点 30 分执行为 071001 的学生增加 5 学分。

```
BEGIN
WAITFOR TIME '14:30'  /*指定运行语句块的时间*/
USE Student
UPDATE StudentInfo SET 总学分=总学分+5 WHERE 学号=071001
END
```

七、RETURN 语句

RETURN 语句可在任何时候用于从存储过程、批处理或语句块中无条件地退出，RETURN 之后的语句是不执行的。其语法格式如下：

```
RETURN [ integer_expression]
```

其中，integer_expression 参数用来返回一个整数值，如果不提供该参数，则退出程序并返回一个空值。如果用在存储过程中，可向执行调用的过程或应用程序返回一个整数值。

【例 5-31】 判断是否存在学号为 071001 的学生，如果存在则返回，否则插入该学生的信息。

```
USE Student
IF EXISTS(SELECT *FROM StudentInfo WHERE 学号=071001)    /*如果该学生已存在*/
RETURN                                    /*退出程序*/
ELSE
  INSERT INTO StudentInfo VALUES('071001', '张芳', 1, '1991-09-18','计算机',
52,NULL)
```

执行结果如图 5-28 所示。因为该学号的学生在数据库中已存在，所以程序被中断退出。说明 RETURN 语句执行成功。

图 5-28　RETURN 语句

八、TRY…CATCH 语句

TRY…CATCH 语句类似于 C#和 C++语言中对程序运行错误的异常处理。当执行 TRY 语法块中的代码出现错误时，系统将会把控制传递给 CATCH 语法块去处理，其语法格式如下：

```
BEGIN TRY
     { sql_statement|statement_block }
END TRY
BEGIN CATCH
      { sql_statemen|statement_block }
END CATCH
[;]
```

语法参数的含义如下：

- sql_statement：任何 T-SQL 语句。
- statement block：批处理或包含于 BEGIN…END 块中的任何 T-SQL 语句组。

【例 5-32】 使用 TRY…CATCH 语句删除学号为 071001 的学生信息。

```
USE Student
BEGIN TRY
DELETE FROM StudentInfo WHERE 学号=071001
END TRY
BEGIN CATCH
PRINT '出错信息为：'+ERROR_MESSAGEO   /*输出异常处理的提示信息*/
END CATCH
```

执行结果如图 5-29 所示。由于 StudentInfo 表和其他表存在外键关系，所以不能直接删除。

图 5-29　TRY…CATCH 语句

任务6　批处理

批处理，顾名思义就是成批处理的意思，它是对一组命令以一定的顺序依次来执行的过程。

批处理包含一条或多条SQL语句，这些语句是一起提交并作为一个组依次执行。每个批处理可以编译成单个执行计划。在T-SQL中，使用GO命令标志一个批的结束，它的作用是通知查询分析器有多少语句包含在当前的批处理中，查询分析器将两个GO之间的语句组成一个字符串交给服务器去执行。

以一个包含员工详细信息的数据库来说，用户可以根据基本薪水的详细信息、工作的总天数以及休假的总天数来计算某个员工的纯收入。为了重复执行该任务（以便计算每个员工的收入），将这些命令存储在一个文件中，并作为单个执行计划向数据库发送所有命令将会更方便。

例如下面一组语句构成了批处理。

```
USE Student
INSERT  INTO Major VAIUES('通讯工程')
UPDATE StudentInfo  SET 专业编号=2  WHERE 学号=071001
GO
```

上述的三条语句中，首先进入Student数据库，然后在Major表中新建一个专业“通讯工程”，执行该语句为“通讯工程”专业自动产生专业编号为2，最后将学号为071001的学生转入“通讯工程”专业。

上述三条语句组成了一个执行计划，然后再执行。GO关键字标志着批处理的结束。

在SQL Server 2008中同样允许一次使用多个批处理，不同的批之间用GO来分隔。查询编辑器会自动根据GO指令来将T-SQL语句分为多个批来编译执行。例如上面的批处理也可以改为：

```
USE Student
GO
INSERT  INTO Major VALUES('通讯工程')
GO
UPDATE StudentInfo  SET 专业编号=2  WHERE 学号=071001
GO
```

如果出现了运行时期的错误（比如违反约束或数字溢出），这时可能会有两种结果：

- 多数运行时错误将停止执行批处理中当前语句和它之后的语句。
- 少数运行时错误（如违反约束）仅停止执行当前语句，而继续执行批处理中的其他语句。

无论是哪种运行时期错误，在出错语句之前的语句的执行结果不会受到影响。唯一的例外是如果批处理在事务中而且错误导致事务回滚。

对于批处理来说，它有如下一些限制：

- CREATE DEFAULT、CREATE PROCEDURE、CREATE RULE、CREATE TRIGGER和CREATE VIEW语句不能与其他语句位于同一个批处理中。

- 不能在同一个批处理中修改一个表的结构，然后引用刚修改的新列。
- 如果批处理的第一条语句是 EXECUTE（执行）语句，则 EXECUTE 关键字可以省略，否则不能省略。

任务 7　注释

注释是程序代码中不执行的文本字符串（也称为注解）。使用注释对代码进行说明，不仅能使程序易读易懂，而且有助于日后的管理和维护。注释通常用于记录程序名称、作者姓名和主要代码更改的日期。注释还可以用于描述复杂的计算或者解释编程的方法。

在 T-SQL 程序中加入注释语句，可以增加程序的可读性。SQL Server 不会对注释的内容进行编辑和执行，在 T-SQL 中支持两种注释方式。

1. “--”注释

“--”是一种 ANSI 标准的注释符，它用于单行注释。注释的有效范围只能到该行结束的地方，也就是说，从“--”开始，到本行结束为止，都可以是注释的内容，如果有多行注释内容的话，每一行的最前面都必须加“--”。

比如以下就是单行注释的例子：

```
--查看学号为 071010 的学生信息
Select * from StudentInfo where 学号=071001
--更新记录内容
--将学号为 071010 的学生的总学分加 5
update StudentInfo set 总学分=总学分+5 where 学号=071001
```


2. “/**/”注释

由于“--”注释的有效范围只有一行，当要进行比较长的注释时，用“--”进行注释就会显得很麻烦，在这种情况下，可以使用“/**/”来进行注释，它是一种与 C 语言相同的程序注释符号，利用它可以在程序中对多行文字进行注释，其有效范围是从“/*”开始，到“*/”结束，中间可以跨越多行。

比如以下就是多行注释的例子：

```
/*下列代码完成如下操作：
(1) 查看学号为 071010 的学生信息
(2) 更新记录内容，将学号为 071010 的学生的总学分加 5*/
Select *from StudentInfo where 学号=071001
update StudentInfo set 总学分=总学分+5  where 学号=071001
```

习　题

一、填空题

1. T-SQL 语言的三种类型分别是__________、数据操作语言和数据控制语言。

2. 在 SQL Server 中，变量可分为两类：__________和局部变量。当声明局部变量后，可用或__________语句为其赋值。

3. 常规标识符是指不需要使用__________或__________等定界符进行分隔的标示符。

4. 比较运算能够进行除__________型、__________型和__________型之外的其他数据类型表达式的比较操作。

5. 在 Transact-SQL 中局部变量用__________语句来声明。

二、选择题

1. &、*、1 和 OR 这四个运算符中优先级最高的是（　）。

A. &　　B. *　　C. 1　　D. OR

2. SELECT 语句属于 T-SQL 的语言类型是（　）。

A. 数据定义语言　　B. 数据操纵语言

C. 数据控制语言　　D. 流程控制语言

3. 下列常量中属于字符串常量的是（　）。

A. ‘你好’　　B. 'What " is this'

C. NNEW'　　D. " What's your name.

4. 下面选项中，属于 T-SQL 不支持的流程控制语句是（　）。

A. IF…THEN…ELSE　　B. BEGIN…END

C. DO CASE　　D. DO WHILE

5. 聚合函数（　）可实现平均数的求取。

A. SUM　　B. AVG　　C. MIN　　D. MAX

实训项目

一、练习变量的使用

实验目的：理解 T-SQL 中变量的含义，掌握变量的声明方式，掌握如何对变量进行赋值，掌握在操作数据时使用变量的方法。

实验任务：在产品销售管理系统数据库中使用变量完成 T-SQL 的查询。

实验提示：

（1） 创建一个局部变量@sex，并在 SELECT 语句中使用该局部变量查找员工表中所有男员工的信息。

（2） 定义一个变量@salary，用于获取员工编号为 2 的员工的工资情况。

（3） 定义一个变量@num，并在 SELECT 语句中使用该局部变量获取员工表中所有员工的数量。

（4） 输出雇员“党少生”所做订单的明细表、所做的订单数目及订单总金额。

（5） 使用全局变量@@VERSION 来查看当前使用的 SQL Server 的版本信息。

二、练习运算符的使用

实验目的：了解 T-SQL 中运算符的种类，掌握运算符的使用方法，掌握运算符的优先级。

实验任务：在产品销售管理系统中运用 T-SQL 的运算符。

实验提示：

（1）查询 Customer 表中地址包含“中山”的所有客户信息。

（2）查询所有出生于 1970—1990 年之间的所有员工的信息。

（3）查询一件都没有销售出去的产品的编号、名称和价格。

（4）查询商品类别编号 4 中商品价格比商品类别编号 1 中所有商品价格都大的商品的编号、名称、类别号和价格。

（5）查询商品类别编号 4 中商品价格比商品类别编号 1 中最小的商品价格要大的商品的编号、名称、类别号和价格。

三、练习内置函数的使用

实验目的：了解 T-SQL 中内置函数的种类，掌握常用内置函数的使用方法。

实验任务：在产品销售管理系统中运用 T-SQL 的内置函数。

实验提示：

（1）使用聚合函数查询按照员工编号进行分组，求出每位员工的平均销量。

（2）按照员工的出生年份分组，统计各年份出生的员工的人数。

（3）返回所有产品名称最左边的 2 个字符。

（4）返回每一位员工的姓名，要求分别用两列进行显示。

（5）查询产品价格的第一位数字为 1 的所有产品名称和价格。

四、练习分支和循环语句

实验目的：了解 IF...ELSE 语句的分支结构，掌握 IF...ELSE 分支语句的使用，了解 WHILE

循环的结构，掌握 WHILE 循环语句的使用。

实验任务：在 T-SQL 中运用 IF...ELSE 分支语句和 WHILE 循环语句。

实验提示：

（1）使用 IF...ELSE 语句判断是否存在编号为 2 的员工，如果存在则显示该员工的信息，否则显示“查无此人”。

（2）使用 IF...ELSE 语句判断在订单表中是否存在订货日期在 2010 年 8 月 7 日以后的订单，分别打印相关信息。

（3）使用 WHILE 语句列出员工表中编号小于 5 的员工工资情况。

（4）使用嵌套的 IF...ELSE 语句查询名叫“党少生”的员工工资处于哪一个级别，是等于、大于还是小于 3000 元。

（5）使用 WHILE 循环语句求 5 的阶乘。

五、练习 CASE、WAITFOR、GOTO

实验目的：了解 T-SQL 中 CASE、WAITFOR 和 GOTO 语句的结构，掌握 T-SQL 中 CASE、WAITFOR 和 GOTO 语句的使用。

实验任务：在 T-SQL 中运用 CASE、WAITFOR 和 GOTO 语句。

实验提示：

（1） 使用 CASE 简单表达式对 Employee 表按部门进行分类。

（2） 使用 CASE 选择表达式对 Employee 表按部门进行分类。

（3） 先进行工资查询，然后暂停 10 秒，再进行员工名字查询操作。

（4） 使用 GOTO 语句，查询员工编号为 2 的员工的性别。

（5） 使用 CASE 语句对产品的价格进行搜索，根据产品的价格范围将价格显示为文本描述。

模块 6

数据库完整性

学习目标

能够掌握维护数据库中数据完整性的方法，并可以熟练地运用各种维护数据完整性的方法来优化自己创建的数据库。

主要内容

（1） 掌握数据库完整性的概念。
（2） 掌握约束的类型及相关操作。
（3） 掌握缺省的概念及相关操作。
（4） 掌握规则的概念及相关操作。

重点与难点

（1） 数据库完整性的概念的理解。
（2） 约束的概念的理解及操作。
（3） 规则的概念的理解及操作。

任务 1　数据库完整性的概念

数据库完整性（Database Integrity）是指数据库中数据的正确性和相容性，是确保数据库中数据一致、正确以及符合企业规则的一种思想，是使无序的数据条理化，确保正确的数据被存放在正确的位置的一种手段。

满足完整性要求的数据具有以下三个特点：

（1） 数据的值正确无误。包括数据类型正确和数据值范围正确。

（2） 数据的存在必须确保同一表格数据之间的相容关系。例如，在学生成绩管理系统的学生信息表中不能将同一个学号分配给两名学生。

（3） 数据的存在必须能够确保维护不同表格数据之间的和谐关系。例如，学生专业的类别必须是专业类别信息中所存在的。

一、数据完整性的分类

在关系数据库中，数据完整性主要包括实体完整性、域完整性和参照完整性。

1. 实体完整性

实体完整性，也可以称为行完整性，要求表中只有一个主键或其他的唯一标识列，其值不能为空且能唯一地标识对应的记录。简单地说，实体完整性就是保证表中所有的行唯一，即所有记录都是可以区分的。

2. 域完整性

域完整性，可以称为列完整性，就是指给定列输入时的有效性限制，它反映了特定域（也就是特定的列）的规则。域完整性通常是经过使用有效性检查来实现的，并且还可以通过限制数据类型、格式或者可能的取值范围来实现。

3. 参照完整性

参照完整性又称为引用完整性，它是在插入或删除数据时用于维护表格间数据一致性的一种手段。参照完整性保证了主表（被参照表）中的数据与从表（参照表）中数据的一致性。在 SQL Server 2008 中，参数完整性的实现是通过定义外键（外码）与主键（主码）之间或外键与唯一键之间的对应关系来实现的。参照完整性确保了键值在所有表中一致。

二、实现数据完整性的方法

在 SQL Server 2008 中，可用于实现数据完整性的方法共有两类，即过程型数据完整性和声明型数据完整性。

1. 过程型数据完整性

过程型数据完整性由缺省、规则和触发器来实现。缺省是指定一个默认值，某列或用户自定义数据类型与缺省绑定后，当向此列或用户自定义数据类型添加数据时，默认的值就是缺省所指定的值。规则是用来验证一个数据库中的数据是否处于一个指定的值域范围内。

2. 声明型数据完整性

声明型数据完整性作为数据库说明的一部分在语法中实现，方法是在 CREATE TABLE 和 ALTER TABLE 语句定义中使用 CONSTRAINT 和 DEFAULT 语句限制表中的值。

在 CREATE TABLE 和 ALTER TABLE 语句中，约束的子句如下。

- 默认约束（default constraint）：当向表中插入数据时，如果用户没有明确给出某列的值，SQL Server 自动为该列输入指定值。
- 检查约束（Check Constraint）：限制插入列中的值。
- 唯一约束（Unique Constraint）：保证指定列上的值唯一。
- 主键约束（Primary Key Constraint）：保证主键列上的值唯一，且没有空值。
- 参照约束（Reference Constraint）/外键约束（Foreign Key Constraint）：要求指定的列（外键）中正被插入或更新的新值，必须在被参照表（主表）的主键列中已经存在。

表 6-1 列出了可用于三种类型数据完整性的方法的比较情况。

表 6-1　三种类型数据完整性实施方法的比较

完 整 性	约　束	其他方法（包括默认和规则）
域完整性	DEFAULT 约束 CHECK 约束（表级/列级）	默认值 规则、触发器或存储过程
实体完整性	主键约束 唯一约束	唯一的聚簇索引 唯一的非聚簇索引
参照完整性	外键/参照约束	指定外键、触发器或存储过程

任务 2　约束

约束（Constraint）是保证数据完整性的 ANSI 标准方法。每一种数据完整性类型都可以由不同的约束类型来保障。约束的用途就是限制输入到表中值的范围。

使用 CREATE TABLE 语句创建约束的一般语法格式如下：

```
CREATE TABLE 表名
(列名 类型
 [ [CONSTRAINT  约束名]
{PRIMARY  KEY [CLUSTERED  l  NONCLUSTERE]              /*主键约束*/
| UNIQUE [CLUSTERED  I  NONCLUSTERED]                   /*唯一约束*/
| FOREIGN KEY REFERENCES ref_table [(ref_column[, …n])]  /*参照/外键约束*/
   | DEFAULT 表达式                                      /*缺省约束*/
| ICHECK  (逻辑表达式)                                   /*检查约束*/
}][…n]
)
```


一、默认约束

默认约束也称为默认约束或 DEFAULT 约束，可以在创建表时创建，也可以使用数据库对象默认创建。

默认约束的主要特征如下：

- 每个字段只能有一个 DEFAULT 约束，即如果列上已经有一个默认约束，就不能在该列上再创建一个默认约束。
- DEFAULT 约束不能放在 IDENTITY 字段上或者 TIMESTAMP 字段上，因为这两种字段都能自动插入数据。
- 作为默认的值必须对于绑定到该列或者数据类型上的规则是有效的，即该值必须是合法值。
- 作为默认的值必须对于该列上的检查约束来说是有效的，即在检查约束的指定范围之内。

默认约束的创建方法可以使用 SSMS 和使用 T-SQL 命令。下面使用 T-SQL 命令创建默认约束，在创建表时都可以为列指定默认约束，其语法格式如下：

```
[CONSTRAINT<:约束名>] DEFAULT <默认值> FOR [(<列名>)]
```

【例 6-1】在创建 Scores 表时创建“成绩”字段的默认约束。

```
CREATE TABLE Scores                                  /*创建 Scores 选课成绩表*/
(
学号 char (6)  NOT NULL,
课程编号 char (10)  NOT NULL,
成绩 int NULL  DEFAULT  0,                            /*设置默认约束和默认值*/
)
GO
```

当创建表后，我们也可以通过修改现有的表来重新设置字段的默认值，其语法格式如下：

```
ALTER TABLE table_name
ADD [CONSTRAINT constraint_name] DEFAULT (expression | NULL) FOR column_name
```

语法参数的含义如下。

- 关键字 CONSTRAINT：用于创建默认约束。
- constraint name：用于给所创建的默认约束命名。
- 关键字 CHECK：用于指明默认约束。
- Expression：用于定义默认值，其值也可以为 NULL。
- FOR column_name：用于指定被创建默认约束的字段名。

【例 6-2】修改 Scores 表时“成绩”字段的默认约束值为 20。

```
USE Student
ALTER TABLE Scores
ADD DEFAULT 20 FOR 成绩                               /*重新设置成绩字段的默认约束值*/
GO
```


二、主键约束

主键约束属于实体完整性，主要用来标识实体集中每个实体对象的唯一性，以区别实体集中其他的实体对象。主键的特点如下：

- PRIMARY KEY（主键）约束利用表中一列或多列数据来唯一地标识一行数据。在表中绝不允许有主键相同的两行存在。
- 主键约束保证某一列或某一组列中的数据相对于表中的每一行都是唯一的，并且这些列就是该表的主键。
- 主键约束不允许在创建主键约束的列上有空值。
- 一个表只能有一个主键约束，参照约束使用它作为维护数据完整性的参考点。

为一个表创建主键约束的方法可以使用 SSMS 和使用 T-SQL 命令语句，这里仅介绍使用 T-SQL 命令的方法。

用户可以在创建表时用 T-SQL 语句创建主键约束。其语法格式如下：

```
CREATE table_name
 (column_name  datatype
[ CONSTRAINT  constraint_name]
{PRIMARY KEY}
[ { CLUSTERED | NONCLUSTERED  } ]   [,… n]
```

```
[  [ , CONSTRAINT  constraint_name]
{PRIMARY KEY}
[ { CLUSTERED  | NONCLUSTERED  } ]
  (column name  [,…n]  )  [,…n]
)
```

语法参数的含义如下。

- constraint_name：表示约束的名称，创建主键约束时，如果没有为主键提供名称，SQL Server 会自动为主键提供一个名字。
- CLUSTERED：表示在该列上建立聚簇索引。
- NONCLUSTERED：表示在该列上建立非聚簇索引。
- column_name：表示要约束的列名，在约束组合列时，需要列出每一个列名，如果仅是列级约束时，列名可以省略。

【例 6-3】创建 Major 选课成绩表的主键约束。

```
CREATE TABLE Major
(
/*创建专业编号为主键，主键名称为 PK_MA_ID*/
专业编号 int  NOT NULL CONSTRAINT PK_MA_ID PRIMARY KEY CLUSTERED,
专业名称 varchar (50)  NOT NULL,
)
GO
```

以上是一个列级的主键约束。

除此之外，还可以建立表级主键。

【例 6-4】创建 Major 选课成绩表的表级主键约束。

```
CREATE TABLE Major
)
GO
专业编号 int  NOT NULL,
专业名称 varchar (50)  NOT NULL,
/*创建表级主键约束 PK_MA_ID，将两个列组合定义为主键*/
CONSTRAINT PK_MA_ID PRIMARY KEY（专业编号，专业名称）
```

这里要注意，在多列上建立主键，必须建立表级约束而不能建立列级约束。对于一个已经存在的表，也可以为它添加主键约束。其语法格式如下：

```
ALTER TABLE  table_name
ADD [ CONSTRAINT  constraint_name ]
PRIMARY KEY [  CLUSTERED  I  NONCLUSTERED]  ( column_name  [  ,  n] )
```

其中 ADD 是添加主键约束的关键字。

【例 6-5】为 Major 选课成绩表添加一个主键约束。

```
USE Student
ALTER TABLE Major
/*为专业名称列添加一个名为 PK_ MA1_NAME 的主键约束*/
ADD CONSTRAINT PK_MA1_NAME PRIMARY KEY CLUSTERED  (专业名称)
GO
```

还可以使用 T-SQL 命令语句删除主键约束，其语法格式如下：

```
ALTER  TABLE  table_name
DROP { [ CONSTRAINT ] constraint_name }  [,… n]
```

其中 DROP 是删除主键约束的关键字。

【例 6-6】删除 Major 选课成绩表的 PK_MA_ID 主键约束。

```
USE Student
ALTER TABLE Major
DROP  PK_MA_ID                          /*删除名为 PK_MA_ID 的主键约束*/
GO
```

三、检查约束

检查约束又称为 CHECK 约束，它是指通过检查输入表列的数据的值来维护值域的完整性，它可用来指定某列可取值的清单或可取值的集合，也可指定某列可取值的范围。CHECK 约束通过对一个逻辑表达式的结果进行判断来对数据进行检查。在 SQL Server 2008 中共有三种使用 CHECK 约束的方法：

- 在创建表格时，定义检查约束，即检查约束是表格定义的一部分。
- 在已经建立的表上添加检查约束。
- 修改或删除表上已经定义的检查约束。

可以使用 SSMS 和使用 T-SQL 命令语句来创建 CHECK 约束。通过 T-SQL 命令使用 CHECK 约束，其语法格式如下：


```
CREARE TABLE table_name
 ( column_name data_type
 [  [check_name]  CHECK  (logical_expression) ]
 [,… n]  )
```

语法参数的含义如下。

- check_name：表示约束的名称。
- 关键字 CHECK：表示定义检查约束。
- logical_expression：表示 CHECK 约束逻辑表达式。

【例 6-7】在创建 StudentInfo 学生表时对“性别”字段的值约束为 0 或 1。

```
USE Student
CREATE TABLE StudentInfo
学号 char (6)  NOT NULL PRIMARY KEY,
姓名 char (8)  NOT NULL,
                                       /*创建性别字段的 CHECK 约束*/
性别 bit NULL CHECK(性别=0 OR 性别=1),
出生日期 datetime NULL,
专业编号 int NULL,
    总学分 int NULL,
    备注 varchar (500)  NULL
)
GO
```

除了在创建表时建立 CHECK 约束，也可以在已经存在的表上添加 CHECK 约束，其语法格式如下：

```
ALTER TABLE table_name
ADD [CONSTRAINT constraint_name] DEFAULT (expression I NULL) FOR column_name
```

语法参数的含义如下：

- 关键字 CONSTRAINT：用于创建默认约束。
- Constraint_name：给所创建的默认约束命名。
- 关键字 CHECK：用于指明默认约束。
- Expression：用于定义默认值，其值也可以为 NULL。
- FOR column_ name：用于指定被创建默认约束的字段名。

【例 6-8】添加 StudentInfo 学生表的“性别”字段的值约束为“男”或“女”。

```
USE Student
ALTER TABLE StudentInfo
                                          /*添加“性别”字段的值约束为“男”或“女”*/
ADD  CONSTRAINT  check_sex  CHECK（性别='男' OR 性别='女'）
GO
```

CHECK 约束可以被创建、添加，也可以被删除，CHECK 约束被删除的语法格式如下：

```
ALTER  TABLE  table_name
DROP {  [ CONSTRAINT  ] Check_name  } [,…n]
```

【例 6-9】删除 StudentInfo 学生表的“性别”字段上的 check_sex 约束。

```
USE  Student
ALTER TABLE StudentInfo
DROP  CONSTRAINT check_sex                         /*删除 check_sex 检查约束*/
GO
```

四、唯一约束

唯一约束又称为 UNIQUE 约束，主要用来确保不受主键约束的列上的数据的唯一性，限制指定表中指定列上所有非空值必须唯一，允许在创建唯一索引的列上有空值。UNIQUE 约束也可以在列级或在表级上设置。如果要在多列上设置 UNIQUE 约束，则必须设置表级约束。要修改一个 UNIQUE 约束，唯一的方法就是先删除该 UNIQUE 约束，然后在对应的列上重新建立新的 UNIQUE 约束。

当在一个已经存放了数据的表上增加 UNIQUE 约束时，SQL Server 2008 会自动对表中的数据进行检查，以确保这些数据能够满足 UNIQUE 约束的要求，即除 NULL 外，所有数据的值必须唯一，否则会返回错误信息，并拒绝执行增加约束的操作。

当建立了 UNIQUE 约束后，SQL Server 2008 会自动在该约束控制的各列上创建 UNIQUE 索引，以强制执行数据的唯一性约束。当有重复的数据被输入表中时，会返回错误信息，并拒绝执行该命令。

唯一约束与主键约束有以下一些区别。

- 唯一约束允许有空值，主键约束不允许有空值。
- 每一个表只能定义一个主键约束，但可定义多个唯一约束。
- 唯一约束与主键约束都为指定的列建立唯一索引，这个唯一索引可以是聚簇索引也可以是非聚簇索引，但在默认情况下，主键约束产生聚簇索引，唯一约束产生非聚簇索引。

对于唯一约束的操作有三种：

（1） 在创建表时，定义 UNIQUE 约束，UNIQUE 约束是定义表的一部分。

（2） 在已经有数据但没有重复值的列或列的集合上添加 UNIQUE 约束。

（3） 修改或删除表上已经定义的 UNIQUE 约束。

可以使用 SSMS 和使用 T-SQL 命令语句来使用创建 UNIQUE 约束。通过 T-SQL 命令使用 UNIQUE 约束，语法格式如下 ：

```
CREATE TABLE table_name
 ( column_name  data_type
 [ CONSTRAINT unique_name]  {UNIQUE}
 [ { CLUSTERED | NONCLUSTERED  }  ]  [,…N]
)
```

语法参数的含义如下。

- unique_name：表示唯一约束的名称。
- 关键字 UNIQUE：表示定义唯一约束。

【例 6-10】在定义 Course 课程表时创建“课程名称”字段为唯一约束字段。

```
USE  Student                                                /*范例一*/
CREATE TABLE Course
 (
课程编号 char  (10)  NOT NULL PRIMARY KEY,
                        /*为“课程名称”字段创建名称为“unique_name”的唯一约束*/
课程名称 char  (20)  NOT NULL CONSTRAINT unique_name UNIQUE,
  开学学期 tinyint NULL DEFAULT 1,
  学时 tinyint NULL DEFAULT 0,
  学分 tinyint NOT NULL DEFAULT 0
)
GO
```

除了在创建表时建立 UNIQUE 约束，也可以在已经存在的表上添加 UNIQUE 约束，其语法格式如下：

```
ALTER TABLE table_name
ADD  [CONSTRAINT constraint_name]  UNIQUE  [CLUSTERED I NONCLUSTERED]
 (column_name    [ , . . .n] )
```

其语法参数的含义如下。

- 关键字 CONSTRAINT：用于创建唯一约束。
- constraint name：给所创建的唯一约束命名。
- 关键字 UNIQUE：用于指明唯一约束。
- 关键字 CLUSTERED：表示在创建唯一约束的同时创建聚焦索引。

- 关键字 NONCLUSTERED：表示在创建唯一约束的同时不创建聚焦索引。
- column name：表示实现唯一约束的列。

【例 6-11】添加 Course 课程表的“学时”字段为唯一约束。

```
USE Student
ALTER TABLE Course
                                        /*为学时字段添加名为 unique_time 的唯一约束*/
ADD CONSTRAINT unique_time UNIQUE  (学时)
GO
```

在已创建唯一约束的表中还可以把原来的 UNIQUE 约束删除，其语法格式如下：

```
ALTER TABLE table_name
DROP { [  CONSTRAINT   ] unique_name }   [,… n]
```

其中 DROP 是表示删除 UNIQUE 约束的关键字。

【例 6-11】删除 Course 课程表中名为 unique_time 的唯一约束。

```
USE Student
ALTER TABLE Course
DROP CONSTRAINT unique_time              /*删除名为 unique_time 的唯一约束*/
GO
```

五、外键约束

外键又称为 FOREIGN KEY 约束，主要用来维护两个表之间的一致性关系。外键约束通过将保存在表中主键值的一列或多列添加到另一个表中，创建两个表之间的链接。也就是说，外键约束定义一个列，该列参考同一个表或者另外一个表的主键约束或者唯一约束。一个表可以有多个外键约束，通过外键约束，可以保证参照完整性。

为一个表创建外键约束的方法有两种，可以使用 SSMS 和使用 T-SQL 命令语句。这里仅介绍使用 T-SQL 命令的方法。

对于外键约束的操作有以下三种。

- 在创建表时，定义外键约束，外键约束是定义表的一部分。
- 在已经存在的表中添加外键约束。
- 删除表上已经定义的外键约束。

1. 在创建表时定义外键约束

用户可以在创建表时使用 T-SQL 语句创建外键约束，其语法格式如下：

```
CREATE TABLE table_name  (column_name  datatype
 [ CONSTRAINT ]
[ [ FOREIGN  KEY ]  REFERENCES  ref_table  [ (ref_column) ]
   ON DELETE { CASCADE  |  NO  ACTION }
   ON UPDATE { CASCADE  |  NO  ACTION }
[    NOT  FOR   REPLICATION]  ]  [,…n]
[   CONSTRAINT foreignkey_name]
FOREIGN KEY[  (column[,…n]))]
```

```
[   NOT FOR   REPLICATION]  [,…n]
)
```

语法参数的含义如下。

- ref_table：表示被参照表名。
- constraint_name：表示约束的名称。
- [ON DELETE{ CASCADE | NO ACTION]：表示在删除与外键相对应的主键所在行时，级联删除（CASCADE）外键所在的行的数据或者不做任何操作（NO ACTION），NO ACTION 是默认的设置。

[ON UPDATE{ CASCADE | NO ACTION]：表示在修改与外键相对应的主键所在的行时，级联修改（CASCADE）外键所在的行的数据或者不做任何操作（NO ACTION），NO ACTION 是默认的设置。

【例 6-12】在 Scores 选课成绩表中为“课程编号”列创建外键约束。

```
USE Student
CREATE TABLE Scores
(
  学号 char (<6)  NOT NULL,
  课程编号 char  (10)  NOT NULL,
  成绩 int NULL,
                                    /*为课程编号字段创建与 Course 课程表中课
程编号字段的外键约束*/
  CONSTRAINT  fk_course_id  FOREIGN KEY  （课程编号）REFERENCES Course（课程
编号）
)
```


2. 添加现有外键约束

上面介绍了在创建表时定义外键约束的方法，也可以为现有表添加外键约束其语法格式如下。

```
ALTER TABLE table_name
ADD [CONSTRAINT constraint_name] FOREING KEY (column_name  [,…n])
REFERENCES table_name1  (column_name1[,…n])
```

语法参数的含义如下。

- 关键字 CONSTRAINT：用于创建外键约束。
- constraint name：用于为所创建的外键约束命名。
- 关键字 FOREING KEY：用于指明外键约束。
- column_name：表示实现外键约束的列。
- 关键字 REFERENCES：用于指向参照的表。
- Table name1：表示参照表的名字，即与创建外键约束字段相关的其他表名字。
- Column_name1：表示参照表中的参照列。

【例 6-13】在 Scores 选课成绩表中为“学号”列添加外键约束。

```
USE Student
ALTER TABLE Scores
```

```
                    /*为学号列添加与 StudentInfo 学生表的外键约束*/
ADD CONSTRAINT  FK_student_id  FOREIGN KEY  （学号）REFERENCES
StudentInfo  （学号）
GO
```

3. 删除现有的外键约束

同样，也可以使用 T-SQL 语句来删除外键约束，其语法格式如下：

```
ALTER TABLE table_name
DROP { [  CONSTRAINT]  Foreignkey_name } [, …n ]
其中 DROP 表示删除外键约束的关键字。
```

【例 6-14】 删除 Scores 选课成绩表中的外键约束。

```
USE Student
ALTER TABLE  Scores
                              /*删除 Scores 表中的两个外键约束*/
DROP  CONSTRAINT FK_student_id, fk_course_id
GO
```

六、非空约束

非空约束又称为 NOT NULL 约束，是指表中的列值不能为空（NULL），空值 NULL 是指不知道的、不确定的或无法填入的值。NULL 值不能理解为 0、空格、空白等。非空约束属于域完整性。

例如，某人在银行开设了个人账户，账户中含金额字段，没有存入金额，且金额字段无默认值。此时，数据库自动为 NULL，而不是 0，如果是 0，则表示存入了金额，只不过值小，为 0，而 NULL 则表示什么也没存入。这是两个完全不同的概念。如果我们希望所有的银行账户金额字段的数据都不为 NULL，就用 NOT NULL 对该字段进行列级约束。

为表字段创建非空约束的方法有两种，分别可以使用 SSMS 和 T-SQL 命令语句，使用 T-SQL 命令语句创建非空约束，语法格式如下。

```
 [CONSTRAINT<:constraint_name>]  NOT  NULL
```

语法参数的含义如下。

- constraint name：表示约束的名称。
- NOT NULL：表示是非空约束的关键字。

【例 6-15】 在创建表时指定多个字段为非空约束。

```
USE Student
 CREATE TABLE Scores
(
                              /*创建学号、课程编号两个列的非空约束*/
学号 char （6）  NOT NULL,
课程编号 char （10）  NOT NULL,
成绩 int
)
GO
```

当创建数据库表时，如果在给数据表的列插入数据时，不指定该列为 NOT NULL 或 NULL，那么该列将被默认为插入数据时容许为 NULL，就如上例中的“成绩”列。

七、标识属性

标识属性又称为 IDENTITY 属性，属于实体完整性，它其实是一个递增序列号的概念。人们在生活中总是以某种递增的方式计数，比如学生信息表的行号标识学生在表中的位置。又如，在银行存钱首先需要开设账户，每个账户有个账号（行号+日期+递增序列号）来唯一区分账户等。在 SQL Server 2008 数据库中“递增序列号”的实现就是通过标识（IDENTITY）属性来完成的，这使得开发人员可以为表中所插入的第一行指定一个标识号（Identity Seed 属性），并确定要添加到种子上的增量（Identity Increment 属性）以确定后面的标识号。将值插入到有标识符列的表中之后，SQL Server 2008 会通过向种子添加增量来自动生成下一个标识值。

在用 IDENTITY 属性定义标识符列时，请注意下列几点：

- 一个表只能有一个使用 IDENTITY 属性定义的列，且必须通过使用 decimal、int、numeric、smallint、bigint 或 tinyint 数据类型来定义该列。
- 可指定种子和增量，二者的默认值均为 1。
- 标识符列不能允许为空值，也不能包含 DEFAULT 定义或对象。
- 在设置 IDENTITY 属性后，可以使用$IDENTITY 关键字在选择列表中引用该列，可以通过名称引用该列。
- 通过使值能够显式插入，SET IDENTITY_INSERT 可用于禁用列的 IDENTITY 属性。

使用 SSMS 和 T-SQL 命令都可以创建 IDENTITY 约束。通过 T-SQL 命令方式来实现，其语法格式如下：

```
IDENITITY[(seed,increment)]
```

语法参数的含义如下。

- seed：向表中加载第一行时所使用的值。
- increment：加到所加载上一行的标识值上的增量值。

必须同时指定种子和增量，或者两者都不指定。如果两者都不指定，则默认值为（1，1）。

【例 6-16】创建 StudentInfo 表时设置学号列的 IDENTITY 属性（标识种子为 1001，增量为 1）。

```
USE Student
CREATE TABLE StudentInfo
(
    学号 int NOT NULL  IDENTITY (1001,1),              /*设置 IDENTITY 约束*/
    姓名 char (8)  NOT NULL,
    性别 bit NULL,
    出生同期 datetime NULL.
    专业编号 int NULL,
    总学分 int NULL,
```

```
    备注 varchar (<500)  NULL
)
```

当向 StudentInfo 表插入学生数据时，“学分”列将不允许用户填值，系统自动依次为每条记录的“学号”列填上 1001，1002，1003……

对于已经创建表时没有标识 IDENTITY 属性的列，如果以后需要有标识这样的属性，可以使用下面的语法来修改：

```
ALTER TABLE 表名
ALTER COLUMN 列名 IDENTITY（种子，增量）
```

任务 3　缺省

前面已经介绍过，可以在一个表中将一个列定义为允许接受空值或给该列定义一个默认值，即为其添加一个缺省约束。除此之外，缺省还可作为一种数据库对象来单独定义，然后再将其绑定到具体的表或其他数据库对象上来使用。

一、缺省的概念

要为一个字段创建缺省约束，可在定义表或修改表时定义，也可先定义一个默认数据库对象，然后将该对象绑定到表的相应字段，这个数据库对象就是缺省。

缺省作为一种数据库对象，可以被绑定到一个或者多个列上，还可以被绑定到用户自己定义的数据类型上。当向表中插入数据时，如果绑定有缺省的列没有指定数据，那么 SQL Server 2008 就自动将缺省指定的数据插入。当某个缺省约束被定义之后，即可以反复使用。缺省值可以是常量、内置函数或数学表达式。

二、创建缺省

在 SQL Server 2008 中，使用 CREATE DEFAULT 语句创建默认值对象，其语法结构如下：

```
CREATE DEFAULT default_name
AS constant_expression
```

语法参数的含义如下。

- default_name：表示默认值对象的名称。
- constant_expression：表示常量表达式，常量表达式中可以包括常量、内置函数或数学表达式，但不能包括任何列名或其他数据库对象。

【例 6-17】在 Student 数据库上创建一个名为 student_sex 的缺省。

```
USE Student
IF  OBJECT_ID('student_sex ')  IS  NOT NULL        /*判断名为 student_sex 的
对象否是存在*/
BEGIN
DROP DEFAULT student sex                /*删除该对象*/
END
GO
```

```
CREATE DEFAULT student_sex AS 1         /*创建 student_sex 默认值对象，值为 1*/
GO
```

只有在删除已经存在的同名的缺省后，才可以进行该缺省的创建。否则，系统会给出一个出错提示。

三、查看缺省

如果要查看缺省的拥有者、创建时间等基本信息，则可以使用系统存储过程，语法格式如下：

```
sp_help default_name
```

或

```
sp_helptext default_name
```

语法参数的含义如下。

- sp_help：查看缺省的拥有者、创建时间等信息的存储过程。
- sp_helptext：查看缺省值定义的存储过程。
- default_name：缺省的名称。

【例 6-18】查看 student_sex 缺省的基本信息和定义。

```
USE Student
 EXEC sp_help student_sex                      /*查看缺省的基本信息*/
 EXEC sp_helptext student_sex                  /*查看缺省的定义*/
 GO
```


四、绑定和解除缺省

默认值对象创建完成后，就需要将其绑定到列上。这样，默认值对象就可以在插入记录时为列提供默认值。为列绑定默认值可以使用 sp_bindefault 系统存储过程来实现，其语法格式如下所示：

```
sp_bindefault default_name,object_name  [, futureonly_flag]
```

语法参数的含义如下。

default_name：缺省的名称。

object_name：要绑定缺省对象的表列名，可以是一列，可以是多列。

futureonly_flag：可选参数，仅在将默认值绑定到用户定义的数据类型时才使用。futureonly_flag 的数据类型为 varchar(15)，默认值为 NULL。将此参数设置为 futureonly 时，它会防止现有的属于此数据类型的列继承新的默认值。

【例 6-19】将缺省 student_sex 绑定到 StudentInfo 表的“性别”列。

```
USE Student
                                     /*执行绑定缺省的存储过程*/
EXEC sp_bindefault  'student_sex','StudentInfo.性别'
GO
```

经过绑定之后，如果在对 StudentInfo 表进行添加数据时，没有对“性别”列进行赋值，那么该列的值将会被默认设置为 1。

在进行对缺省的绑定操作时要注意以下两点：

- 绑定的缺省只适用于受 INSERT 语句影响的行。
- 不能将缺省绑定到系统数据类型或 timestamp 列。

如果某个缺省的绑定没有必要再保存在数据库，则可以通过系统存储过程 sp_unbindefault 来解除对缺省的绑定。其语法格式如下：

```
sp_unbindefault object_name [,futureonly_flag ]
```

语法参数的含义如下。

- object_name：要绑定缺省对象的表列名，列可以是一列，也可以是多列。
- futureonly_flag：可选参数，仅在将默认值绑定到用户定义的数据类型时才使用。其目的是为了防止具有指定用户定义数据类型的列丢失绑定在其上的默认值。

【例 6-20】解除 student_sex 缺省对 StudentInfo 表的“性别”列限制。

```
USE Student
                                                    /*执行解除缺省的存储过程*/
EXEC   sp_unbindef ault  'StudentInfo. 性别'
GO
```

五、删除缺省

当缺省不再有用时，可以将其从数据库中删除。值得注意的是，在删除缺省之前，应先解除该缺省在列上的绑定，否则，会返回错误信息。删除缺省的具体方法有两种，即使用 T-SQL 命令和使用 SSMS。使用 T-SQL 命令删除缺省，

该语句的语法格式如下：

```
DROP  DEFAULT  default_ name
```

其中 default_name 是所要删除的缺省的名称。

【例 6-21】从 Student 数据库中删除缺省 student_sex。

```
USE Student
DROP  DEFAULT  student_sex                    /*删除 student_sex 缺省*/2.
```

任务 4　规则

在 SQL Server 2008 中，规则和表、视图、缺省约束等一样，也是作为一种数据库对象而存在的。它同样可以当作一个单独的对象被创建，并可以绑定到相应的列上来应用。

一、规则的概念

规则是数据库对象之一，它的作用与 CHECK 约束的部分功能相同，在向表的某列插入或更新数据时，用它来限制输入的新值的取值范围。

规则与 CHECK 约束的不同之处有以下三点：

- CHECK 约束是用 CREATE TABLE 语句在建表时指定的，而规则需要作为单独的数据库对象来实现。
- 在一列上只能使用一个规则，但可以使用多个 CHECK 约束。在一列上至多有一个规则起作用，如果有多个规则与一列绑定，那么只有最后绑定到该列的规则起作用。
- 规则可以应用于多个列，还可以应用于用户自定义的数据类型，当某个规则定义之后，可以反复使用，而 CHECK 约束只能应用于它定义的列。

规则是实现域完整性的方法之一，它用来验证一个数据库中的数据是否处于一个指定的值域范围内。默认情况下，规则检查创建和绑定规则之前输入的数据，当数据库中的数据被插入或更新时，需要检查这个新值是否遵循规则，如果违反了规则，那么这一操作就会失败。

二、创建规则

在 SQL Server 2008 中，使用 CREATE RULE 语句创建规则对象，其语法格式如下：

```
CREATE RULE  rule_name
AS condition_expression
```

语法参数的含义如下。

- rule_name：表示规则的名称。
- condition_expression：是一个条件表达式，用来指定满足规则的条件。该表达式可以是能够用于 WHERE 条件子句中的任何表达式，包括算术运算符、关系运算符和其他运算符（如 IN、LIKE、BETWEEN 等），但不能包括列名或其他数据库对象名。在条件表达式中有一个以@开头的变量，该变量代表在修改该列的记录时用户输入的数值。

【例 6-22】在 Student 数据库中定义规则 rule_compare，其取值被限制为必须大于 0。

```
USE Student
                                              /*创建 rule_compare 规则，值大于 0*/
CREATE RULE rule_compare
AS @value>0
GO
```

三、查看规则

如果要查看规则的拥有者、创建时间等基本信息，则可以使用系统存储过程，其语法格式如下：

```
sp_help  rule_name
```

或

```
sp_helptext rule_name
```

语法参数的含义如下。

- sp_help：查看规则的拥有者、创建时间等信息的存储过程。
- sp_helptext：查看规则定义的存储过程。
- rule_ name：规则的名称。

【例 6-23】查看 rule_compare 规则的基本信息和定义。

```
Use student
EXEC  sp_help rule_compare                        /*查看规则的基本信息*/
EXEC  sp_helptext  rule_compare                   /*查看规则的定义*/
GO
```

四、绑定与解除规则

当规则创建之后，不能立即使用，必须绑定到一个或多个列上。当向绑定了的列插入或更新数据时，新的数据必须符合规则。如果在列上已经绑定了规则，那么当再次向它们绑定规则时，旧的规则将自动被新的规则覆盖。规则绑定后，如果认为被绑定列不应该存在这样的约束，也可以解除规则的绑定。

为列绑定规则可以使用 sp_bindrule 系统存储过程来实现，其语法格式如下：

```
sp_bindrule rule_name,  obj ect_name  [,futureonly_flag]
```

语法参数的含义如下：

- rule_name：规则的名称。
- object_name：要绑定规则的表列名，可以是一列，也可以是多列。
- futureonly_flag：可选参数，仅在将规则绑定到用户定义的数据类型时才使用。如果将 futureonly_flag 设置为 futureonly 时，则以前创建的使用该数据类型的列将不受规则限制；如果不指定为 futureonly 时，则规则将不会绑定到所有使用该数据类型的列，不管它在绑定规则时是不是已经存在。

【例 6-24】将规则 rule_compare 绑定到 StudentInfo 表的“总学分”列。

```
USE Student
/*执行绑定规则的存储过程*/
EXEC   sp_bindrule      ' rule_compare ' ,  ' Student Info .总学分 '
GO
```

经过绑定之后，在对 StudentInfo 表进行添加数据时，如果对“总学分”列所赋的值小于 0 的话，也就是违反了规则的话，那么这插入数据的操作就会失败。

在进行对规则的绑定操作时要注意以下两点：

- 绑定的规则只适用于受 INSERT 和 UPDATE 语句影响的行。
- 不能将规则绑定到系统数据类型或 timestamp 列。

如果某个规则的绑定没有必要再保存在数据库，则可以通过系统存储过程 sp_unbindrule 来解除对规划的绑定。其语法格式如下：

```
sp_unbindrule object_name  [ , futureonly_flag ]
```

语法参数的含义如下。

- Object_name：要绑定规则的表列名，可以是一列，也可以是多列。
- futureonly_flag：可选参数，仅在将规则绑定到用户定义的数据类型时才使用。其目的是为了防止具有指定用户定义数据类型的列丢失绑定在其上的规则。

【例 6-25】解除 rule_compare 规则对 StudentInfo 表“总学分”列的限制。

```
USE Student
                                        /*执行解除规则的存储过程*/
EXEC sp_unbindrule','StudentInfo.总学分'
GO
```

五、删除规则

当规则不再有用时，可以将其从数据库中删除。值得注意的是，在删除规则之前，应先解除该规则在列上的绑定，否则，会返回错误信息。删除规则的具体方法有两种，即使用 T-SQL 命令和使用 SSMS。使用 T-SQL 命令删除规则的语法格式如下：

```
DROP  RULE  rule_name
```

其中 rule_name 是所要删除的规则的名称。

【例 6-26】从 Student 数据库中删除规则 rule_compare。

```
USE Student
DROP  RULE  rule_compare                    /*删徐 rule_compare 规则*/
```


习　题

一、填空题

1. 唯一约束包括 PRIMARY KEY 约束和________。

2. 数据库完整性是指数据库要保持数据的________和相容性，它是衡量数据库数据好坏的一种标志。

3. SQL Server 2008 中包括的约束有________、外关键字约束、唯一性约束、检查约束、缺省约束和________。

4. 创建规则的语句是________，将规则绑定的系统存储过程是________。

5. SQL Server 2008 中，可用于实现数据完整性的方法共有两类，即______和______。

二、选择题

1. 在下面的约束中，不是用来维护两个表之间的一致性关系的约束是（　）。

A. FOREIGN KEY 约束　　B. CHECK 约束

C. UNIQUE 约束　　D. DEFAULT 约束

2. 假设创建表时的某列要求可以包含空值，但不允许有重复值，那么在该列不能使用的约束是下面的哪一项（　）。

A. PRIMARY KEY 约束　　B. UNIQUE 约束
C. CHECK 约束　　D. NOT NULL 约束

3. 解除绑定默认值的系统存储过程是（　）。

A. sp_default　　B.sp_undefault
C. sp_bindefault　　D.sp_unbindefault

4. 创建默认对象时，下面可以作为默认对象的值的是（　）。

A. 常量数据　　B. 函数或表达式
C. 表列或数据库对象　　D. 除二进制外的数值型数据

5. 规则是数据库对象之一，它的作用与 CHECK 约束的部分功能相同，在向表的某列插入或更新数据时，用它来限制输入的新值的取值范围，下列说法中正确的是（　）。

A. CHECK 约束是用 CREATE TABLE 语句在创建表时指定的，而规则需要作为单独的数据库对象来实现
B. 在一列上只能使用一个规则，但可以使用多个 CHECK 约束
C. 规则可以应用于多个列，还可以应用于用户定义数据类型，而 CHECK 约束只能应用于它定义的行
D. 表或用户定义数据类型的删除、修改不会对与之相连的规则产生影响。而 CHECK 约束则随着表的删除而撤销约束

实训项目

一、练习规则的使用

实验目的：理解规则的含义，掌握规则的创建方式、绑定的方法、查看方法和删除方法。

实验任务：在产品销售管理系统数据库中使用规则。

实验提示：

（1） 新建查询，在查询窗口创建规则，要求使用其规则的取值必须是“男”或者“女”。

（2） 将创建的规则绑定到 Employee 员工表的 Sex 列上。

（3） 用“对象资源管理器”打开 Employee 员工表，在 Sex 列中输入一个数字，观察是否能够输入成功。

（4） 执行查看规则的语句，了解规则的详细信息。

（5） 将规则从数据库中删除，注意删除的正确顺序。

二、练习缺省的使用

实验目的：理解缺省的含义，掌握缺省的创建方式、绑定方法、查看方法和删除方法。

实验任务：在产品销售管理系统数据库中使用缺省。

实验提示：

（1） 新建查询，在查询窗口创建缺省，要求使用其缺省的取值必须是系统当前时间。

（2） 将创建的缺省绑定到 Orders 订单表的 Date 列上。

（3） 用“对象资源管理器”打开 Orders 订单表，在 Date 列中不要输入任何的数据，观察 Date 列的约束情况。

（4） 执行查看缺省的语句，了解缺省的详细信息。

（5） 将缺省从数据库中删除，注意删除的正确顺序。

三、练习 CHECK 约束的使用

实验目的：理解 CHECK 约束的含义，掌握 CHECK 约束的创建方式，修改方法，以及禁用和删除方法。

实验任务：在产品销售管理系统数据库中使用 CHECK 约束。

实验提示：

（1） 新建查询，在查询窗口输入 T-SQL 语句，修改 Employee 员工表，增加 CHECK 约束，使 BirthDate 出生日期列的取值在系统当前日期之前。

（2） 用“对象资源管理器”打开 Employee 员工表，输入一行数据，观察 BirthDate 出生日期列的约束情况。

（3） 在查询窗口输入 T-SQL 语句，禁用该 CHECK 约束。

（4） 用“对象资源管理器”打开 Employee 员工表，输入一行数据，观察 BirthDate 出生日期列的约束情况。

（5） 在查询窗口输入 T-SQL 语句，删除该 CHECK 约束。

四、练习主键约束的使用

实验目的：理解主键约束的含义，掌握主键约束的创建方式，修改主键约束的方法和删除主键约束的方法。

实验任务：在产品销售管理系统数据库中使用主键约束。

实验提示：

（1） 在查询窗口输入 T-SQL 语句，修改 Department 部门表，增加 D_Name 部门名称列的主键约束。

（2） 用“对象资源管理器”打开 Department 部门表，输入一行数据，检查 D_Name 部门名称列的主键约束情况。

（3）在查询窗口输入 T-SQL 语句，修改 Orders 订单表，创建 O_ID 订单编号列和 P_ID 产品编号列的复合主键约束。

（4） 用“对象资源管理器”打开 Orders 订单表，输入一行数据，观察 O_ID 订单编号列和 P_ID 产品编号列的复合主键约束。

（5） 在查询窗口输入 T-SQL 语句，删除上面修改的主键约束和主键复合约束。

五、练习外键约束的使用

实验目的：理解外键约束的含义，掌握 SSMS 和 T-SQL 中外键约束的创建方式，修改外键约束的方法和删除外键约束的方法。

实验任务：在产品销售管理系统数据库中使用外键约束。

实验提示：

（1） 在查询窗口输入 T-SQL 语句，修改 Orders 订单表，增加 Customer_ID 部门编号列的外键约束，关联的主键是 Customer 客户表中的 Customer_ID 部门编号列。

（2） 用“对象资源管理器”打开 Orders 订单表，输入一行数据，检查 Customer_ID 部门编号列的外键约束情况。

（3） 在查询窗口输入 T-SQL 语句，修改 Orders 订单表，删除 Customer_ID 部门编号列的外键约束。

（4） 在“对象资源管理器”中使用图形工具界面，修改 Product 产品表，增加 C_ID 类别编号列的外键约束，关联的主键是 Category 产品类别表中的 C_ID 类别编号列。

（5） 用“对象资源管理器”打开 Product 产品表，输入一行数据，检查 C_ID 类别编号列的外键约束情况。

（6） 在“对象资源管理器”中使用图形工具界面，修改 Product 产品表，删除 C_ID 类别编号列的外键约束。

模块 7

索引和视图

学习目标

本模块主要目标是讲解索引和视图的概念、类型以及如何使用 SSMS 和 T-SQL 语句创建和管理，同时还介绍了使用视图来添加、修改和删除表中数据的方法。

主要内容

（1） 掌握索引与视图的概念。
（2） 掌握索引与视图的操作。
（3） 掌握通过视图操作数据的方法。

重点与难点

（1） 索引与视图的概念。
（2） 索引的概念及类型。
（3） 视图的概念及相关操作。

任务 1　索引概述

索引是提高数据库性能的一项关键内容。在 SQL Server 2008 中，索引有多种分类，每种索引都有其特定的用途及特性。在数据库管理中，合理地设计数据库索引是一个非常重要的内容。

一、索引类型

索引有许多种分类方法，其中按包含索引键的多少可分为简单索引和复杂索引；按是否唯一可分为唯一索引和非唯一索引；按索引和对应的记录的物理存储顺序关系可分为聚集索引和非聚集索引。另外还有全文索引等。

1. 简单索引和复杂索引

（1） 简单索引。简单索引为仅包含一个属性的索引，如表 7-1 所示。

表 7-1　简单索引

书　号	类　别	书　名	印　数	字　数	出 版 商
……	……	……	……	……	……
……	……	……	……	……	……

从表 7-1 可以看出，简单索引是“书号”的索引，也即当用户需要查询满足“书号”为某值或某范围值时，才可以用到该索引。在属性值唯一时，简单索引将会有很高的效率。

一般来说，简单索引较适合于重复性不高的属性，比如只有一个属性值的主键。

（2） 复杂索引。复杂索引是由两个以上属性形成的索引，也可以称为组合索引，如表 7-2 所示。

表 7-2　复杂索引

书　号	类　别	书　名	印　数	字　数	出 版 商
……	……	……	……	……	……
……	……	……	……	……	……

在查询过程中常常需要查找一些容易重复的属性的组合，如表中的印数和字数。复杂索引常常用在这种信息的查找上面。

在一个数据表中，一个非主键的属性有多个重复的值是很容易出现的，但两个或两个以上属性的组合值要重复则相对困难得多。例如，有 100 本书的印数一样，都是一万册，则“印数”这个属性值就会被重复一百次，仅仅用印数来查找想找的书是很困难的，这时将“印数”和“字数”两个属性值复合，即如果查找既要满足印数为 1 万册且字数为十万字的书，则重复的概率将大大减小。这也就是复杂索引虽然引用的索引项更多，效率却常常更高的原因。

2. 唯一索引和非唯一索引

唯一索引是指所引用的属性值能唯一地标识一行，即在此属性列中，不存在两个相同的值。一个特殊的情况是，如果书号在这个数据表中本来就是主键，那么这个索引可以叫做主键索引，显然主键就是一个唯一索引。

在多列唯一索引的情况下，该索引可以确保索引列中每个值组合都是唯一的，即构成了复杂唯一索引。

非唯一索引与唯一索引相对，允许出现重复值。如果使用非唯一索引进行查询，则可能传回多个符合“属性值=某值”的记录。

3. 聚集索引和非聚集索引

所谓聚集索引，是所有记录都按顺序聚集在索引结构的叶结点上的索引。当查询一个数据时，从树的根结点到树的叶结点上后，可以直接得到这条记录，从而减少 I/O 操作。

聚集索引的一个重要特点是，记录都是依照叶结点的顺序排列，也就是说使用聚集索引可以改变记录的物理存放顺序。例如在表 7-3 中没有创建索引，在插入数据时也没有任何顺序。

表 7-3　没有创建索引

书　号	类　别	书　名
103	……	……
102	……	……
105	……	……

如果在“书号”列上创建一个聚集索引，那么该表的记录将按照书号的自然顺序进行存储，结果如表 7-4 所示。

表 7-4　聚集索引

书　号	类　别	书　名
103	……	……
102	……	……
105	……	……

由于聚集索引规定记录在表中的物理存储顺序，因此一个表只能有一个聚集索引。聚集索引也可以包含多个列，即组合聚集索引。如果在一个表上尚未创建聚集索引，则为该表创建主键约束（PRIMARY KEY）时，该主键约束将会自动创建聚集索引。非聚集索引与聚集索引相对，指在叶结点上不包含记录的索引，即数据存储在一个位置，索引存储在另一个位置。索引中包含指向数据存储位置的指针，系统将通过该指针找到对应的记录。

一个表仅可以有一个聚集索引，但却可以拥有多个非聚集索引（最多 249 个）。但过多的索引将会影响系统效率，这是由于索引建立完成后就会一成不变，如果数据表的数据发生了变化，就要对索引进行更新维护，如果有很多索引的话，将会给系统带来许多不必要的负担。

二、索引的优缺点

1. 索引的优点

- 通过创建唯一性索引，可以保证数据库表中每一行数据的唯一性。
- 可以大大加快数据的检索速度，这也是创建索引的最主要原因。
- 可以加速表和表之间的连接，特别是在实现数据的参考完整性方面特别有意义。
- 在使用分组和排序子句进行数据检索时，同样可以显著减少查询中分组和排序的时间。
- 通过使用索引，可以在查询的过程中，使用优化隐藏器，提高系统的性能。

2. 索引的缺点

- 创建索引和维护索引要耗费时间，这种时间随着数据量的增加而增加。
- 索引需要占物理空间，除了数据表占数据空间之外，每一个索引还要占一定的物理空间，如果要建立聚集索引，那么需要的空间就会更大。
- 当对表中的数据进行增加、删除和修改时，索引也要动态地维护，这样就降低了数据的维护速度。

任务 2　创建索引

在 SQL Server 2008 中，既可以直接创建索引，也可以间接创建索引。直接创建索引时，既可以使用 CREATE INDEX 语句，也可以使用图形工具。

一、创建索引的原则

在列上创建索引时，应考虑该列在查询中起到什么样的作用。下列情况适合创建索引：

（1） 用作查询条件的列，比如主键，一般而言，存取表的最常用方法是通过主键来进行，因此，一般要在主键上创建索引。

（2） 频繁按范围搜索的列。

（3） 连接中频繁使用的列。

（4） 经常需要排序的列。

虽然索引重要，也并非越多越好，一是因为创建索引要花费时间和占用空间，二是索引虽然加快了检索速度，却减慢了数据修改的速度。因为每当执行一次数据修改时，就需要进行索引的维护，对建立了索引的列执行操作要比未建立索引的列执行操作花的时间长，修改的数据越多，涉及维护索引的开销也就越大。一般有以下一些列不能考虑建立索引：

（1） 在查询中很少使用和参考的列。

（2） 只有很少值的列。

（3） 小表（行数很少的表）一般没有必要创建索引。

（4） 定义为 TEXT、IMAGE 和 BIT 数据类型的列。

（5）当 UPDATE 的性能比 SELECT 的性能更重要时不应建立索引。

二、使用图形工具创建索引

在了解了索引的概念和分类后，现在开始创建索引，首先介绍如何使用图形工具来创建索引。

【例 7-1】为 Student 数据库的 StudentInfo 学生表中“学号”列创建一个唯一的非聚集索引。

（1） 启动 SSMS，展开“对象资源管理器”中数据库 Student|“表”| StudentInfo。右击“索引”项，弹出如图 7-1 所示的快捷菜单。

（2） 选择“新建索引”命令，弹出如图 7-2 所示的“新建索引”对话框，在“索引名称”项中输入索引名称 index_student_id，在“索引类型”下拉列表框中选择“非聚集”，并启用“唯一”复选项，单击“添加”按钮，弹出如图 7-3 所示的“从‘dbo.StudentInfo’中选择列”对话框。

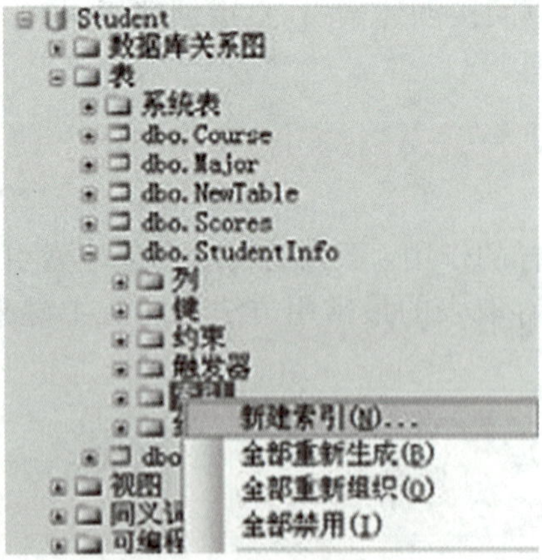

图 7-1　“新建索引”命令

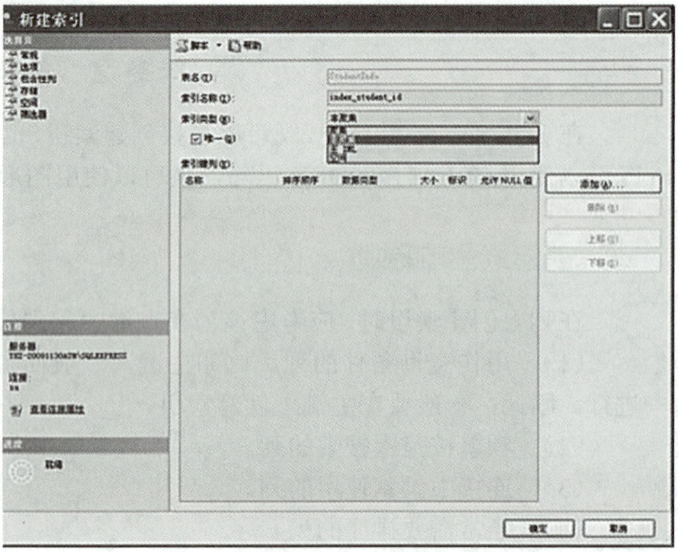

图 7-2　“新建索引”对话框

（3）　在如图 7-3 所示对话框的“表列”列表中选择“学号”复选框，单击“确定”按钮，返回“新建索引”对话框，然后在单击“确定”按钮。

（4）　此时，对象资源管理器中如图 7-4 所示的“索引”节点下就生成一个名为 index_student_id 的索引，说明该索引已创建成功。

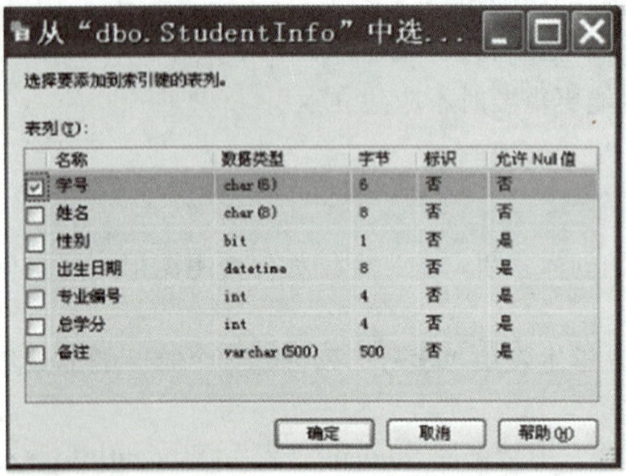

图 7-3　“从‘dbo.StudentInfo’中选择列”对话框

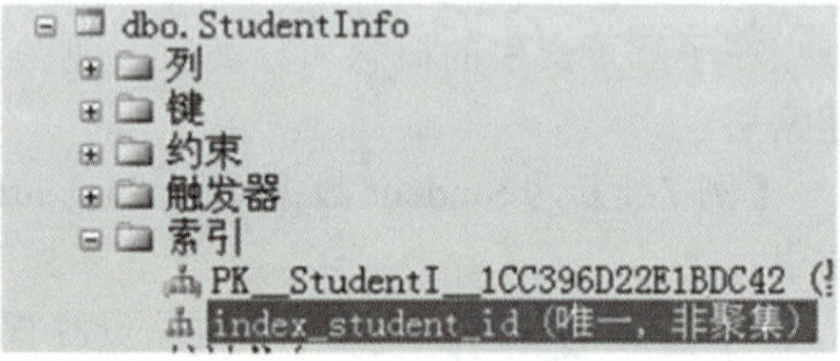

图 7-4　索引创建成功

三、使用命令创建索引

使用 CREATE INDEX 语句来创建索引，这是最基本的索引创建方式，并且这种方法最具有适应性，可以创建出符合自己需要的索引。在使用这种方式创建索引时，可以使用许多选项，例如指定数据页的充满度、进行排序、整理统计信息等，从而优化索引。使用这种方法，可以指定索引类型、唯一性、包含性和复合性，也就是说，既可以创建聚集索引，也可以创建非聚集索引；既可以在一个列上创建索引，也可以在两个或两个以上的列上创建索引。

在 SQL Server 2008 中，使用 CREATE INDEX 语句可以在关系表上创建索引，其基本的语法格式如下：

```
CREATE  [UNIQUE]  [CLUSTERED I NONCLUSTERED]
INDEX index_name ON {table_name | view_name} <column [ASC | DESC])[[,..N] )
[WITH [PAD_INDEX]
[ [, ]  FILLFACTOR= fillfactor]
[ [, ]  IGNORE_DUP_KEY]
[ [, ]  DROP_EXISTING]
[ [, ]  STATISTICS_NORECOMPUTE]
[ [, ]  SORT_IN_TEMPDB]
][ON filegroup]
```

语法参数的含义如下。

- 关键字 UNIQUE：表示为表或视图创建唯一索引。对于视图创建的聚簇索引必须是 UNIQUE 索引。如果对已经存在数据的表创建唯一索引，必须保证索引项对应的值无重复值。
- 关键字 CLUSTERED：用于指定为表或视图创建聚集索引。
- 关键字 NONCLUSTERED：用于指定为表或视图创建非聚集索引。
- INDEX index_name：用于指定创建索引的名称。
- ON（table_name|view_name）：用于指定创建索引的表名或视图名，其中 table_name 是表名，view_name 是视图名。
- column [ASC | DESC]：用于指定创建索引的列及排序方法，其中 ASC 表示升序，DESC 表示降序。
- WITH PAD_INDEX：用于指定索引中每页上保持开放的时间，并且只有指定 FILLFACTOR 时才可以使用。
- FILLFACTOR=fillfactor：用于指定每个索引页的数据占索引页大小的百分比。
- 关键字 IGNORE_DUP_KEY：只有在使用 UNIQUE 时才可以使用。
- 关键字 DROP_EXISTING：只有在指定的索引名称已经存在时才可以使用。
- ON filegroup：用于指定存放索引的文件组。

下面通过具体的例子，来说明怎样使用 CREATE INDEX 来创建索引。

【例 7-2】在 Course 课程表的“课程名称”列上创建一个索引。

```
USE Student
CREATE INDEX index_course_name                              /*创建索引*/
ON Course（课程名称）
GO
```

执行结果如图 7-5 所示。

此时，在对象资源管理器中如图 7-6 所示的“索引”项下就生成一个名为 index_course_name 的索引，说明该索引已创建成功。

图 7-5　创建索引

图 7-6　索引创建成功

【例 7-3】 在 Course 课程表的“课程编号”列上创建一个唯一聚集索引。

```
USE Student
CREATE UNIQUE CLUSTERED INDEX index_course_id  /*创建唯一聚集索引*/
ON Course (课程编号)
GO
```

因为课程编号列创建了唯一聚集索引，所以索引将对磁盘上的数据进行物理排序。如果该列上已经存在一个主键索引，必须先将该主键索引删除，才能创建新的唯一聚集索引。

【例 7-4】 在 Scores 选课成绩表的“学号”和“课程编号”列上创建复合索引。

```
USE Student
CREATE INDEX index_scores  /*创建复合索引*/
ON Scores (学号, 课程编号)
GO
```


命令执行成功后，在对象资源管理器中如图 7-7 所示的“索引”项下就生成一个名为 index_scores 的索引，说明该索引已创建成功。

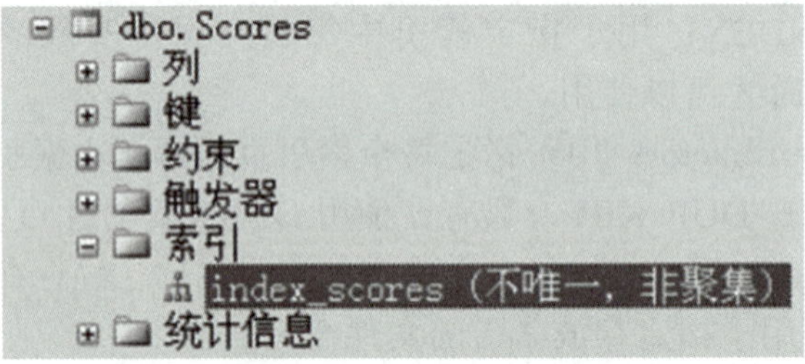

图 7-7　索引创建成功

任务 3　修改索引

索引创建好以后，随着业务的发展，有时需要对索引作出更改。在 SQL Server 2008 中修改索引的方法主要有两种：一是在 SSMS 中通过方便的图形化工具来实现，二是通过 T-SQL 语句来实现。

一、使用图形工具修改索引

下面通过一个例子演示使用图形工具修改索引的过程。

【例 7-5】修改 StudentInfo 学生表中的 index_student_id 索引。

（1） 启动 SSMS，展开“对象资源管理器”中数据库 Student |“表”| StudentInfo| “索引”。右击要修改的 index_student_id 索引。

（2） 在弹出的快捷菜单中可以选择“重新生成”、“重新组织”、“禁用”、“启用”和“属性”等命令，这里选择“属性”命令，弹出如图 7-8 所示的“索引属性”对话框。

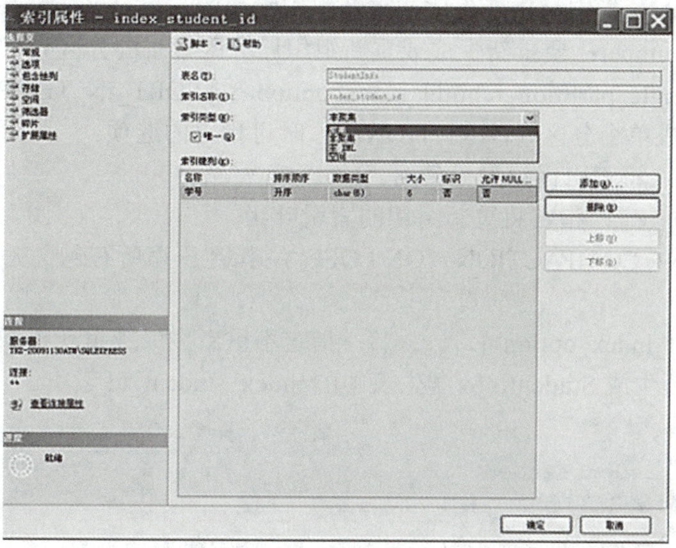

图 7-8　“索引属性”对话框

（3） “索引属性”对话框跟“创建索引”对话框内容类似，我们只要修改相应的参数内容，单击“确定”按钮即可。

二、使用 T-SQL 语句修改索引

修改索引除了可以使用图形工具外，还可以使用 ALTER INDEX 语句。其语法格式如下：

```
ALTER INDEX { index_name | ALL }
      ON <object>
   { REBUILD
     [ [ WITH  (<rebuild_index_option>  [,…n  ]  )]
   | PARTITION= partition_number
          [WITH (<single_partition_rebuild_index_option> [,…n])
        ]
     ]
  ]
| DISABLE
| REORGANIZE
 [PARTITION= partition_number]
  [ WITH ( LOB_COMPACTION = { ON | OFF } )]
 |  SET  (<set_index_option>[,…n]  )
    )
[;]
```

语法参数的含义如下。

- Index_name：索引的名称。
- ALL：指定与表或视图相关联的所有索引，而不考虑是什么索引类型。
- REBUILD[WITH(<rebuild_index_option>[,…n])]：指定将使用相同的列、索引类型、唯一性属性和排序顺序重新生成索引。
- PARTITION：指定只重新生成或重新组织索引的一个分区。
- partition_number：要重新生成或重新组织已分区索引的分区数。
- WITH(<single_partition_rebuild_index_option>)：SORT_IN_TEMPDB 和 MAXDOP 是重新生成单个分区（PARTITION=n）时可指定的选项。
- DISABLE：将索引标记为已禁用。
- REORGANIZE：指定将重新组织的索引叶级。
- WITH(LOB_COMPACTION={ON I OFF})：指定压缩所有包含大型对象（LOB）数据的页。
- SET（<set_index_option>[，.，. n]）：指定不重新生成或重新组织索引的索引选项。

【例 7-6】重新生成 StudentInfo 学生表中的 index_student_id 索引。

```
USE Student
ALTER INDEX  index_student_id                          /*重新生成索引*/
ON StudentInfo REBUILD
```

执行成功后，查询结果窗口中显示“命令已成功完成”的消息。

【例 7-7】禁用 Scores 选课成绩表的 index scores 复合索引。

```
USE Student
ALTER INDEX index_scores                                   /*禁止访问索引*/
ON Scores DISABLE
```

执行成功后，查询结果窗口中显示“命令已成功完成”的消息。

任务 4　查看索引信息

索引信息包括索引统计信息和索引碎片信息，通过查询这些信息分析索引性能，可以更好地维护索引。在 SQL Server 2008 中，可以使用一些目录视图来查看有关索引的信息。这些目录视图如表 7-5 所示。

表 7-5　查看索引信息的目录视图

目录视图和系统函数	显示相关信息
sys.indexes	显示某个数据中索引的信息，包括索引名称，类型、使用的文件组等
sys.index_columns	列 ID，索引内的位置、类型（键或非键）和排序顺序（ASC 或 DESC）
sys.spatial_index_tessellations	每个空间索引的类型和分割方案，以及关于每个索引的基本信息
sys.spatial_indexes	关于空间索引所使用的分割方案和参数的信息
sys.stats	与索引关联的统计信息（包括统计信息名称），以及该名称是自动创建的还是用户创建的
sys.stats_columns	与统计信息关联的列 ID
sys.xml_indexes	显示 XML 类型的索引信息，包含索引的名称类型和次要 XML 索引的类型等

【例 7-8】查看数据库 Student 的索引信息。

```
Use Student
SELECT * FROM  sys.indexes
GO
```

除了使用目录视图来查看有关索引的信息外，还可以使用系统存储过程来查看数据表或视图中的索引信息，其语法格式如下：

```
sp_helpindex [ @objname = ] ' name '
```

语法参数的含义如下。

- [@objname=]‘name’：用户定义的表或视图的限定或非限定名称。
- sp_helpindex：查看索引信息的存储过程。

【例 7-9】查看 StudentInfo 表的所有索引信息。

```
Use Student
EXEC  sp_helpindex t StudentInfo.              /*查看索引的存储过程*/
GO
```

执行结果如图 7-9 所示。

结果　消息

	index_name	index_description	index_keys
1	index_student_id	nonclustered, unique located on PRIMARY	学号
2	PK__StudentI__1CC396D22E1BDC42	clustered, unique, primary key located on PRIMARY	学号

图 7-9　数据表索引信息

任务 5　删除索引

当索引不需要时，可将其删除，以释放更多的硬盘空间。删除索引有两种方法，分别是使用 SSMS 和 T-SQL 语句。

一、在 SSMS 中删除索引

下面通过一个例子演示使用图形工具删除索引的过程。

【例 7-10】删除 StudentInfo 学生表中的 index_student_id 索引。

（1） 启动 SSMS，展开“对象资源管理器”中数据库 Student |“表”| StudentInfo|“索引”。右击要删除的 index_student_id 索引。

（2） 在弹出的快捷菜单中选择“删除”命令，弹出“删除对象”对话框。

（3） 单击“确定”按钮即可将 index_ student_id 索引删除。

二、使用 T-SQL 删除索引

删除索引，除了可以使用图形工具外，还可以使用 DROP INDEX 语句。其语法格式如下：

```
DROP  INDEX  'table.index | view.index'  [,…n]
```

语法参数的含义如下。

- DROP INDEX：用于删除索引。
- Table.index：根据表创建索引的表名及索引名。
- View.index：根据视图创建索引的视图名及索引名。

【例 7-11】删除 StudentInfo 表中的 index_student_id 索引。

```
USE Student
DROP  INDEX  index_student_id
GO
```

任务 6　视图概述

视图是用户查看数据库表中数据的一种方式，是基于某个查询结果的虚拟表，用户通过它来浏览表中感兴趣的部分或全部数据。

一、视图概述

视图是一个数据库对象，它容许用户从一个表或一组表或其他视图建立一个虚拟的表。和真正的表不同，视图中没有数据，而仅仅是一条 SQL 查询语句，而数据的物理存放位置仍然在表中，这些表称为视图的基表。一个视图可以派生于一个或多个基表，也可以从其他视图中派生。和数据库表一样，可以在视图上执行受限制的 INSERT、UPDATE、DELETE、SELECT 数据操作。

视图实际上发挥着过滤数据的作用。定义视图的查询语句可以从一个表、多个表或者其他视图中引用数据。发布式数据库查询语句还可以定义、引用不同数据源的数据库视图。

一般地，视图的内容包括：基表的列的子集或行的子集，两个或者多个基表的联合，两个或者多个基表的连接，基表的统计汇总，另外一个视图的子集，视图和基表的混合。

视图和表是有本质区别的：视图在数据库中存储的是视图的定义，而不是查询的数据。当 SQL Server 处理视图的操作时，它会在数据库中找到视图的定义，然后把对视图的查询转化为视图基本表的查询。

视图也可以作为一种安全机制，以便使用户只能通过视图来访问数据，而不给其访问基表的权限。具体来讲，使用视图具有以下一些优点：

（1）　聚焦特定的数据。视图使用户只能看到和操纵与他们有关的数据，不需要了解和使用的数据不加入视图，这样可以提高数据的安全性。

（2）　简化数据操作。通过将复杂查询（如多表的连接查询）定义为视图，可以简化操作，不必在每次需要数据时都要提供所需的条件、限制等。

（3）　定制用户数据。视图可以让使用同一数据库的不同用户看到不同的数据。

（4）　导入/导出数据。可以使用视图将数据导出到其他应用程序，也可以将数据文件中的数据导入到视图中。

（5） 合并分离的数据。使用 UNION 关键字可以将两个或更多基于不同表的查询结果合并为一个单独的结果集，可以将这样的结果集创建为一个视图，让用户看起来就像一个单独的表一样。

（6） 屏蔽数据库的复杂性（隔离变化）。用户不必了解复杂的数据库中的表结构，并且数据库表的更改也不影响用户对数据库的使用。

（7） 简化用户权限的管理。只需授予用户使用视图的权限，而不必指定用户只能使用表的特定列，也增加了安全性。

（8） 便于数据共享。各用户不必都定义和存储自己所需的数据，可共享数据库的数据，这样同样的数据只需存储一次。

二、视图类型

在 SQL Server 2008 中，可以把视图分为三种类型，即标准视图、索引视图和分区视图。

1. 标准视图

通常情况下的视图都是标准视图，它是一种逻辑对象，是从一个或几个基本表中导出的表，是一种虚拟表，不占用物理存储空间。

2. 索引视图

索引视图和索引计算列将结果存储在数据库中供日后引用。只有当所有引用索引视图或索引计算列的连接可生成与创建索引的连接相同的结果集时，存储的这些结果才有效。如果要确保存储结果能得到正确的维护并返回一致的结果，则必须满足下列情况。

- 在执行 CREATE VIEW 命令时，必须将 ansi_nulls 和 quoted_identifier 选项设置为 ON 状态。
- 在使用 CREATE TABLE 命令创建索引所引用的基础表时，ansi_nulls 选项应设置为 ON。
- 该视图所引用的对象仅包括基础表而不包括其他的视图。
- 视图所引用的基础表必须与视图同属于同一数据库且有相同的所有者。
- 在创建视图时必须使用 schemabinding 选项。
- 如果视图引用了用户自定义函数，那么在创建这些用户自定义函数时也必须使用 schemabinding 选项。
- 视图必须以 owner.objectname 的形式来使所引用的表或用户自定义函数。
- 视图所引用的函数必须是确定性的。

3. 分区视图

分区视图在一台或多台服务器间水平连接一组成员表中的分区数据，使数据看起来就像来自一个表。SQL Server 2008 可以区分本地分区视图和分布式分区视图。在本地分区视图中，所有参与表和视图都位于同一个 SQL Server 实例上。在分布式分区视图中，至少有一个参与表位于不同的（远程）服务器上。另外，SQL Server 2008 还可以区分可更新分区视图和作为基础表只读副本的视图。

任务 7　创建视图

用户在数据库中创建了一个或多个表后，为了方便查询其中的数据，就可以为其创建相应的视图，用以代替表来完成从表中查询、插入、更新和删除数据的操作。创建视图可以使用 SSMS 和使用 T-SQL 语句。

一、创建视图的原则

在开始创建视图前，非常有必要先了解一些创建视图的指导性原则：

（1）只有在当前数据库中才能创建视图。

（2）视图的命名必须遵循标识符命名规则，不能与表同名，且对每个用户视图名必须是唯一的，即多不同用户，即使定义相同的视图，也必须使用不同的名字。

（3）不能把规则、默认值定义绑定在视图之上，不能将触发器与视图相关联。

（4）不能在视图上建立任何索引，包括全文索引。

（5）一个视图最多可以引用 1024 个列。

（6）可以将视图建立在其他视图或者引用视图的过程之上。

（7）定义视图的查询语句中不能包括 ORDER BY、COMPUTE、COMPUTE BY 子句或是 INTO 等关键词。

（8）不能创建临时视图，也不能在临时视图上创建视图。

（9）不能对视图进行全文查询，尽管基表上可能有全文索引而使用全文查询。

（10）默认状态下，视图中的列继承它们在基表中的名称。存在以下情况时，在创建视图时需要明确给出每一列的名称。

二、使用 SSMS 创建视图

在了解了视图的概念和分类后，现在开始创建视图，首先介绍如何使用图形工具来创建视图。

【例 7-12】 创建查看学生的姓名、性别、出生日期和总学分的 view student 视图。

（1）启动 SSMS，在“对象资源管理器”中展开“数据库”| Student，选择其中的“视图”项，右击弹出如图 7-10 所示的快捷菜单。

（2）选择“新建视图（N）”命令，弹出如图 7-11 所示的“添加表”对话框。该对话框可以用来添加所需要关联的基本表、视图、函数和同义词。

（3）这里我们只使用“表”选项卡，在列表中选择 StudentInfo，单击“添加”按钮，如果还需要添加其他表，则可以继续选择添加基表：如果不再需要添加，可以单击“关闭”按钮，进入到如图 7-12 所示的“视图”设计窗口。

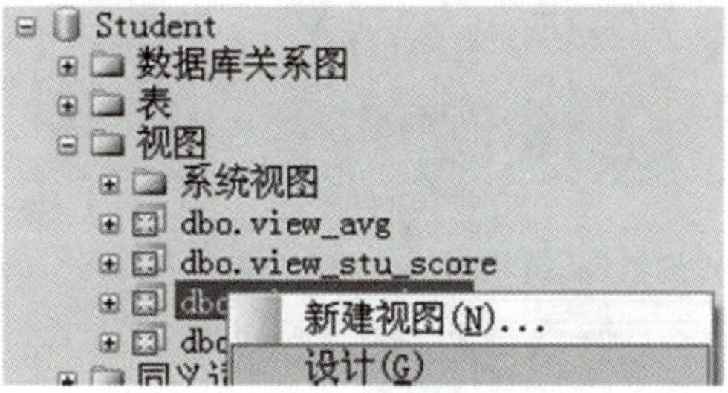

图 7-10　“新建视图”命令

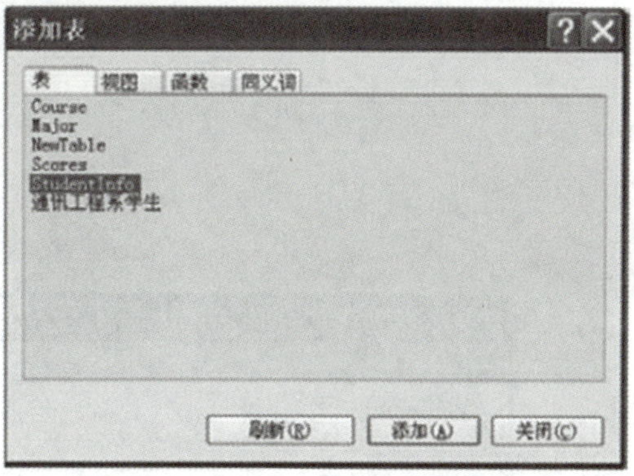

图 7-11　“添加表”对话框

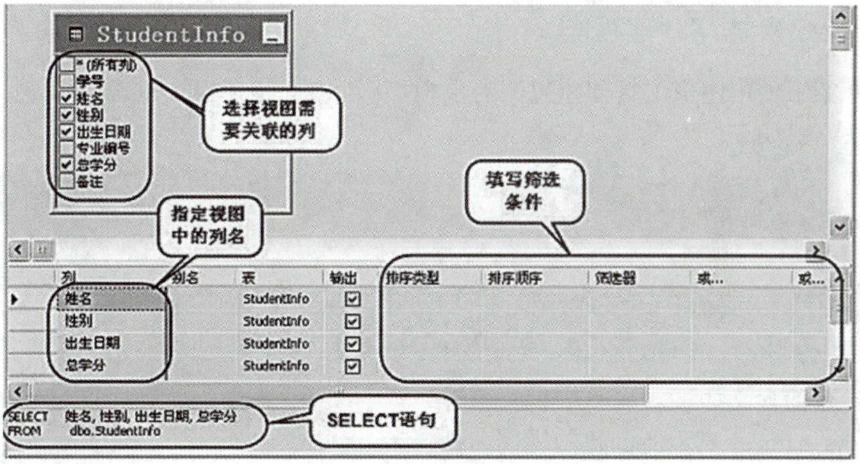

图 7-12　“视图”设计窗口

（4）　在“视图”设计窗口上部显示了基表的全部列信息，根据需要在窗口中选择创建视图所需的字段，可以在中间窗口中的“列”一栏指定列的别名，在“排序类型”一栏指定列的排序方式，在“筛选器”一栏指定创建视图的规则。选择的字段、规则等的情况所对应的 SELECT 语句将会自动显示在窗口底部。在出现以下几种情况时，需要为视图中的列重新指定名称；当视图中需要一个与源表字段名不相同的字段时，视图的源表中有同名的字段时，视图中包含了要计算的数据列时，这里我们根据题目的要求在基表中选择要显示的姓名、性别、出生日期和总学分四个字段。

（5）　单击工具栏的“保存”图标，打开如图 7-13 所示的“选择名称”对话框，在“输入视图名称”文本框中输入 view_student，单击“确定”按钮，完成视图 view_student 的创建。

（6）　此时，在“对象资源管理器”中 Student 数据库的“视图”项下面已经生成一个如图 7-14 所示的 dbo.view_student 视图对象，说明该视图被成功地创建。

图 7-13 “选择名称”对话框

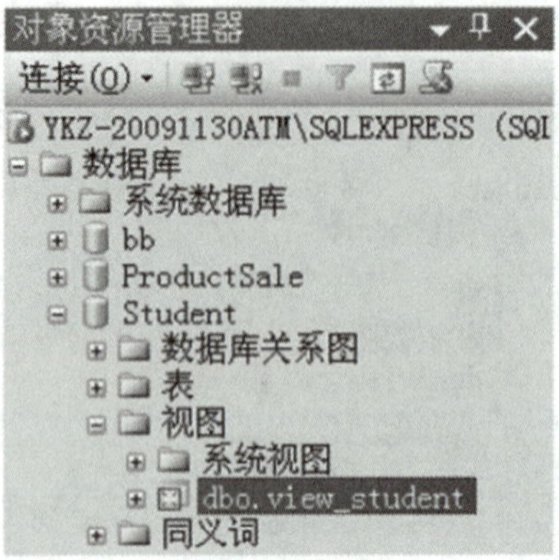

图 7-14 创建的视图

三、使用 T-SQL 语句创建视图

上面介绍了使用图形工具创建视图的步骤，下面将介绍使用 T-SQL 语句进行视图的创建，其语法格式如下：

```
CREATE [<owner>] VIEW_name [ (column [, ...n] )] [WITH <attribute> [, ...n] ]
AS
select_statement
 [WITH CHECK OPTION]
<attribute>::=
{ ENCRYPTION | SCHEMABINDING | VIEW_METADATA}
```

语法参数的含义如下。

- view_name：表示所创建的视图名。
- Column：表示参数定义视图列名，省略该参数时，视图中的列名来自源表中列的名称。如果查询中包含计算列，那么必须指定列名。
- select_statement：表示为视图定义的语句，它定义通过视图可以浏览到的表或其他视图中的哪些数据，它是 SELECT 语句。SELECT 语句中可以使用多个表及其他视图，也可以使用 UNION 关键词合并起来的多个 SELECT 语句。
- WITH ENCRYPTION：SQL Server 将创建视图的 Create View 语句的文本存储在 Syscomments 系统表中，使用 WITH ENCRYPTION 选项要求在存储 Create View 语句的文本时对它进行加密，这使得任何人无法使用系统存储过程 SP HELPTEXT 或其他方法从 Syscomments 系统表中检索系统定义文本。
- WITH CHECK OPTION：强制所有通过视图修改的数据满足 select statement 语句中指定的条件。当通过视图修改一条记录时，WITH CHECK OPTION 保证修改的数据被提交前仍然可以通过视图看到。如果不使用该选项，那么当通过视图添加或修改数据记录时，如果它们不满足定义视图的查询条件（即 select statement 语句中指定的条件），则它们将从视图中消失。
- ENCRYPTION：表示将所创建的视图加密。

- SCHEMABINDING：表示如果在 sele_statement 语句中包含表、视图或函数时，则表名、视图名或函数名前必须加所有者的前缀。
- VIEW METADATA：表示如果查询中引用了该视图并且要求返回浏览模式的元数据时，SQL Server 将向 DBLIB 和 OLE DB APIS 中返回视图的元数据信息。

【例 7-13】创建查看学生的姓名、性别、出生日期和总学分的 view_student_tsql 视图。

```
Use Student
Create VIEW view_student_tsql          /*创建名为 view_student_tsql 的视图*/
AS
Select 姓名，性别，出生日期，总学分 From StudentInfo      /*查询基表的语句*/
GO
```

本例从 StudentInfo 表中姓名、性别、出生日期、总学分这 4 列创建了一个新的视图，这样，使用该视图的用户将只能看到这 4 列，而无法看到没有得到授权的其他数据，运行结果如图 7-15 所示。

在创建了视图之后，我们可以像使用表一样使用视图。例如要查询学生“程琳”的总学分，可以执行如下的查询语句：

```
SELECT 姓名，总学分 FROM view_student_tsql WHEER 姓名='程琳'
```

运行结果如图 7-16 所示。

图 7-15　创建视图

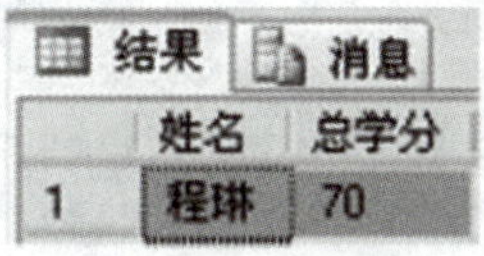

图 7-16　查询视图

【例 7-14】创建查看学生的学号、姓名、选课课程和成绩的 view stu score 视图。

```
Use Student
Create VIEW  view_stu_score /*创建名为 view_stu_score 的视图*/
AS
/*三张表的连接查询*/
SELECT s.学号，s.姓名，c.课程名称，SC.成绩  FROM StudentInfo s，Course c，Scores
SC
WHERE s.学号=Sc.学号 AND SC.课程编号=c.课程编号
```

本例中的视图综合了 StudentInfo 学生表、Course 课程表和 Scores 选课成绩表这三个表中的内容，选择了学号、学生姓名、所选课程及所选课程的成绩四个列。通过多个表的连接视图，用户就可以通过简单的语句查询视图来取代以前需要很多复杂语句才能得到的结果，这样能够保证数据的正确性，并提高工作效率。

在该视图上可以执行如下最简单的 SELECT 查询语：

```
SELECT  *  FROM  view_stu_score
```

运行结果如图 7-17 所示。

在创建视图时，基本表可以是数据表也可以是视图，下面就来看一个这样的例子。

【例 7-15】创建显示每个学生平均成绩的视图 view_avg。

```
Use Student
Create VIEW view_avg（学号，姓名，平均成绩）
AS
SELECT 学号，姓名，AVG（成绩）FROM view stu score GROUP BY 学号，姓名
GO
```

本例中在 view stu_score 视图上再创建了名为 view_avg 的视图，该视图显示每个学生的平均成绩。因为学生的平均成绩是计算列，所以在创建该视图时指定了别名列表，为平均成绩列取名为“平均成绩”。需要注意的是，如果在创建视图时使用别名列表，则必须为每一个选择列指定别名。在创建了以上视图后，如果要查询学生的平均成绩排名就变得非常简单了。该查询语句如下：

```
SELECT * FROM view_avg ORDER BY 平均成绩 DESC
```

运行结果如图 7-18 所示。

结果 消息

	学号	姓名	课程名称	成绩
1	071001	程琳	计算机基础	78
2	071001	程琳	程序设计	70
3	071001	程琳	数据结构	65
4	071002	王卫平	计算机基础	70
5	071002	王卫平	程序设计	63
6	071002	王卫平	数据结构	67
7	071003	李梅	数据结构	65
8	071004	罗平飞	计算机基础	79

图 7-17　查询视图

结果 消息

	学号	姓名	平均成绩
1	071005	刘艳	90
2	071009	李虎	88
3	071004	罗平飞	79
4	071006	张玉明	78
5	071010	赵红梅	77
6	071008	严妍	76
7	071007	贺强	75
8	071001	程琳	71

图 7-18　查询平均成绩

任务 8　查看视图信息

当视图创建好后，SQL Server 会将所创建视图和视图的基本信息保存在系统表中，而且系统允许用户通过查看视图的属性来获得与视图相关的具体信息。视图的信息存放在 SQL Server 以下几个的系统表中。

- sysobjects：存放视图名称等基本信息。
- syscolumns：存放视图中定义的列。
- sysdepends：存放视图的依接关系。
- syscomments：存放定义视图的文本。

一、查看视图基本信息

可以使用系统存储过程来显示视图的名称、拥有者及创建时间，其语法格式如下：

```
sp_help view_ name
```

语法参数的含义如下。

- 关键字 sp_help：表示查看视图特征。
- view_name：是所查看的视图名称。

【例 7-16】查看视图 view_avg 的基本信息。

```
Use Student
EXEC sp_help view_avg  /*执行查看视图的存储过程*/
```

运行结果如图 7-19 所示。

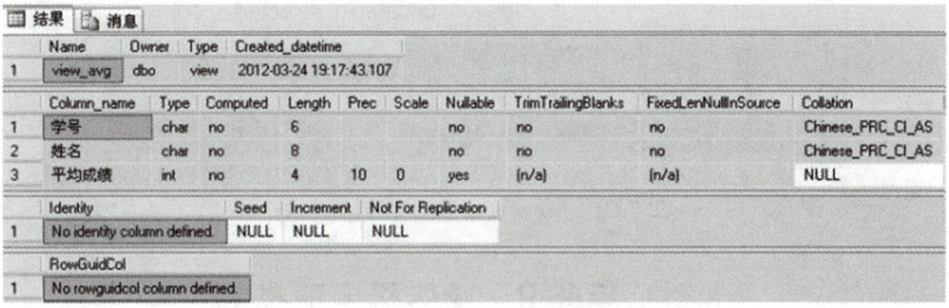

结果　消息

	Name	Owner	Type	Created_datetime
1	view_avg	dbo	view	2012-03-24 19:17:43.107

	Column_name	Type	Computed	Length	Prec	Scale	Nullable	TrimTrailingBlanks	FixedLenNullInSource	Collation
1	学号	char	no	6			no	no	no	Chinese_PRC_CI_AS
2	姓名	char	no	8			no	no	no	Chinese_PRC_CI_AS
3	平均成绩	int	no	4	10	0	yes	(n/a)	(n/a)	NULL

	Identity	Seed	Increment	Not For Replication
1	No identity column defined.	NULL	NULL	NULL

	RowGuidCol
1	No rowguidcol column defined.

图 7-19　view_avg 视图的基本信息

二、查看视图文本信息

如果视图在创建或修改时没有加密，那么可以使用系统存储过程来显示视图定义的语句，否则，如果视图被加密，那么连视图的拥有者和系统管理员都无法看到它的定义。其语法格式如下：

```
sp_helptext view_name
```

【例 7-17】查看视图 view_avg 的文本信息。

```
Use Student
EXEC sp_helptext view_avg  /*执行查看视图文本的存储过程*/
```

运行结果如图 7-20 所示。

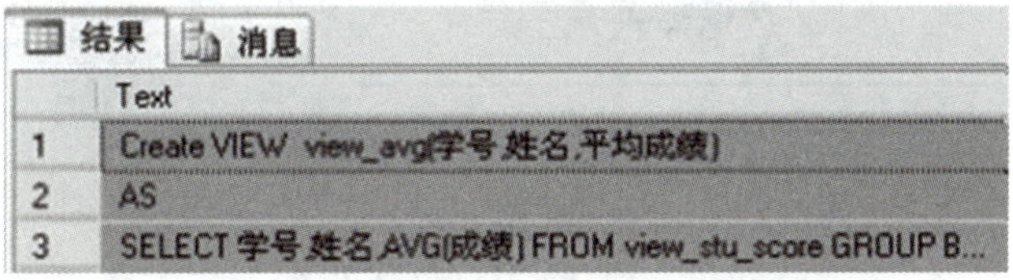

结果　消息

	Text
1	Create VIEW view_avg(学号,姓名,平均成绩)
2	AS
3	SELECT 学号,姓名,AVG(成绩) FROM view_stu_score GROUP B...

图 7-20　view_avg 视图的文本信息

三、查看视图的依赖关系

有时候需要查看视图与其他数据库对象之间的依赖关系，比如，视图在哪些表的基础上创建、又有哪些数据库对象的定义引用了该视图等。可以使用系统存储过程查看，其语法格式如下：

```
sp_depends view_name
```

【例 7-18】查看视图 view_avg 的依赖关系。

```
Use Student
EXEC  sp_depends view_avg  /*执行查看视图依赖关系的存储过程*/
```

运行结果如图 7-21 所示。

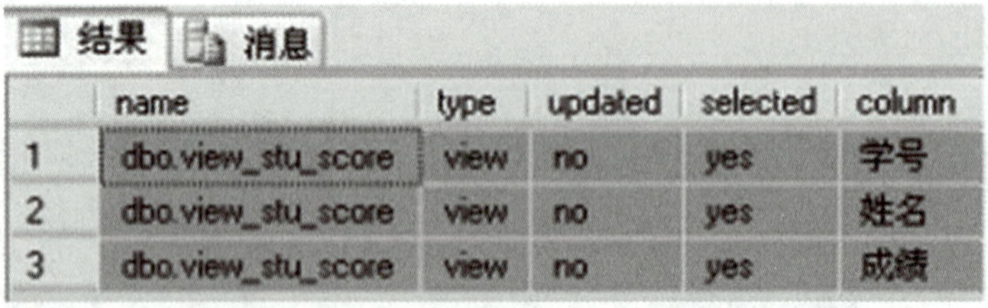

图 7-21　view_avg 视图的依赖关系

任务 9　修改视图信息

修改视图和创建视图一样，也有两种方法，即使用 SSMS 或者使用 T-SQL 修改视图信息。

一、通过 SSMS 修改视图信息

下面通过例子来说明修改视图信息的方法。

【例 7-19】修改视图 view student 的信息。

（1） 启动 SSMS，在“对象资源管理器”中展开“数据库”| Student，选择其中的“视图”项，右击弹出如图 7-22 所示的快捷菜单。

（2） 选择“设计（G）”命令，弹出“视图设计”对话框，其修改的操作方法跟创建视图的方法一样，这里不详细讲解了。

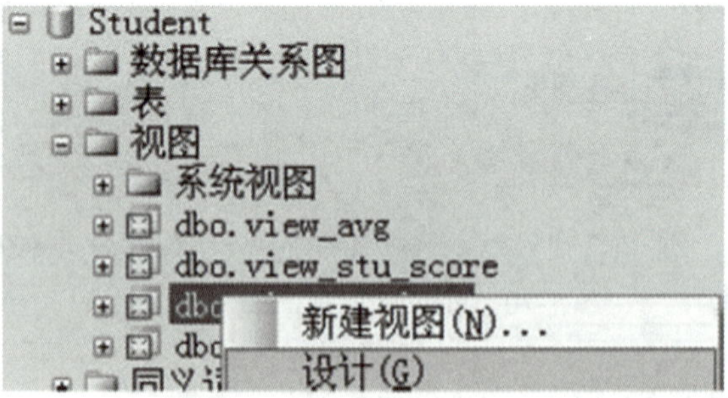

图 7-22　“设计”命令

二、通过 T-SQL 修改视图信息

除了可以通过 SSMS 修改视图信息以外，还可以通过 T-SQL 语句来修改视图的信息，

其语法格式如下：

```
ALTER VIEW view_name [ <column  [, ...n] ) ]
[WITH ENCRYTION]
AS
sele_statement
FROM table name
 [WITH CHECK OPTION]
```

其语法参数的含义如下。

关键字 ALTER VIEW：表示用来修改视图。

- view_name：表示所要修改的视图名称。
- column：表示要修改的视图的列名。其方括号“[]”中的内容可省略。圆括号“()”中的内容表示是同一组。
- sele_statement：用 SELECT 命令从表中或视图中选择的列并构成新视图的列。
- 关键字 FROM table_name：表示来自哪个表，即基表，table_name 表示基表的名称。
- WITH CHECK OPTION：用于强制视图上执行的所有数据修改语句都必须符合 sele_statement 设置的准则。
- WITH ENCRYPTION：表示将所创建的视图加密。

【例 7-20】 为 view_student_tsql 视图增加两个新的字段“学号”和“专业编号”。

```
Use Student
ALTER VIEW view_student_tsql          /*修改视图*/
AS
                                                /*查询基本表的语句*/
Select 学号，专业编号，姓名，性别，总学分 From StudentInfo
SELECT * FROM view_student_tsql          /*使用视图进行选查询*/
GO
```

执行结果如图 7-23 所示。

结果　消息

	学号	专业编号	姓名	性别	总学分
1	071001	1	程琳	0	70
2	071002	1	王卫平	1	48
3	071003	2	李梅	0	60
4	071004	2	罗平飞	1	42
5	071005	2	刘艳	0	42
6	071006	1	张玉明	0	55
7	071007	1	贺强	1	50
8	071008	2	严妍	0	50

图 7-23　查询的修改和视图

任务 10　通过视图更新数据

创建完视图后不仅可以利用视图查看表中的数据，在满足一定的情况下还可以通过视图来添加、修改、删除表中的数据。更新视图的数据，实际上都是在修改视图的基表中的数据。

一、使用 INSERT 插入数据

通过视图插入数据和在基表中插入数据一样，都可以通过 INSERT 语句来实现。插入数据的操作是针对视图中的列的插入操作，而不是针对基表中所有的列的插入操作。由于进行插入操作视图不同于基表，所以使用视图插入数据需要满足一定的限制条件：

- 使用 INSERT 语句进行插入操作的视图必须能够在基表中插入数据，否则插入操作会失败。
- 如果视图上没有包括基表中所有属性为 NOT NULL 的行，那么插入操作会由于那些列的 NULL 值而失败。
- 如果在视图中包含使用统计函数的结果，或者是包含多个列值的组合，则插入操作不成功。
- 不能在使用了 DISTINCT、GROUP BY 或 HAVING 的语句的视图中插入数据。
- 如果创建视图的 CREATE VIEW 语句中使用了 WITH CHECK OPTION，那么所有对视图进行修改的语句必须符合 WITH CHECK OPTION 中限定的条件。
- 对于由多个基表连接而成的视图来说，一个插入操作只能作用于一个基表上。
- 使用 INSERT 通过视图向基表中插入数据的语法格式如下。

```
INSERT INTO view_name  [ (column_name  [,…n] ) ]
VALUES  (expression | NULL | DEFAULT  [,…N] )
```

语法参数的含义如下。

- INSERT INTO：表示插入记录。
- view_name：是所插入视图的名字。
- column_name：表中添加记录的字段名，其圆括号“()”表示一列值。
- VALUES：表字段取值的关键字。表中字段对应 expression 的值，如果字段可以为空，则该字段的值可以是空；如果字段设置了默认值，则该字段的值可以是默认。

【例 7-21】向 view student_tsql 视图插入一条记录。

```
Use Student
/*插入学生的学号、专业编号、姓名、性别和总学分*/
INSERT INTO view_student_tsql values('071011', 1, '王明', 1,52)
SELECT+FROM StudentInfo        /*查询基表*/
GO
```

执行结果如图 7-24 所示。该条记录被成功地插入到了基表 StudentInfo 中。

9	071009	李虎	1	1986-01-11 00:00:00.000	2	42	NULL
10	071010	赵红梅	0	1986-02-24 00:00:00.000	1	48	NULL
11	071011	王明	1	NULL	1	52	NULL

图 7-24　查询基表

二、使用 UPDATE 更新数据

在视图中更新数据也与在基表中更新数据的操作一样，但是当视图基于多个基表中的数据时，与插入操作一样，每次更新操作只能更新一个基表中的数据。在视图中同样使用 UPDATE 语句进行更新操作，而且更新操作也受到与插入操作一样的限制条件。其语法格式如下：

```
UPDATE view_name
SET column_name=new_expression  [,…n]
[WHERE conditions]
```

语法参数的含义如下。

- 关键字 UPDATE：表示修改记录。
- SET：是设置新值的关键字。
- new_expression 是修改记录字段的新值。
- WHERE：是修改记录条件的关键字。其方括号“[]”中的内容可以省略。
- Conditions：修改记录的条件。

【例 7-22】将名为“程琳”的学生的总学分增加 5。

```
Use Student
 /*更新总学分*/
UPDATE view_student SET 总学分=总学分+5 WHERE 姓名='程琳'
SELECT * FROM StudentInfo  /*查询基表*/
 GO
```

执行结果如图 7-25 所示。基表 StudentInfo 中程琳的总学分被增加到了 75 分。

结果　消息

	学号	姓名	性别	出生日期	专业编号	总学分	备注
1	071001	程琳	0	1985-06-04 00:00:00.000	1	75	NULL
2	071002	王卫平	1	1985-10-12 00:00:00.000	1	48	NULL

图 7-25　查询基表

三、使用 DELETE 删除数据

通过视图删除数据与通过基表删除数据的方式是一样的，都是使用 DELETE 语句实现，并且其限制规则与插入、更新操作一样。在视图中删除的数据同时在基表中也被删除。当一个视图连接了两个以上的基表时，对数据的删除操作则是不允许的。但是，如果视图的列来自于常数或几个字符串列值的和，那么尽管在插入和更新操作时是不允许的，但却可以在删除操作中进行。在视图中删除的数据行，无论是否包括某些基表中的列，同样被删除，因为删除操作是针对数据行操作的。

使用 DELETE 语句删除数据的语法格式如下：

```
DELETE  [FROM] view_name  [WHERE conditions]
```

语法参数的含义如下。

- 关键字 DELETE：表示删除记录。
- FROM：指向删除记录的视图。其方括号“[]”中的内容可以省略。
- WHERE：是删除记录条件的关键字。
- Conditions：删除记录的条件。

【例 7-23】删除 view student 视图中名为“王明”的学生。

```
Use Student     /*范例*/
DELETE FROM view_student WHERE 姓名='王明'   /*删除学生*/
GO
```

执行结果如图 7-26 所示。此时查询基表 StudentInfo 和视图 view_student 就会发现两张表中该学生的信息已被同时删除了。

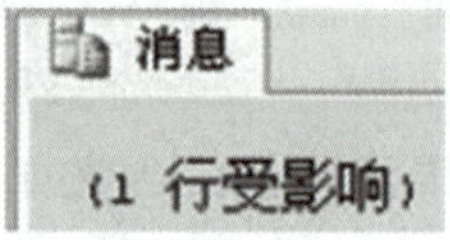

图 7-26 删除成功

任务 11 删除视图

在创建视图后，如果不再需要该视图，就可以将其删除。视图删除后，视图定义及与之相关联的权限将被删除，但视图所基于的表的数据并不受到影响。删除视图有两种方法：使用 SSMS 和使用 T-SQL 语句。

一、使用 SSMS 删除视图

下面通过例子介绍使用图形工具删除视图的方法。

【例 7-24】删除 view_student 视图。

（1） 启动 SSMS，在“对象资源管理器”中展开“数据库”|StudentInfo|“视图”节点，右击视图列表中的 dbo.view_student。

（2） 在弹出的快捷菜单中选择“删除（F）”命令，弹出“删除对象”对话框。

（3） 单击“确定”按钮，完成对 view_student 视图的删除。

二、使用 T-SQL 语句删除视图

上面介绍了使用图形工具删除视图的步骤，下面介绍使用 T-SQL 语句进行删除视图，格式如下：

```
DROP VIEW name [ , ...n ]
```

语法参数的含义如下。

- DROP VIEW：用来删除视图。
- name：是要删除的视图名称，并且可以同时删除多个视图，当删除多个视图时各视图之间用逗号分开。

【例 7-25】删除 view_student_tsql 视图。

```
Use Student
DROP VIEW view_student_tsql    /*删除视图*/
GO
```

执行删除语句后，在“对象资源管理器”中展开“数据库”| StudentInfo |“视图”节点，会发现视图列表中已经没有了 view_student_tsql 视图，说明删除已经成功。

习　题

一、填空题

1. 创建唯一性索引时，应保证创建索引的列不包括重复的数据，并且没有两个或两个以上的空值。如果有这种数据，则必须先将其________，否则索引不能成功创建。

2. 一个表最多只可以有________个聚集索引。

3. 在 SQL Server 2008 中，有两种基本类型的索引：________和________。

4. 查看视图的基本信息可以使用系统存储过程________，查看一个视图 order view 的定义文本信息，可以使用________。

5. 在 SQL Server 2008 系统中，可以把视图分成 3 种类型，即________、索引视图和________。

二、选择题

1. “CREATE UNIQUE NONCLUSTERED INDEX index id ON 学生表（学号）”语句创建了一个（　）索引。

A. 唯一索引　　B. 聚集索引
C. 主键索引　　D. 唯一非聚集索引

2. 如果不需要加密视图的定义文本，可以使用下面（　）子句。

A. WITH CHECK OPTION　　B. WITH SCHEMABINDING
C. WITH NOCHECK　　D. WITH ENCRYPTION

3. 使用 SQL 语句通过视图修改基本表中的数据时，其关键字是（　）。

A. CREATE　　B. UPDATE
C. ALTER　　D. DROP

4. 以下关于视图的描述，正确的是（　）。

A. 视图是从一个或几个基表或视图中导出的虚表
B. 视图并不实际存储数据，只在数据字典中保存其逻辑定义
C. 视图里面的任何数据不可以进行修改
D. SQL 中的 SELECT 语句可以像对基表一样来对视图进行查询

5. 下列几种情况适合创建索引的是（　）。

A. 列的取值范围很少　　B. 用作查询条件的列
C. 频繁搜索的列　　D. 连接中频繁使用的列

实训项目

一、使用图形工具界面创建视图

实验目的：理解视图的概念和作用，掌握 SSMS 中视图的创建方法，掌握使用图形界面进行视图查询的方法。

实验任务：在产品销售管理系统数据库中使用视图。

实验提示：

（1） 展开 ProductSale 数据库，右击视图，在弹出的快捷菜单中选择“新建视图”命令。

（2） 显示“添加表”对话框，选择 Product 表，单击“添加”按钮，然后单击“关闭”按钮。

（3） 显示 Product 对话框，选择 PID、P-Name 和 Price 三个字段。

（4） 单击工具栏保存图标，输入视图名称 View_commodity，单击“确定”按钮。

（5） 在 View_commodity 视图的快捷菜单中使用命令查看新创建的视图。

二、使用 T-SQL 创建视图

实验目的：理解视图的概念和作用，掌握使用 T-SQL 语句创建多表连接视图的方法，掌握使用 T-SQL 查询视图方法。

实验任务：在产品销售管理系统数据库中创建多表连接视图。

实验提示：

（1） 在 Customer 表上创建视图，包含所有客户的编号（CustomerID）、客户名称（CustomerName）、联系人（ContactName）和电子邮件地址（Email），将其命名为 ustomersInfo。在这张视图中隐藏了 Phone 和 Address 两列，以防止这些信息被泄漏。

（2） 创建完该视图后，在该视图上查询名为“百佳超市”的客户编号、名称和联系人。

（3） 在 Customer 表和 Orders 表创建两表连接的视图，包含客户编号（CustomerID）、名称（CustomerName）、订单编号（O_ID）、订购产品的编号（P_ID）、购买查产品的数量（Number），没有下过订单的客户不在视图中列出。我们将其命名为 perchaseInfo。

（4） 在查询窗口中执行查询视图的语句，查看新创建的视图。

三、通过视图操作数据

实验目的：理解通过视图对数据进行操作，掌握使用 INSERT 语句插入视图数据，掌握使用 UPDATE 语句更新视图数据，掌握使用 DELETE 语句删除视图数据。

实验任务：在视图中使用 T-SQL 语句操作数据。

实验提示：

（1） 在 Product 表上创建视图 commonditylnfo，包含所有产品编号（P_ID）、产品类别编号（C_ID）、产品名称（P_Name）和产品单价（Price）。

（2） 在查询窗口中执行查询视图的语句，查看新创建的视图。

（3） 通过 commodity 视图向 Product 表插入一件产品的记录，编号为 7，价格为 100，名称为“电脑硬盘”，类别为 2。

（4） 在查询窗口中执行查询 Product 表的语句，查看刚才添加的记录是否成功。

（5） 通过 commodity 视图，将刚才添加的“电脑硬盘”的单价更新为 200。

（6） 在查询窗口中执行查询 Product 表的语句，查看刚才的价格是否更新成功。

（7） 通过 commodity 视图，将“电脑硬盘”从 Product 表中删除。

四、使用 T-SQL 创建索引

实验目的：理解索引的概念和作用，掌握使用 T-SQL 语句创建索引的方法，掌握使用 T-SQL 查看索引的方法。

实验任务：在产品销售管理系统数据库中使用索引。

实验提示：

（1） 启动 Microsoft SQL Server Management Studio。

（2） 单击“新建查询”按钮，新建一个查询。

（3） 在 SQL 编辑器中，使用 CREATE INDEX 语句 Orders 表中的 PID 产品编号列上创建一个非聚集索引 index order_pid。

（4） 在查询窗口中执行查看上面所创建索引语句，确认该索引是否被创建成功。

（5） 使用 DROP INDEX 语句，删除该索引。

（6） 再次执行查看该索引的语句，确认索引是否已被成功的删除。

五、使用图形工具界面修改索引

实验目的：理解索引的概念和作用，掌握使用 SSMS 创建索引的方法，掌握使用 T-SQL 查看索引的方法，掌握使用 SSMS 查看修改索引的方法。

实验任务：在产品销售管理系统数据库中修改索引。

实验提示：

（1） 启动 Microsoft SQL Server Management Studio，在“对象资源管理器”中展开数据库 ProductSale，展开表 Employees。

（2） 右击“索引”，在弹出的快捷菜单中选择“新建索引”命令。在新建索引的窗口中填写索引的名称 index_name 和类型“唯一索引”，单击“添加”按钮。

（3） 在列表框中选择要创建索引的列 E_Name。选择完单击“确定”按钮。

（4） 在“对象资源管理器”中选择创建的索引，右击“属性”命令，在弹出的对话框中查看该索引的具体属性，单击“确定”按钮。

（5） 再次右击该索引，在弹出的快捷菜单中进行索引的修改，依次选择“重新生成”、“重新组织”和“禁用”命令，分别进入对话框，执行相应的操作。

（6） 通过快捷菜单的“删除”命令删除该索引。

模块 8

游标、事务和锁

学习目标

通过对本模块的学习，掌握游标的定义和使用方法，以及事务与锁的相关概念和使用。

主要内容

（1） 掌握游标的概念、类型、使用。
（2） 掌握事务的概念、特征、操作原则。
（3） 掌握锁的概念、作用、分类及死锁处理。

重点与难点

（1） 游标概念的理解及使用。
（2） 事务概念的理解及使用。
（3） 锁概念的理解及死锁处理。

任务 1 游标

在数据库中，游标是一个十分重要的概念。游标提供了一种对从表中检索出的数据进行操作的灵活手段，就本质而言，游标是一种能从包括多条数据记录的结果集中每次提取一条记录的机制。也就是说，游标是一种数据访问机制，它允许用户访问单独的数据行，而不是对整个数据集合进行操作。

一、游标概述

游标是一个在结果集中可以移动的指针，它可以指向结果集中的任意位置，允许用户对指定位置的数据进行处理。游标向数据库发送查询，得到一个记录集，但是游标一次只返回一个记录行，而不是大批返回行。游标可以在记录集上滚动，可以指向记录集中的任何一个记录行。在游标转移到下一个记录之前，可以在当前的记录行上执行所需的外部操作。游标还提供基于游标位置而对表中数据进行删除或更新的能力。在默认情况下，大多数游标是动态的。

游标主要用在 T-SQL 批处理、存储过程以及触发器当中，游标处理结果集的方法有以下几种：

- 定位到结果集的某一行。
- 从当前结果集的位置搜索一行或一部分行。
- 允许对结果集中的当前行进行数据修改。

SQL Server 2008 支持两种请求游标的方法。

- T-SQL。T-SQL 语言支持使用根据 SQL-92 标准制定的游标语法。
- 数据库应用程序编程接口（API）游标函数。SQL Server 支持 ADO（Microsoft ActiveX 数据对象）、OLE DB 和 ODBC（开放式数据库连接）数据库 API 的游标功能。

应用程序不能混合使用这两种请求游标的方法。已经使用 API 指定游标行为的应用程序不能再执行 T-SQL DECLARE CURSOR 语句请求一个 T-SQL 游标。应用程序只有在将所有的 API 游标特性设置回默认值后，才可以执行 DECLARE CURSOR。

如果既未请求 T-SQL 游标也未请求 API 游标，则默认情况下 SQL Server 将向应用程序返回一个完整的结果集，这个结果集称为默认结果集。

SQL Server 2008 支持三种游标实现，这三种游标如下。

- T-SQL 游标：基于 DECLARE CURSOR 语法，主要用在 T-SQL 脚本、存储过程和触发器中。
- 应用编程接口（API）服务器游标：支持 OLE DB 和 ODBC 中的 API 函数。API 服务器游标在服务器上实现。当客户端应用程序调用 API 游标函数时，相应的请求被传送到服务器，以便对 API 服务器游标进行操作。
- 客户端游标：主要是当在客户机上缓存结果集时才使用。每次客户端应用程序调用 API 游标函数时，实际是对高速缓存在客户端中的结果集执行操作。在客户端游标中，有一个默认的结果集被用来在客户机上缓存整个结果集。客户端游标仅支持静态游标而非动态游标，它仅被用作服务器游标的辅助。客户端游标由 SQL Server ODBC 驱动程序和 ADO API 的 DDL 共同来实现。

二、游标的类型

由于 T-SQL 游标和 API 服务器游标都在服务器上实现，所以它们统称为服务器游标。SQL Server 2008 支持四种服务器游标类型。

1. 只进游标

只进游标（FORWARD ONLY）不支持滚动，它只支持游标从头到尾顺序提取。对所有由当前用户或其他用户提交并影响结果集中行的 INSERT、UPDATE、DELETE 语句，其效果在这些行从游标中提取时是可见的。但是，因为游标不能向后滚动，所以在行被提取后对该行所做的更改，对游标是不可见的。

2. 静态游标

静态游标（STATIC）的完整结果集在游标打开时建立在 tempdb 系统数据库中。静态游标总是按照游标打开时的原样显示结果集。任何对该结果集的行产生影响的更改，对该游标都是不可见的。静态游标始终是只读的，但它支持滚动提取结果集中的行。T-SQL 称静态游标为不感知游标。

3. 键集驱动游标

打开游标时，键集驱动游标（KEYSET）中的行顺序是固定的。键集驱动游标由一列被称为键集的唯一标识符控制。键集是游标打开时来自结果集中所有行的一系列键值，键集在打开时建立在 tempdb 数据库中。对非键集列所作的更改，在用户滚动游标时是可见的。在游标外对数据库所做的插入在游标内不可见，除非关闭并重新打开游标。如果试图提取打开游标后已删除的行，@@FETCH- STATUS 将返回“缺少行”状态。在游标外对键列进行更新，则新键值不可见。

4. 动态游标

动态游标（DYNAMIC）与静态游标相对。当滚动游标时，动态游标反映结果集中所做的所有更改。结果集中的行数据值、顺序和成员在每次提取时都会改变。所有用户做的全部 UPDATE、INSERT 和 DELETE 语句均通过游标可见。另外，游标还具有以下几种属性。

- 只读游标：游标内数据不能修改，即不能通过游标修改基本表数据。静态游标属于只读游标。
- 可修改游标：游标内数据可以修改，即可以修改游标当前数据，其修改结果会影响到基本表。
- 滚动游标：相对于只进游标，滚动游标可以前、后滚动，可使用所有的提取选项（FIRST、LAST、PRIOR、NEXT、RELATIVE 和 ABSOLUTE）。
- 快速只进游标：快速只进游标是一种优化的只进游标，它提取的行的数据总是最新的，行在被提取之前所做的修改可以反映出来，行提取之后的修改不可见。

SQL Server 2008 将只进和滚动都作为能应用到静态游标、键集驱动游标和动态游标的选项。

三、游标的使用

游标的操作由五个部分组成，这五个关键的部分符合下面的顺序：

（1） 声明游标 DECLARE。

（2） 打开游标 OPEN。

（3） 从游标中提取数据 FETCH。

（4） 关闭游标 CLOSE。

（5） 当不再需要游标时释放游标 DEALLOCATE。

1. 声明游标

在使用之前需要预先定义，也就是声明游标。游标定义通过 DECLARE CURSOR 语句来实现。其语法格式如下：

```
DECLARE cursor_name CURSOR
 [   LOCAL | GLOBAL]
 [  FORWARD_ONLY | SCROLL]
```

```
    [   STATIC | KEYSET | DYNAMIC   |  FAST_FORWARD]
    [   READ_ONLY   | SCROLL_LOCKS | OPTIMISTIC]
    [   TYPE_WARNING]
FOR select_statement
[ FOR UPDATE  [  OF column_name  [,…n  ]  ]
```

语法参数的含义如下。

- Cursor_name：定义 T-SQL 服务器游标的名称，其必须符合标识符的规则。
- LOCAL：表示所定义的是局部游标。局部游标的作用域在其所在的存储过程、触发器或批处理中。当建立游标的存储过程执行结束后，游标会被自动释放。因此，常在存储过程中使用 OUTPUT 保留字，将游标传递给该存储过程的调用者，这样在存储过程执行结束后，可以引用该游标变量，直到引用该游标的最后一个被释放时，游标才会自动释放。
- GLOBAL：指定该游标的作用域是全局的。选择 GLOBAL 表明在整个会话层的任何存储过程、触发器或批处理中都可以使用该游标，只有当用户脱离数据库时该游标才会被自动释放。
- FORWARD_ONLY 选项：指明游标为只进游标，此时只能选用 FETCH NEXT 操作。如果未指明是使用 FORWARD_ONLY 还是使用 SCROLL，那么 FORWARD_ONLY 将成为默认选项，因为如果使用 STATIC KEYSET 和 DYNAMIC 关键字，则变成了 SCROLL 游标。另外，FORWARD_ONLY 与 FAST_FORWARD 不能同时被使用。
- SCROLL：表明所有的提取操作（如 FIRST、LAST、PRIOR、NEXT、RELATIVE、ABSOLUTE）都可用。如果不使用该关键字，那么只能进行 NEXT 提取操作。因此，SCROLL 极大地增加了提取数据的灵活性，可以随意读取结果集中的任一行数据记录，而不必重新打开游标。
- STATIC：指定游标为静态游标。
- KEYSET：指明所定义游标是一个键集驱动游标，KEYSET 的键值可唯一识别游标中的某行数据。
- DYNAMIC：指出将游标定义为动态游标。使用这个选项会最大程度上保证数据的一致性。提取动态游标数据时，不支持 ABSOLUTE 提取选项。
- FAST_FORWARD：使得 FORWARD_ONLY、READ_ONLY 游标执行最优化。如果 SCROLL 或 FOR UPDATE 选项被定义，则 FAST_FORWARD 选项不能被定义，反之亦然。
- READ ONLY：指定游标为只读游标，它禁止 UPDATE 或 DELETE 语句通过游标修改基本表中的数据。
- SCROLL_LOCKS：指明在数据被读入游标中时，就锁定基本表中的数据行，以确保以后能通过游标成功地对基本表进行更新和删除操作。如果 FAST_ FORWARD 被定义，则不能选择该选项。
- OPTIMISTIC：指明在数据被读入游标后，如果游标中某行数据已发生变化，那么对游标数据进行更新或删除可能会导致失败。如果使用了 FAST_FORWARD，则不能使用该选项。

- TYPE_WARNING：指明如果游标类型被修改成与用户定义的类型不同时，将发送一个警告信息给客户端。
- Select_statement：定义游标返回结果集的 SELECT 语句，不允许在 SELECT 语句中使用关键字 COMPUTE、COMPUTE BY、FOR BROWSE 和 INTO。
- UPDATE [OF column name[，…n]]：用来定义游标内可更新的列。如果指定 OF 参数，则只允许修改所列出的列。如果在 UPDATE 中未指定列的列表，则可以更新所有列。
- 在游标定义中，如果有下列条件之一，无论是否指定 STATIC 选项，系统将自动把所建立的游标定义为静态游标。
- SELECT 语句中使用了 DISTINCT、UNION、GROUP BY 和 HAVING 等关键字。
- SELECT 语句的选择列表中包含有集合表达式。
- 所有游标基表均没有建立唯一索引，而又要求建立键集游标时。

【例 8-1】声明一个名为 cursor_ student 的游标来查询女学生的信息。

```
USE Student
DECLARE cursor_student  SCROLL CURSOR          /*声明支持所有提取操作的游标*/
FOR
                                               /*游标返回结果集的 SELECT 语句*/
SELECT 学号，姓名，性别，出生日期 FROM StudentInfo WHERE 性别='0'
GO
```

执行结果如图 8-1 所示。

	学号	姓名	性别	出生日期
1	071001	程琳	0	1985-06-04 00:00:00.000
2	071003	李梅	0	1983-03-12 00:00:00.000
3	071005	刘艳	0	1984-12-10 00:00:00.000
4	071006	张玉明	0	1985-02-22 00:00:00.000
5	071008	严妍	0	1985-03-03 00:00:00.000
6	071010	赵红梅	0	1986-02-24 00:00:00.000

图 8-1　声明游标

2. 打开游标

声明游标后，游标中并没有任何数据，因此无法使用，只有将游标打开以后才可以用该游标。打开游标是执行与其相关的一段 SQL 语句，打开游标使用 OPEN 语句，其语法格式如下：

```
OPEN { { [GLOBAL] cursor_name } | cursor variable_name }
```

语法参数的含义如下。

- GLOBAL：指定打开的是全局游标。
- Cursor_name：表示已声明但没有打开的游标。
- Cursor_variable_name：表示游标变量的名称，该名称引用一个游标。

当执行 OPEN 语句打开 cursor 时，SQL Server 2008 首先会检查 cursor 声明，如果 cursor 声明中使用了参数的话则将参数值带入，然后根据 SELECT 语句到数据库查询，获得符合条件的数据来填充游标。如果所打开的是静态游标，那么 SQL Server 2008 将创建一个临时表保存结果集：如果所打开的是键集驱动游标，那么 SQL Server 2008 将创建一个临时表保存键集。

可以通过检查@@ERROR 此全局变量值来判断 cursor 是否打开成功，如果值为 0 表示打开成功。当 cursor 打开成功后，可以用@@CURSOR ROWS 全局变量检查 cursor 内的数据条数（行数）。

全局变量@@CURSOR ROWS 有以下几种取值：

- N：表示该游标所定义的数据已完全从表中读入，n 为全部的数据行。
- -m：表示该游标所定义的数据未完全从表中读入，m 为目前游标数据子集内的数据行。
- 0：表示无符合条件的数据或该游标已被关闭或释放。
- -1：表示该游标为动态的，数据行经常变动，无法确定。

如果游标为动态游标，@@cursor_rows 系统变量的值为-1。因为动态游标可反映所有更改，所以游标符合条件的行数不断变化。因此，永远不能确定已检索到所有符合条件的行。如果游标为静态游标，则@@cursor rows 系统变量的值为 cursor 内全部数据条数。

【例 8-2】定义游标，然后打开游标，测试游标内数据行数。

```
USE Student
DECLARE cursor_ student CURSOR                              /*声明游标*/
LOCAL SCROLL  SCROLL_LOCKS                                  /*定义游标的属性和作用域*/
FOR
SELECT 学号,姓名,性别,出生日期 FROM StudentInfo WHERE 性别='0'
OPEN cursor_student                        /*打开游标*/
SELECT '游标内数据行数'=@@CURSOR_ROWS                        /*查询游标内数据条数*/
GO
```

执行结果如图 8-2 所示。

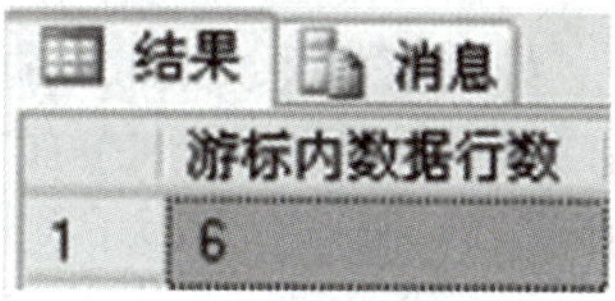

图 8-2　打开游标

3. 从游标中取值

游标打开后，可以从中提取记录。在从游标中取值的过程中，可以在结果集的每一行上来回移动和处理。如果游标定义成了可滚动的，则任何时候都可取出结果集中的任意行。对于非滚动的游标，只能对当前行的下一行实施操作。结果集中的数据可以提取到局部变量中。

FETCH 语句用于提取游标中的记录。其语法格式如下：

```
FETCH
[ [ NEXT  |  PRIOR  |  FIRST |  LAST | ABSOLUTE{n | @nvar}
RELATIVE { n | @nvar }
]
FROM
]
```

```
    { {  [ GLOBAL ] cursor_name }| @cursor_variable_name }
    [INTO @variable_name [,…n ]]
```

语法参数的含义如下。

- NEXT：紧跟当前行返回结果行，并且当前行递增为返回行。如果 FETCH NEXT 为对游标的第一次提取操作，则返回结果集中的第一行。NEXT 为默认的游标提取选项。
- PRIOR：返回紧邻当前行前面的结果行，并且当前行递减为返回行。如果 FETCHPRIOR 为对游标的第一次提取操作，则没有行返回并且游标置于第一行之前。
- FIRST：返回游标中的第一行并将其作为当前行。
- LAST：返回游标中的最后一行并将其作为当前行。
- ABSOLUTE{n | @nvar)：如果 n 或@nvar 为正数，则返回从游标头开始的第 n 行，并将返回行变成新的当前行。
- RELATIVE{n | @nvar}：如果 n 或@nvar 为正数，则返回从当前行开始的第 n 行，并将返回行变成新的当前行。
- GLOBAL：指定 cursor_name 是指全局游标。
- Cursor_name：要从中进行提取的打开的游标名称。
- Cursor_variable_name：游标变量名，引用要从中进行提取操作的打开的游标。
- INTO @variable_name[,…n]：允许将提取操作的列数据放到局部变量中。
- 执行一个 FETCH 语句后，可以通过系统函数@@FETCH_STATUS 来报告游标的当前状态，该函数有以下几种取值：

① 当其取值为 0 时，表示 FETCH 语句执行成功。

② 当其取值为-1 时，表示 FETCH 语句执行失败或此记录不在结果内。

③ 当其取值为-2 时，表示被提取的记录不存在。

当 FETCH 语句读取范围超过数据子集范围，cursor 指向数据子集的第一行之前或最后一行之后，@@FETCH_STATUS 值为-1。打开 cursor 时，cursor 指向结果集第一行之前。

如果当第一次读取数据时执行 FETCH NEXT 语句，将读取结果集的第一行，当 cursor 指向最后一行时执行 FETCH NEXT 语句，将无值返回，@@FETCH_STATUS 值为-1，cursor 指向最后一行之后。如果此时执行 FETCH PRIOR 语句，将返回最后一行。当 cursor 指向第一行或当第一次读取数据时，执行 FETCH PRIOR 语句，将无值返回，@@FETCH_STATUS 值为-1，cursor 指向第一行之前。如果此时执行 FETCH NEXT，返回第一行数据。

如果是 FORWARD_ONLY 或 FAST_FORWARD 游标，只能使用 NEXT 关键字一行一行往下读取，读到最后一条数据时也无法回到第一条数据从头读取，除非先关闭再重新打开游标。这种游标常用在报表的处理上，因为依据报表的打印特点，每条数据读取一次即打印到报表上不再需要回头读取。

如果是 DYNAMIC SCROLL 游标，不能使用 ABSOLUTE 选项。

如果是 KEYSET.STATIC 或 SCROLL 游标，且没有指定 DYNAMIC、FORWARD_ONLY 或 FAST_FORWARD 关键字，FETCH 命令中所有的选项都可使用。

【例 8-3】从游标中循环提取数据并使用 PRINT 语句将其显示。

```
USE Student
DECLARE cursor_student CURSOR                              /*声明游标*/
LOCAL SCROLL  SCROLL_LOCKS                           /*定义游标属性*/
FOR
SELECT 学号,姓名,出生日期 FROM StudentInfo WHERE 性别='0'
OPEN cursor_student                                             /*打开游标*/
DECLARE @name char (30),@date char (30),@id char (30)     /*声明局部变量量*/
FETCH NEXT FROM cursor_student INTO @id, @name, @date      /*提取游标中的记
录*/
    WHILE @@FETCH_STATUS =0                         /*使用 WHILE 循环*/
    BEGIN
    PRINT @id+@name+@date                                    /*显示已录*/
    FETCH NEXT FROM cursor_student INTO @id, @name,@date          /*提取游标
中的记录*/
    END
 GO
```

执行结果如图 8-3 所示。

图 8-3　读取游标数据

4. 使用游标修改和删除数据

通常情况下，用游标从基础表中查询数据，以实现对数据的行处理，但在某些情况下，也常需要修改游标中的数据，即定位更新或删除游标所包含的数据。当改变游标中的数据时，这种变化会自动地影响到游标的基础表。使用游标更新数据需要使用 UPDATE 语句，其语法格式如下：

```
UPDATE  table_name
SET
WHERE CURRENT OF cursor_name
```

语法参数的含义如下。

- table_name：表示要修改的数据表名。
- cursor_name：表示游标的名称。

使用游标删除数据需要使用 DELETE 语句，其语法格式如下：

```
DELETE  FROM  table _name
WHERE CURRENT OF cursor_name
```

在通过游标修改和删除数据时，如果要另外执行 UPDATE 或 DELETE 命令，需要在 WHERE 子句中重新给出行筛选条件，才能修改到该条数据。如果有多个行满足 UPDATE 或 DELETE 语句中 WHERE 子句的条件，那么将导致无意识的更新和删除。为了避免这样

的麻烦，可以在游标声明中加上 FOR UPDATE 子句，这样就可以在 UPDATE 或 DELETE 命令中使用 WHERE CURRENT OF 子句，直接修改或删除当前 cursor 所指的行数据，而不必重新给定选取条件。

当游标声明中有 STATIC 选项或 INSENSITIVE 选项，游标内的数据无法被修改，有时即使没有使用 STATIC 选项，但在某些状况下，STATIC 特性仍然会被启动，在这种情况下，该游标内的数据仍无法被修改。

【例 8-4】定义、打开游标并修改游标内的数据。

```
USE Student
DECLARE cursor_update CURSOR                              /*声明游标*/
GLOBAL SCROLL  SCROLL_LOCKS                               /*定义游标属性*/
FOR
SELECT 学号，姓名，性别，出生日期，总学分 FROM StudentInfo
FOR UPDATE OF 总学分                                      /*指定修改总学分列数据*/
OPEN cursor_update                                              /*打开游标*/
FETCH LAST FROM cursor_update                       /*提取游标中的最后一条记录*/
UPDATE StudentInfo SET 总学分=100 WHERE CURRENT OF cursor_update
GO                                                  /*根据游标修改基本表中数据列*/
```

执行结果如图 8-4 所示。再查询基本表 StudentInfo，可以看到通过游标的修改影响了基本表最后一条数据。

结果　消息

	学号	姓名	性别	出生日期	总学分
1	071010	赵红梅	0	1986-02-24 00:00:00.000	100

图 8-4　修改游标数据

【例 8-5】删除 cursor_update 游标内的数据。

```
    OPEN cursor_update                                    /*打开游标*/
    FETCH FIRST FROM cursor_update                  /*提取游标中的第一条记录*/
    DELETE FROM StudentInfo WHERE CURRENT OF cursor_update
    GO                                                          /*根据游标删除基本
表中数据列*/
```

执行结果可以发现从游标内提取的第一条记录，通过游标用 DELETE 语句删除了。

5. 关闭和释放游标

在处理完游标中的数据之后，必须关闭游标来释放数据结果集和定位于数据上的锁。所以，在关闭游标后，禁止提取游标数据或通过游标进行定位修改和删除操作。但关闭游标后并不释放游标占用的数据结构。可以使用 CLOSE 语句关闭游标，其语法格式如下：

```
CLOSE { { [ GLOBAL ] cursor_name }  | cursor_variable_name}
```

语法参数的含义如下。

- cursor_name：是需要关闭的游标名称。
- cursor_variable_name：表示游标变量的名称，该名称引用一个游标。

【例 8-6】关闭 cursor_update 游标。

```
CLOSE cursor_update
```

被关闭的 cursor_update 游标，其定义仍旧保存在系统内，系统只是释放了该游标内的结果集，可以重新执行 OPEN 语句打开游标，填充结果集。当执行 COMMIT TRANSACTION 语句或 ROLLBACK TRANSACTION 语句结束事务处理时，目前所有已打开的游标会被关闭。

由于关闭游标时并没有删除游标，因此，它仍然占用着系统资源。如果一个游标确定不再使用，可以使用 DEALLOCATE 命令释放游标所占用的资源，此时，游标的名字可以被再次使用。DEALLOCATE 语句的语法格式如下：

```
DEALLOCATE  {  {  [ GLOBAL]  cursor_name  } | @cursor_variable_name  }
```

【例 8-7】在使用完游标后，释放 cursor_update 游标。

```
CLOSE cursor_update
DEALLOCATE  cursor_update
```

任务 2　事务

在 SQL Server 2008 中，事务是一个很重要的概念。事务在 SQL Server 中相当于一个工作单元，使用事务可以确保同时发生的行为和数据的有效性不发生冲突，并且维护数据的完整性，确保 SQL 数据的有效性。

一、事务的基本概念

事务是 SQL Server 中的单个逻辑工作单元，一个事务内的所有语句被作为一个整体执行。在事务执行过程中，如果遇到错误，则可以回滚事务，取消该事务所做的全部改变或部分改变，从而保证数据库的一致性和可恢复性。也就是说，一个事务要么其中的语句全部正确执行，要全部语句不起作用。

1.　并发控制

在多用户系统中，允许多个用户和事务同时访问同一个数据库中相同的数据。为了避免同时发生的事务彼此间的相互干涉，需要进行并发处理控制。并发性是用来解决多个用户对同一数据进行操作时的问题。特别是对于网络数据库来说，这个特点更加突出。

假设有一个订票系统里还有 50 张票，在 9:00 这个时刻，甲乙同时在 2 个窗口买票，甲买 5 张，乙买 10 张。正常情况下剩余票数是 50-5-10= 35 张。如果数据库没有并发手段，则会出现以下两种情况：

（1）　甲先买上，将剩余票 45 写入数据库；乙后买上，将 40 写回数据库，因此剩余票数为 40。

（2）　乙先买上，将剩余票 40 写入数据库；甲后买上，将 45 写回数据库，因此剩余票数为 45。

很显然，正是由于数据库用户对数据的并发访问导致发生了不可预见的结果，这种现象的发生破坏了数据的一致性和完整性。

并发操作带来的数据不一致性包括四类：丢失修改、脏读、不可重复读取和幻读。

（1） 丢失修改。

当两个或多个事务选择同一数据，然后基于最初选定的值更新该数据时，会发生丢失更新问题。由于每个事务都不知道其他事务的存在，最后的更新会重写由其他事务所做的更新，这将导致数据丢失。

例如，两个编辑人员制作了同一文档的电子副本。每个编辑人员独立地更改其副本，然后保存更改后的副本，这样就覆盖了原始文档。最后保存其更改副本的编辑人员覆盖另一个编辑人员所做的更改。如果我们规定：在第一个编辑人员完成并提交事务之前，另一个编辑人员不能访问同一文件，则可避免此问题。

（2） 脏读。

当第二个事务选择其他事务正在更新的行时，会发生未提交的依赖关系问题。第二个事务正在读取的数据还没有提交并且可能由更新此行的事务所更改。

例如，一个编辑人员正在更改电子文档。在更改过程中，另一个编辑人员复制了该文档（该副本包含到目前为止所做的全部更改）并将其分发给预期的用户。此后，第一个编辑人员认为目前所做的更改是错误的，于是删除了所做的编辑并保存了文档。分发给用户的文档包含不再存在的编辑内容，并且这些编辑内容应视为从未存在过。如果我们规定：在第一个编辑人员保存最终更改并提交事务之前，任何人都不能读取更改的文档，则可以避免此问题。

（3） 不可重复读取。

当第二个事务多次访问同一行且每次读取不同的数据时，会发生不一致的分析问题。不一致的分析与未提交的依赖关系类似，因为其他事务也是正在更改第二个事务正在读取的数据。但是，在不一致的分析中，第二个事务读取的数据是由已进行了更改的事务提交的。此外，不一致的分析涉及多次（两次或更多）读取同一行，而且每次信息都被其他事务更改，因此我们称为“不可重复读”。

例如，编辑人员两次读取同一文档，但在两次读取之间，作者重写了该文档。当编辑人员第二次读取文档时，文档已更改。原始读取不可重复。如果我们规定：在编辑人员完成最后一次读取文档之前，作者不能更改文档，则可以避免此问题。

（4） 幻读。

当对某行执行插入或删除操作，而该行属于某个事务正在读取的行的范围时，会发生幻读问题。由于其他事务的删除操作，事务第一次读取的行的范围显示有一行不再存在于第二次或后续读取内容中。同样，由于其他事务的插入操作，事务第二次或后续读取的内容显示有一行并不存在于原始读取内容中。

例如，一个编辑人员更改作者提交的文档，但当生产部门将其更改内容合并到该文档的主副本时，发现作者已将未编辑的新材料添加到该文档中。与不可重复读的情况相似，如果我们规定：在编辑人员和生产部门完成对原始文档的处理之前，任何人都不能将新材料添加到文档中，则可以避免此问题。

2. 数据库恢复

数据库恢复是指数据库系统在进行的某事务失败后重新恢复之前的数据操作，体现了事务的原子性。例如，当一个顾客在超市购买商品，在出口结账时，商品信息是逐条被终端扫描并记录的，但是，整个购买行为会被作为一个事务在所有商品信息扫描完毕后提交给数据库系统的。然后，系统再执行该事务，修改数据库中有关收入和存货清单的数据表。如果数据库突然发生故障，顾客的购买行为没有全部完成，如果不对数据库进行恢复操作，会使数据库系统恢复后的数据维护以及当前的客户结账造成麻烦。因为已经把该客户的整个购买行为定义为事务，所以这时就只需要撤销其事务即可。

为了保证事务的原子性，在执行一个数据库更新操作时，可以先把描述更新操作的信息写入存储器，而不修改数据库本身。当事务提交时，再使用存储器中存储的更新操作信息来实现数据库的更新。

破坏事务原子性和引起系统故障的原因主要如下。

- 计算机系统故障：在事务运行过程中发生的硬件或软件故障。
- 事务或系统错误：事务中的某些操作或者是错误的参数引起的事务的失败。
- 事务的强行终止：事务经常具有测试某些特殊情况发生的功能。当测试的情况发生时，事务被强行终止。

二、事务的特性

每一个商业过程都包括一个或多个事务。想象一下，我们正在管理一个网上书店。一个消费者订购一个产品后，必须执行一个预先定义的进程才能确保交货及时。这个进程还必须包括信用卡的处理过程以保证公司收到了货款。如果这些任务中有一个失败了并且不能更正，那么整个过程必须取消，以保证消费者在得到商品前不能给他开发票。

与一个商业事务相关的数据必须改为可靠、一致、完整的数据以符合实际的商业过程，这可以通过在数据库级使用事务来完成。事务用于确保数据库的一致性，如果用户正在对数据库进行写操作，那么借助事务的正确使用，用户可以保证要么该过程彻底成功，要么数据库被恢复到它在写操作开始之前所处于的那个状态。这就是事务在数据库中的主要用途——它们把数据库从一个一致状态带到下一个一致状态。当我们在数据库中提交工作，事务保证我们的修改要么全部得到保存，要么全部得不到保存。为了能做到这一点，事务必须满足原子性、一致性、隔离性和持续性四个原则。

（1） 原子性（Atomicity）。一个事务中的所有语句被作为单个执行单元来对待。整个单元必须完整地结束，或者该事务被认为已经失败且必须被回退。

（2） 一致性（Consistency）。一致性意味着数据库的状态在一个事务之前和之后都是有效的。如客户购买一件商品，数据库应显示商店收到来自客户的付款，并且库存减少一件商品。

如果该事务被提交，但那两个修改的某一个没有发生，那么数据库将不是处于一个有效状态，要么库存将是错误的，要么商店的收支状况将是错误的。

（3） 隔离性（lsolation）：即不同的事务之间不能相互干扰。这种要求有时也被称为事务的串行性。例如如表 8-1 所示的商品表。

表 8-1　商品表

商品编号	库存数量
1001	10
1002	20
1003	15
1004	5

现在假设一个事务正对该表进行操作，它正在统计库存商品数量的总计，并把统计结果插入另一张表中。但它在读到第 2 行 1002 商品时，第二个事务开始登记进货，将商品 1004 的数量加 5。当我们的第一个事务到达商品 1004 时，应该读取 5 还是 10 呢，我们的第一感觉可能是第一个事务应该识别出该修改，并累加 10，但是如果第二个事务的 UPDATE 语句已经执行但没有提交，情况会怎样呢，在这种情况下，如果第一个事务读取了 10，但第二个事务后来被回退，造成的结果是第一个事务所读取的值实际上是数据库中从未存在过的值。这种情况显然是不受欢迎的。在理想情况下，一个事务不应该对其他任何事务产生影响。

（4） 持续性（Durability）。指一个事务一旦提交，它对数据库中的数据的改变就应该是永久性的。即使在该提交后的那一时刻有一个彻底的系统故障，但在系统重新启动后，数据库仍显示该事务的执行结果。

三、事务的分类

SQL Server 事务处理可以基于单独连接定义，每一个连接可以使用它们需要的事务模式来实现它们的需求。事务的模式分为三种：自动提交事务、显式事务和隐式事务。

1. 自动提交事务

SQL Server 将一切都作为事务来处理，它不会在事务以外更改数据。因此，开发者如果没有定义事务，SQL Server 会自己定义事务。由 SQL Server 定义的事务称为自动提交事务。自动提交模式是 SQL Server 的默认模式。接下来，看看 SQL Server 是如何实现自动提交事务的。

【例 8-8】自动提交事务。

（1） 在系统数据库 tempdb 中创建一个小表 t1，用它来检验事务的行为。

```
USE tempdb                                    /*打开数据库*/
CREATE table t1                            /*创建表*/
(
  id int primary key,                      /*定义 id 字段、数据类型并作为主键*/
  col1  varchar (10)  not null,            /*定义 col1 字段、数据类型并不为空*/
col2  varchar (10) null                   /*定义 col2 字段、数据类型并可为空*/
)
GO
```

（2） 在该表中插入三个新行。

```
INSERT INTO t1 VALUES (1, '第一行', '第一行')
INSERT  INTO  t1  VALUES (2, null, '第二行')
```

```
INSERT INTO t1 VALUES (3, '第三行', '第三行')
GO
```

执行上面的语句，可以看到如图 8-5 所示的消息，该消息指出 SQL Server 不能将 null 值插入 col1 列，因为这个列被定义为 not null。

（3） 执行 SELECT 语句后的结果如图 8-6 所示。可以看出，第二行没有被插入，但是第一行和第三行被成功插入。SQL Server 使用自动提交事务时，每一个语句本身是一个事务。如果这个语句产生了错误，它的事务会自动回退。如果这个语句成功执行而没有产生错误，它的事务会自动提交。因此，第一个和第三个语句将被提交，而第二个有错误的语句会回退。

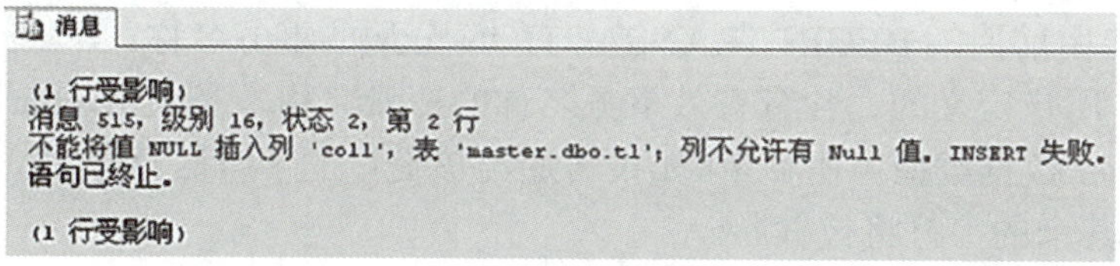

图 8-5　返回的消息

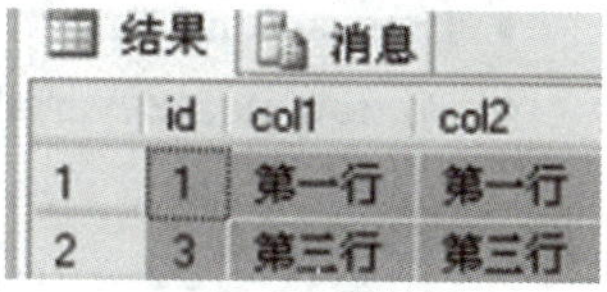

图 8-6　查询结果

2. 显式事务

显式事务是指显式定义了其启动和结束的事务。可以通过 SQL 语句或数据库 API 函数来指定显式事务。

SQL Server 提供下列三种方法来定义显式事务。

- BEGIN TRANSACTION：为一个连接标记出显式事务的起始点。
- COMMIT TRANSACTION：在没有出现错误时成功结束事务。由事务修改的所有数据都会永久成为数据库的一部分。事务所持有的资源将被释放。
- ROLLBACKTRANSACTION：清除出现错误的事务。由事务修改的所有数据都将返回到事务启动时的状态。事务所持有的资源将被释放。

应当注意的是，SQL Server 中为了保证最基本数据的安全，规定有几种语句不能出现在事务管理中，分别是 ALTER DATABASE，BACKUP LOG，CREATE DATABASE，DISKINIT，DROP DATABASE，DUMP TRANSACTION，LOAD DATABASE，LOADTRANSACTION，RESTORE DATABASE 等。

（1） 开始事务。开始事务标记一个显式本地事务的起始点，在 T-SQL 语言中使用 BEGINTRANSACTION 语句，其语法格式如下：

```
BEGIN {TRAN | TRANSACTION}
[ { transaction_name | @tran_name_variable }
   [ WITH MARK ['description'] ]
   ]
 [; ]
```

语法参数的含义如下。

transaction_name：分配给事务的名称。

tran_name_variable：用户定义的、含有有效事务名称的变量的名称。必须用 char、varchar、nchar 或 nvarchar 数据类型声明变量。如果传递给该变量的字符多于 32，则仅使用前面的

32 个字符，其余的字符将被截断。

WITH MARK['description']：指定在日志中标记事务。description 是描述该标记的字符串。

（2） 提交事务。SQL Server 中使用 COMMIT TRANSACTION 语句来提交事务。一旦提交了事务，就无法将其回滚了。在 T-SQL 语言中使用 COMMIT TRANSACTION 语句，其语法格式如下：

```
COMMIT { TRAN | TRANSACTION } [ transaction_name | @tran_name_variable ]
[;]
```

语法参数的含义如下。

- transaction_name：指定由前面的 BEGIN TRANSACTION 分配的事务名称。
- @tran_name_variable：用户定义的、含有有效事务名称的变量名称。必须用 char、varchar、nchar 或 nvarchar 数据类型声明变量。如果传递给该变量的字符数超过 32，则只使用 32 个字符，其余的字符将被截断。

（3） 回滚事务。回滚事务是指清除自事务的起点或到某个保存点所做的所有数据修改并释放由事务控制的资源。在 T-SQL 语言中使用 ROLLBACK 回滚事务，其语法格式如下：

```
ROLLBACK { TRAN | TRANSACTION }
      [ transaction_name | @tran_name_variable
      I savepoint_name | @savepoint_variable ]
[;]
```


语法参数的含义如下。

- Transaction_name：是为 BEGIN TRANSACTION 上的事务分配的名称。
- @tran_name_variable：是用户定义的、包含有效事务名称的变量名称。必须 char、varchar、nchar 或 nvarchar 数据类型声明变量。
- savepoint_name：是 SAVE TRANSACTION 语句中的 savepoint_name。
- @savepoint_variable：是用户定义的、包含有效保存点名称的变量名称。必须用 char、varchar、nchar 或 nvarchar 数据类型声明变量。

下面通过一个例子来看看 SQL Server 是如何实现显式事务的。

【例 8-9】实现显式提交事务。

（1） 将【例 8-8】创建的表 t1 中所有的记录删除，然后在表中插入与上例相同的三行数据。这一次将三条记录要么都插入到表中，要么一条也不插入。因此，需要将语句组织在一个事务中。

```
USE tempdb
DELETE FROM t1                                      /*删除表记录*/
BEGIN TRAN                                          /*开始事务*/
INSERT INTO t1 VALUES (1, '第一行', '第一行')
INSERT  INTO  t1  VALUES <2, null, '第二行')
INSERT INTO t1 VALUES (3, '第三行', '第三行')
COMMIT TRAN                                         /*提交事务*/
GO
```

执行 T-SQL 语句后获得与图 8-6 一样的消息，指出 SQL Server 不能将 null 值插入列 coll，因为它被定义为 not null。

（2） 通过执行 SELECT 语句来检查 t1 表中是否插入记录。

```
SELECT * FROM t1
GO
```

可以看出，结果与在自动提交模式时的结果相同。两行被插入了，违反 not null 约束的行则没有插入。正如先前所述的那样，开发者的职责不仅包括定义事务的长度，还要决定是否要进行事务回退。所以需要在事务中加入一个错误处理程序。如果没有错误处理程序，SQL Server 将简单地在错误之后处理下一个语句，在上面的示例中，SQL Server 简单地处理了每一个 INSERT 语句并随后处理了 COMMIT 语句，因此，得到的结果与在自动提交模式时一样。

（3） 再次删除 t1 表中的数据，执行已经通过 TRY-CATCH 进行错误处理的事务。

```
TRUNCATE TABLE t1                                   /*删除表数据*/
BEGIN TRY                                                /*执行错误处理程序*/
BEGIN TRAN     /*打开事务*/
INSERT INTO t1 VALUES (1, '第一行', '第一行')
INSERT INTO t1 VALUES (2, null, '第二行')
INSERT INTO t1 VALUES (3, '第三行', '第三行')
COMMIT TRAN                                                 /*提交事务*/
END TRY
BEGIN CATCH                                                 /*捕获错误*/
ROLLBACK TRAN                                          /*回滚事务*/
END CATCH
GO
```

执行以上 T-SQL 语句不会返回任何错误消息，因为错误已经被 CATCH 语句块捕获了。

（4） 通过执行 SELECT 语句，可以看到没有任何记录被插入到表中，如图 8-7 所示，整个事务都回退了。当 INSERT 语句中发生违规插入时，SQL Server 跳到 CATCH 语句，并回退了该事务。

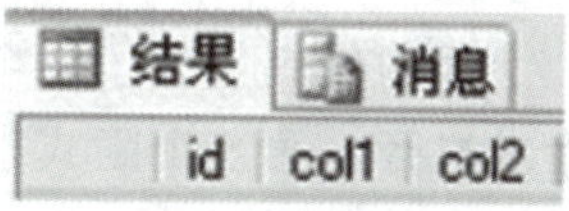

图 8-7　查询结果

3. 隐式事务

当连接以隐性事务模式进行操作时，SQL Server 实例将在提交或回滚当前事务后自动启动新事务。无须描述事务的开始，只需提交或回滚每个事务。隐性事务模式生成连续的事务链。

为连接将隐性事务模式设置为打开之后，当数据库引擎实例首次执行下列任何语句时，都会自动启动一个事务：ALTER TABLE 语句、所有 CREATE 语句、DELETE 语句、所有 DROP 语句、FETCH 语句、GRANT 语句、INSERT 语句、OPEN 语句、REVOKE 语句、SELECT 语句、TRUNCATE TABLE 语句和 UPDATE 语句。

【例 8-10】设置隐式事务模式。

（1） 启动 SSMS，在菜单栏中选择“工具”I“选项”命令，如图 8-8 所示。

（2） 弹出如图 8-9 所示的“选项”对话框，在右侧的树状菜单中展开“查询执行”|SQL Server 节点，选择列表中 ANSI 项，在右侧的复选框选项组中选择 SET IMPLICT TRANSACTION 复选框将设置为隐式事务模式。

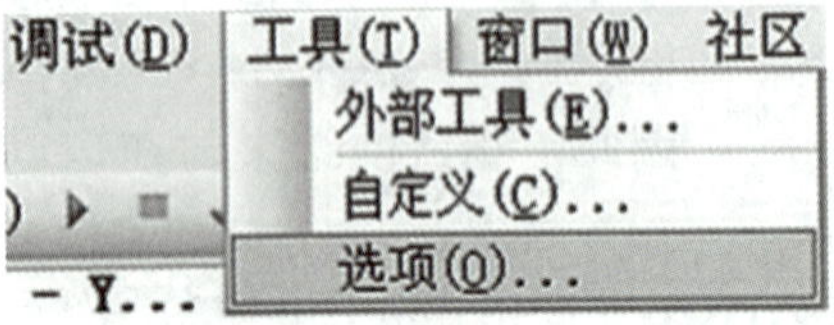

图 8-8 “选项”命令

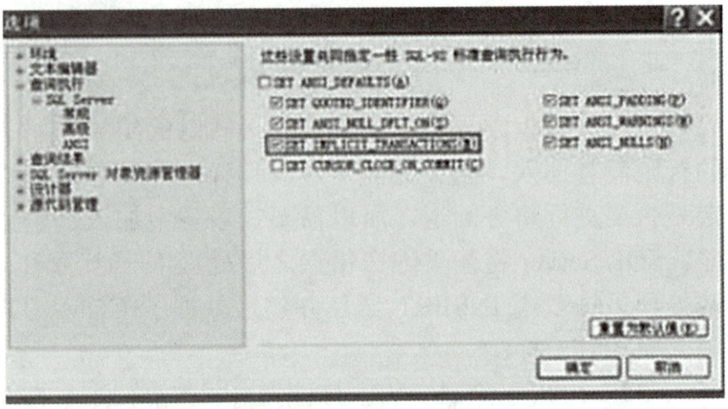

图 8-9 “选项”对话框

执行 SET IMPLICT TRANSACTION ON 语句可使 SQL Server 进入隐式事务。执行 SET IMPLICT TRANSACTION OFF 语句可关闭隐式事务。

【例 8-11】 在 Student 数据库中执行隐式事务。

```
USE Student
SET IMPLICIT_TRANSACTION ON                              /*打开隐式事务*/
INSERT INTO Major VALUES ('平面设计')
INSERT INTO Major VALUES ('信息管理')
ROLLBACK TRAN                                            /*回退事务*/
INSERT INTO Major VALUES ('信息技术')
SELECT * FROM Major
COMMIT TRAN                                                   /*提交事务*/
SET IMPLICIT_TRANSACTION OFF/*关闭隐式事务*/
```

上面的代码包含了两个隐式事务，这两个隐式事务形成一个事务链，两个事务一个接一个地执行。第一个隐式事务向 major 表插入两条记录，但是该事务被回退了。第二个隐式事务再向 major 插入一条记录，并执行一条查询语句，该事务被提交，执行结果如图 8-10 所示。

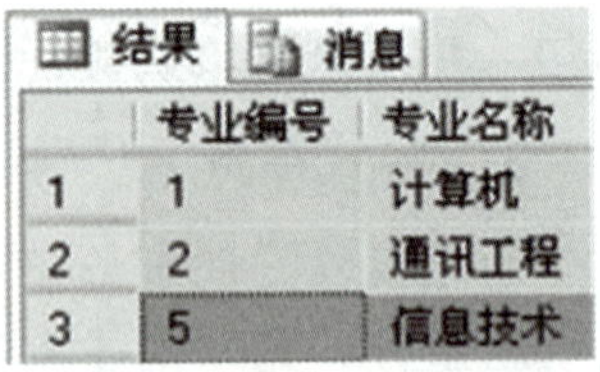

	专业编号	专业名称
1	1	计算机
2	2	通讯工程
3	5	信息技术

图 8-10 执行隐式事务

在使用隐式事务时要小心，不要忘记提交或回退工作。由于没有显式的 BEGIN TRANSACTION 语句，这些步骤很容易忘记，并导致事务长期运行；在连接关闭时产生不必要的回退以及与其他连接之间产生的阻塞问题。

四、事务操作的原则

事务对 SQL Server 固然非常重要，但在实际操作中还要遵循以下一些重要的原则：

（1） 事务要尽可能简短。事务在启动之后，数据库管理系统会在事务结束之前保留很多资源，以保证事务的原子性、一致性、隔离性和持久性，如果在事务中还要修改数据，数据管理系统还会使用锁来保护修改过的行，此时其他事务不能对这些进行控制，直到事务结束。在多用户系统中，这种过大资源的占有和过长时间的锁定，将是不能忍受的。

（2） 在事务中访问的数据量要尽量最少。由于事务会锁定记录，访问的数据量越少，锁定的行数就越少，这样事务之间的争夺就越少。

（3） 浏览数据时尽量不要打开事务。如果只是浏览数据，尽可能不要打开事务，避免占用过量资源。

（4） 在事务处理期间尽量不要请求用户输入。因为在事务处理期间，事务占用的所有资源都会保留相当长的时间，如果还要等待用户输入，很有可能会造成阻塞。

任务 3 锁

SQL Server 的关键特性之一是支持多用户共享同一数据库，但是，当某些用户同时对数据进行修改时，会产生一定的并发问题。使用事务便可以解决用户存取数据时出现的这个问题，从而保持数据库的完整性和一致性。然而如果希望防止其他用户修改另一个还没完成的事务中的数据，就必须在事务中使用锁。

锁是防止其他事务访问指定的资源控制、实现并发控制的一种主要手段。并发控制的主要方法是封锁，锁就是在一段时间内禁止用户做某些操作以避免产生数据不一致。当 INSERT、UPDATE、DELETE 语句更改某个行中的数据时，就在行上加了一个锁。这些锁被放在表中没有提交的行上，以防止在最后完成更改之前修改这些行。每个行的锁都独立于其他行的锁。完成提交或者回滚操作后，锁被释放。

一、锁的粒度

锁定义在需要锁定的资源上，这些资源可以是索引、数据行、表或者数据库。SQL Server 2008 总会尝试精细地锁住资源，在多数情况下，它首先会基于行级加锁。如果锁住的行太多，会提升锁的级别，这种锁的级别被称为“锁的粒度”。锁定的资源在粒度上差异很大。从细（行）到粗（数据库）。细粒度锁允许更大的数据库并发，因为用户能对某些未锁定的行执行查询。然而，每个由 SQL Server 产生的锁都需要内存，所以数以千计独立的行级别的锁也会影响 SQL Server 的性能。粗粒度的锁降低了并发性，但消耗的资源也较少。

通常情况下，用户提交 SQL 语句后，系统会自动根据 SQL 语句对数据的需要授予不同的粒度，不需要用户人工干预。在 SQL Server 2008 中锁定数据的最常见资源如表 8-2 所示。

表 8-2 锁的粒度

粒 度	说 明
KEY	链定一个索引的索引键
PAGE	数据库中 8KB 大小的数据页，例如索引页
EXTENT	一组连续的 8 页，例如数据页或索引页
HOBT	堆或 B 树。用于保护没有聚集索引的表中的 B 树（索引）或堆数据页的锁
TABLE	包括所有数据和索引的整个表

（续表）

粒　度	说　明
FILE	据库文件
RID	用于锁定堆中的单个行的行标识符
APPLICATION	应用程序专用的资源
METADATA	元数据锁
ALLOCATION UHTT	分配单元
DATABASE	整个数据库

二、锁的分类

SQL Server 的资源会被锁定，资源的锁定方式称做它的锁定模式。锁定模式确定并发事务可以访问数据的方式。SQL Server 根据必须锁定的资源和必须执行的操作来确定使用哪种锁定模式。表 8-3 列出 SQL Server 2008 处理的主要锁定模式。

表 8-3　锁的粒度

模　式	说　明
共享锁(s)	保护资源，以便只能对其证行读取访问。当资源上存在共享(S)锁时，其他事务均不能修改数据
排他锁(X)	指示数据修改，例如插入、更新或删除口确保不能同时对同一资源进行多个更新
更新锁(U)	防止常见形式的死锁。每次只有一个事务可以获得资源上的 U 锁。如果事务修改资源，则 U 锁将转换为 X 锁
意向锁	建立锁层次结构。最常见的意向锁类型是 IS、IU 和 IX。这些锁指示事务正在处理层次结构中较低级别的某些资源，而不是所有资源。较低级别的资源将具有 S、U 或 X 锁
架构锁	在执行依赖于表架构的操作时使用。架构锁的类型是架构修改（Sch-M）和架构稳定性（Sch-S）
人容量更新锁(BU)	向表中复制大量数据并指定了 TABLOCK 提不时使用

下面通过一个示例来讲解 SQL Server 2008 事务是如何对资源进行锁定和释放的。

【例 8-12】开始一个事务并查询姓名为“程琳”的学生，查看该过程中锁的情况。

```
USE Student
BEGIN TRAN  /*打开一个事务*/
SELECT * FROM StudentInfo WITH (HOLDLOCK) WHERE 姓名='程琳'
```

上面的语句使用了锁提示选项 WITH(HOLDLOCK)，该选项用于告诉 SQL Server 在执行 SELECT 语句后不要释放锁。还要注意，因为要查看锁的情况，所以这个事务没有被提交，因为提交事务的时候锁会自动释放。执行结果如图 8-11 所示。

结果　消息

	学号	姓名	性别	出生日期	专业编号	总学分	备注
1	071001	程琳	0	1985-06-04 00:00:00.000	1	75	NULL

图 8-11　执行事务

为了察看事务使用了哪些锁，可以查询动态管理视图 sys.dm_tran_locks。这个视图为数据库中当前存在的每一个单独的锁提供了一行数据。如果要查询出只属于你的事务的锁，可以将视图 sys.dm_tran_locks 与另一个动态管理视图 sys.dm_tran_current_transaction

相连接。

```
    /*通过对两个视图的内连接查询，获取当前连接中运行的事务信息*/
    SELECT resource_type, resource_associated_entity_id, requestrnode,
    request_status FROM sys.dm_tran_locks dm1 inner join sys.dm_tran_current_
transaction dm2 on dm1.request_owner_id= dm2.transaction_id
```

查询结果如图 8-12 所示。它显示聚集索引的一个键（KEY）上存在一个共享锁（request_mode=S），在其相应的页（PAGE）和表（OBJECT）上分别存在一个意向共享锁（request_mode IS）。在 request_status 列上的 GRANT 值意味着所有请求的锁都已经授权给这个事务。

结果 | 消息

	resource_type	resource_associated_entity_id	request_mode	request_status
1	PAGE	72057594039566336	IS	GRANT
2	KEY	72057594039566336	RangeS-S	GRANT
3	OBJECT	741577680	IS	GRANT

图 8-12 查看锁

接下来提交事务，并再次执行动态管理视图的查询语句。

```
    COMMIT TRAN                        /*提交事务*/
                                               /*通过对两个视图的内连接查询，获取当前连接
中运行的事务的信息*/
    SELECT   resource_type,   resource_associated_entity_id,   request_mode,
request_status
    FROM sys.dm_tran_locks  dm1  inner join  sys.dm_tran_current_transaction
dm2
    On dm1.request_owner_id=dm2.transaction_id
```

查询结果如图 8-13 所示，可以看到，在提交事务之后，所有锁被自动释放。

结果 | 消息

	resource_type	resource_associated_entity_id	request_mode	request_status

图 8-13 查看锁

三、事务的隔离级别

SQL Server 通过在资源上使用不同类型的锁来隔离事务。为了开发安全的事务，要考虑到以下几方面的重要问题。

- 定义事务的内容。
- 定义应该在什么情况下进行回退。
- 定义如何在事务中保持锁定。
- 定义在多长时间内使事务保持锁定。

这些问题都需要由隔离级别来决定。应用不同的隔离级别，SQL Server 赋予开发者一种能力，让他们能为每一个单独事务定义与其他事务的隔离程度。

ANSI SQL 定义了 4 种事务隔离级别，SQL Server 2008 能够完全支持这些级别：

- 未提交读（READ UNCOMMITTED）：在读数据时不会检查或使用任何锁。因此，在这种隔离级别中可能读到没有提交的数据。这是最低的隔离级别，它只能确保不读取发生物理损坏的数据。
- 已提交读（READ COMMITTED）：只读取提交的数据并等待其他事务释放排他锁。读数据的共享锁在读操作完成后立即释放。已提交读是 SQL Server 的默认隔离级别。
- 可重复读（REPEATABLE READ）：像已提交读级别那样读数据，但会保持共享锁直到事务结束。
- 可序列化（SERIALIZABLE）：这是最严格的隔离级别，其工作方式类似于可重复读，但它不仅会锁定受影响的数据，还会锁定这个范围。这就阻止了第二个事务在第一个事务的查询所涉及的范围内执行插入和删除操作，而这种情况可以导致幻象读。

使用 SET TRANSACTION ISOLATION LEVEL 语句可以设置数据库的事务隔离级别。

【例 8-13】将 Student 数据库的事务隔离级别设置为可重复读。

```
USE Student
SET TRANSACTION ISOLATION LEVEL REPEATABLE READ/*设置事务隔离级别*/
```

四、死锁及其处理

当一个事务试图获取某个对象的锁，而另一个事务正对该对象进行了锁定，如果第一个事务必须等待第二个事务释放锁才能继续执行，此时即发生阻塞现象。

死锁是指会导致永久阻塞的特殊场景。它发生在两个或多个事务相互阻塞的时候。如果发生这种情况，每一个事务都在等待其他事务释放它们的锁。但是这永远不会发生，因为其他事务也在等待。之所以称之为死锁，是因为事务永远不会释放它们所占用的锁。为了防止这种情况的发生，SQL Server 2008 会通过回退其中一个事务并返回一个错误的方式来自己解决这种问题，以让其他的事务能够完成它们的工作。

下面来制造一个简单的死锁场景来看一下 SQL Server 2008 是如何管理死锁的。

【例 8-14】死锁的产生。

打开第一个查询窗口，输入并执行下面的代码来创建一个表 t1，并在不关闭事务的情况下插入一行数据。

```
USE tempdb
CREATE TABLE t1
  a int
)
BEGIN TRAN                                    /*打开事务*/
  INSERT INTO t1 VALUES (2)
GO
```

打开第二个查询窗口，执行下面的语句创建另一张表 t2，并在不关闭事务的情况下插入一行数据，然后尝试在表 t1 中更新数据。由于第一个查询窗口中的事务没有被提交，因此这个事务将被阻塞。

```
USE tempdb
CREATE TABLE t2
  a int
)
BEGIN TRAN  /*打开事务*/
INSERT INTO t2 VALUES (2)
 UPDATE t1 SET a -10
GO
```

切换回第一个查询窗口，执行以下 UPDATE 语句更新表 t2，看一看会发生什么？

```
UPDATE t2 SET a=10
GO
```

在几秒钟后，其中一个事务被取消了，并且返回一个错误消息，如图 8-14 所示。

图 8-14　产生死锁

这种情况的发生是由于事务相互之间发生了阻塞。第一个查询窗口中的事务对表 t1 进行了锁定，并且尝试更新表 t2，在第二个查询窗口中的事务在表 t2 上有一个锁，并尝试更新表 t1。因此，这两个事务都将永远等待另一个先释放锁。SQL Server 2008 发现了这种情况并回退了死锁所涉及的事务的其中之一，然后向相应的连接抛出错误 1205，以此解决了这个问题。

为了防止并处理死锁，在实际的数据库操作中应该遵守以下原则：

（1） 遵守最少化阻塞规则。阻塞越少，发生死锁的机会就越少。

（2） 在事务中要按一致的顺序访问对象。如果以上示例中的两个事务都按一个顺序访问表。就不会发生死锁。因此，要在数据库中定义对所有表的访问顺序。

（3） 在错误处理程序中检查错误 1205，并在错误发生时重新提交事务。

（4） 在错误处理程序中加入一个过程将错误的详细信息写入日志。

如果遵守这些规则，就有机会阻止死锁。当死锁发生时，由于事务会自动提交，因此对于用户来说是未知的，但可以通过日志来监视死锁。

习　题

一、填空题

1. 要成为一个事务，则一个工作单元必须具有________隔离性和持久性属性，即 ACID 属性。

2. 游标能够部分读取返回的结果集中的________，并允许应用程序通过________来定位修改表中的数据。

3. 在 SOL Server 2008 中，SQL Server 以三种事务模式运行，分别是自动提交事务、________和________。

4. 事务是 SQL Server 中的单个________，一个事务内的________被作为一个整体执行。

5. 当多个事务同时对数据库的同一部分数据进行操作时，会引发的并发问题主要有：丢失更新、________、不一致的分析和________。

二、选择题

1. FETCH PRIOR 语句将提取游标结果集中当前行的（ ）。

A. 第一行　　B. 最后行

C. 前一行　　D. 后一行

2. 要使游标具有滚动性，应在游标声明语句中使用关键字（ ）。

A. INSENSITIVE　　B. SCROLL

C. RETURN　　D. UPDATE

3. 假设声明了一个名为 cur 的游标，并且游标已经打开。游标指向的当前行是结果集中的第 12 行。如果要提取相对于当前行的前 5 行中的数据，则可以使用下列的（ ）语句。

A. FETCH RELATIVE 5 FROM cur　　B. FETCH RELATIVE.5 FROM cur

C. FETCH ABSOLUTE 5 FROM cur　　D. FETCH ABSOLUTE.5 FROM cur

4. 假设数据库中有两个事务同时对数据进行操作，事务 T1 修改表中的数据，事务 T2 在事务 T1 还未提交数据前查看了这些数据。然后，事务 T1 又撤销了这些修改操作。那么会发生下面（ ）并发问题。

A. 丢失更新　　B. 脏读

C. 不一致的分析　　D. 幻读

5. 事务的（ ）属性不可以用来标识事务的全有或全无性质。

A. 原子性　　B. 一致性

C. 隔离性　　D. 持久性

实训项目

一、用于插入操作的事务

实验目的：掌握声明事务的方法，插入语句的使用，提交事务的方法。

实验提示：

（1） 启动 SSMS 后，新建一个查询，打开查询窗口。

（2） 指定要使用的数据库 ProductSale，在声明事务。

（3） 向 Employee 员工表中插入一条记录，编号 6，姓名“王韶花”，性别“女”，出生日期 1986-06-08，受雇日期 2008-09-10，工资 3500，部门编号 2。

（4） 提交事务，将插入的操作应用到数据库。

二、使用可更新的游标

实验目的：掌握声明游标的方法，打开游标并检索数据的方法，定位 UPDATE 语句的使用。

实验任务：在产品销售管理系统数据库中使用游标。

实验提示：

（1） 启动 SSMS 后，新建一个查询，打开查询窗口。

（2） 声明名为 cur customer 的游标，并指定查询编号为 1 的客户信息。

（3） 打开游标 cur customer。

（4） 检索数据，并使用定位 UPDATE 语句更新联系人的名称为“王四海”。

三、创建可滚动的游标

实验目的：掌握游标的概念和类型，游标的声明、打开、关闭的方法，通过游标读取数据的操作。

实验任务：在产品销售管理系统数据库中使用滚动游标。

实验提示：

（1） 启动 SSMS 后，新建一个查询，打开查询窗口。

（2） 声明名为 cur_product 的游标，并指定查询产品的价格大于 20 元的产品编号、名称和价格。

（3） 打开游标 cur_product。

（4） 从游标中提取结果集中第一行的数据记录。

（5） 从游标中提取结果集中第二行的数据记录。

（6） 从游标中提取结果集中最后一行的数据记录。

四、显式事务的使用

实验目的：了解事务的概念和作用，事务产生的并发问题，掌握显式事务的打开、提交和回滚的方法。

实验任务：在产品销售管理系统数据库中使用显式事务。

实验提示：

（1） 启动 SSMS 后，新建一个查询，打开查询窗口。

（2） 声明 2 个局部变量，一个是对应产品编号列，一个是对应产品价格列。

（3） 给局部变量赋值。

（4） 使用 BEGIN 关键字开始一个显式事务。

（5） 更新指定产品编号的产品价格。

（6） 使用 COMMIT 关键字提交该显式事务。

（7） 使用 TRY-CATCH 语句进行 T-SQL 程序的错误处理。如果发生错误，使用 ROLLBACK 关键字显式事务。

五、创建只进游标

实验目的：掌握游标的概念和类型，游标的声明、打开、关闭的方法，通过游标读取数据的操作。

实验任务：在产品销售管理系统数据库中使用只进游标。

实验提示：

（1） 启动 SSMS 后，新建一个查询，打开查询窗口。

（2） 声明两个局部变量对应产品的价格和名称。

（3） 声明名为 stuCursor 的只进游标，并指定查询所有商品类别的产品名称和价格。

（4） 打开游标 stuCursor。

（5） 从头到尾遍历游标获得的结果集，如果价格小于等于 20 元显示“低价”，如果价格大于 20 元显示“平价”。

（6） 关闭并释放 stuCursor 游标。

模块 9

存储过程和触发器

学习目标

通过对本模块学习，掌握存储过程和触发器的创建，存储过程和触发器的管理，并能熟练地使用。

主要内容

（1） 掌握存储过程的概念、类型。
（2） 掌握存储过程创建、修改、执行。
（3） 掌握触发器的概念、类型、操作方法。

重点与难点

（1） 存储过程概念的理解、编写。
（2） 触发器的概念及操作。

任务 1　存储过程

一、存储过程概述

在开发 SQL Server 应用程序过程中，T-SQL 语句是应用程序与 SQL Server 数据库之间使用的主要编译接口。应用程序与 SQL Server 数据库交互执行某些操作有两种方法：一种是存储在本地的应用程序中记录操作命令，应用程序向 SQL Server 发送每一个命令，并对返回的数据进行处理：另一种是在 SQL Server 中定义某个过程，其中记录了一系列的操作，每次应用程序只需调用该过程就可以完成操作。这种在 SQL Server 中定义的过程被称为存储过程。存储过程是一组 T-SQL 语句的集合，它类似于函数，具有模块化的优点。在 T-SQL 语句的编写过程中，如果只有几百条语句则很容易查看阅读，可以不用对这些语句进行模块化，但如果有成千上万条语句，如果不采用存储过程，则是非常难以阅读的。例如，有一些算法，如某公司的计算工资的算法，如果不采用存储过程，则每次计算工资时需要重写算法语句，难免不出差错。另外，还有许许多多使用到存储过程的场合，可以说，存储过程是 T-SQL 语句的骨架。

SQL Server 中的存储过程与其他语言中的过程（或函数）类似，它们有一些共同的特征，如它们都接受输入参数，并向调用程序或语句返回值。它们都包含执行操作或调用其他过程的编程语句。可以向调用程序返回状态值，指示执行过程是否成功。

相对直接使用 T-SQL 语句来说，存储过程具有如下优点：

（1） 存储过程可以模块化程序。通过嵌套的存储过程的调用，可以建立起程序调用的层次关系，使程序结构更加清晰。

（2） 一个存储过程可执行多个 T-SQL 语句，使得许多需要重复使用的语句不必重复出现，取而代之的则是存储过程。

（3） 存储过程可以提升 T-SQL 程序的执行效率。因为存储过程在最初创建时编译，在使用时已经是使用目标代码了。

二、存储过程的类型

在 SQL Server 2008 中有 5 种存储过程：系统存储过程、本地存储过程、临时存储过程、远程存储过程和扩展存储过程。

1. 系统存储过程

SQL Server 提供了一些预编译的存储过程，用以管理 SQL Server 和显示有关数据库与用户信息。这些存储过程称为系统存储过程。

系统存储过程充当从系统表中检索信息的快捷方式。通过配置 SQL Server，可以生成对象、用户和权限的信息和定义，这些信息和定义存储在系统表中。每个数据库都有一个包含配置信息的系统表集。这些系统表是在创建数据库时自动创建的。用户可以通过系统存储过程访问和更新这些系统表。

所有系统存储过程的名称都以 sp_开始。系统存储过程位于 master 数据库中。系统管理员拥有这些存储过程。可以在任何数据库中运行系统存储过程，但执行结果会反映在当前数据库中。

系统存储过程可以归纳为若干类。下面是几个常用的类别：

- 数据库引擎存储过程：用于 SQL Server 数据库引擎的常规维护。
- 分布式查询存储过程：用于实现和管理分布式查询。分布式查询可以从多个数据源检索数据。这些数据源可以包含一个或多个 SQL Server 数据库。
- 游标存储过程：用于实现游标变量功能。
- 复制存储过程：用于管理复制，包括复制表的架构和数据。
- 安全性存储过程：用于管理数据库安全性。
- SQL Server 代理存储过程：由 SQL Server 代理用于管理计划的活动和事件驱动活动。
- XML 存储过程：用于 XML 文本管理。
- 常规扩展存储过程：提供从 SQL Server 实例到外部程序的接口，以便进行各种维护活动。

表 9-1 列出了一些系统的常用存储过程。

表 9-1　常用的系统存储过程

系统存储过程	功　能
sp_help	显示当前数据库中对象的信息（sysobjects 表中对象包括表、视图、自定义函数、过程、触发器、数拒类型、主键、外键、check、unique、默认等）
sp_rename	更改当前数据库中用户创建对象(如表、视图、列、存储过程、触发器、默认值、数据库、对象或规则或用广定义数据类型)的名称
sp_databases	显示服务器中所有可以使用的数据库的信息
sp helpdb	显示服务器中数库的信息
sp_helptext	显示用户定义的规则、默认仿、存储过程、函数、视图等对象的实际文木
sp_recompile	强制重新编译存储过程或触发器
sp_server_info	列出服务器信息、如字符集、版本和排序顺序
sp stored_procedures	列出当前环境中所有的存储过程
sp_comfigure	修改 SQL Server 全局配置选项
sp adduser	向当前数据库中添加新的用户
sp_addrole	在当前库中创建新的数据库角色

2.　本地存储过程

本地存储过程又称为“用户自定义存储过程”，它是创建在用户自己数据库中的存储过程，这种存储过程是用户创建的普通存储过程，没有前缀 sp_。在 SQL Server 2008 中，用户存储过程可以使用 T-SQL 语言编写，也可以使用 CLR 方式编写。在本书中，主要介绍使用 T-SQL 语言编写的本地存储过程。

3.　临时存储过程

临时存储过程是一种特殊的本地存储过程。如果在本地存储过程前面有一个“#”，这种存储过程称为局部临时存储过程，只能在一个用户会话中使用。如果在本地存储过程前面有一个“##”，这种存储过程称为全局临时存储过程，可以在所有用户会话中使用。

4.　远程存储过程

远程存储过程是指保存在远程服务器上的存储过程，也就是非本地服务器上的存储过程。

5.　扩展存储过程

扩展存储过程指的是 SQL Server 环境外执行的 DDL 动态连接库，前缀为 xp_。

任务 2　创建存储过程

在 SQL Server 2008 中，创建一个存储过程有两种方法：一是使用 T-SQL 语句 CREATE PROCEDURE，二是使用 SSMS 图形工具界面，这里只介绍 T-SQL 语句创建。

创建存储过程需要用 CREATE PR。CEDURE 语句，在学习具体的创建方法之前，先来了解一下创建 T-SQL 存储过程的规则。

（1）　在设计和创建存储过程时，应该满足一定的约束和规则。只有满足了这些约束和规则才能创建有效的存储过程。

（2）　CREATE PROCEDURE 定义自身可以包括任意数量和类型的 T-SQL 语句，但下列语句除外：CREATE AGGREGATE、CREATE SCHEMA、CREATE DEFAULE、CREATE

RULE、CREATE 或 ALTER PROCEDURE、CREATE 或 ALTER TRIGGER、CREATE 或 ALTERVIEW、CREATE 或 ALTER FUNCTION、SET PARSEONLY、SET SHOWPLAN_ALL、SET SHOWPLAN_TEXT、SET SHOWPLAN_XML 和 USE database_nake。

（3） 可以引用在同一存储过程中创建的对象，只要引用时已经创建了该对象即可。

（4） 可以在存储过程内引用临时表。

（5） 如果在存储过程内创建本地临时表，则临时表仅为该存储过程而存在；退出该存储过程后，临时表将消失。

（6） 如果执行的存储过程将调用另一个存储过程，则被调用的存储过程可以访问由第一个存储过程创建的所有对象，包括临时表在内。

（7） 如果执行对远程 SQL Server 2008 实例进行更改的远程存储过程，则不能回滚这些更改，而且远程存储过程不参与事务处理。

（8） 存储过程中的参数的最大数目为 2100。

（9） 存储过程中的局部变量的最大数目仅受可用内存的限制。

（10） 根据可用内存的不同，存储过程最大可达 128MB。

使用 CREATE PROCEDURE 语句创建存储过程的语法格式如下：

```
CREATE  PROCEDURE [EDURE ]   procedure_name   [; number]
[ { @parameter  data_type } [= default ] [OUTPUT] ]
[,…n1]
[WITH   {  RECOMPILE | ENCRYPTION | RECOMPILE,ENCRYPTION  } ]
 [FOR REPLICATION]
AS
sql_statement [ … n2 ]
```


语法参数的含义如下。

CREATE PROCEDURE：定义存储过程的关键字，其中 PROCEDURE 也可以使用缩写形式 PROC。

procedure_name：用于指定存储过程名。创建局部临时过程，可以在 procedure_name 前面加一个“#”，创建全局临时过程，可以在其前面加“##”。

number：为可选的整数参数，用于区别同名的存储过程，以便用一条 DROP PROCEDURE 语句删除一组存储过程。

@parameter：存储过程的形参。@作为第一个字符来指定参数名。可声明一个或多个参数，执行存储过程时应提供相应的实参，除非定义了默认值。

data_type：用于指定形参数据类型。形参可为 SQL Server 支持的任何类型，但 cursor 类型只能用于 OUTPUT 参数，如果指定数据类型为 cursor，必须同时指定 VARYING 和 OUTPUT 关键字。

default：指定存储过程输入参数的默认值，默认值必须是常量或 NULL，其中可以包含通配符（%、_、[]和[^]）如果定义了默认值，执行存储过程时根据情况可不提供参数。

OUTPUT：用于指定参数从存储过程返回信息。如果一个参数的类型为游标，并且结果集会动态变化，则使用 VARYING 指明输出参数的内容可以变化。n1 表示可为存储过程指定若干个参数。

RECOMPILE：表明 SQL Server 每次运行时，将对其重新编译。ENCRYPTION 表示 SQL Server 加密 syscomments 表中包含 CREATE PROCEDURE 语句文本的条目。使用 ENCRYPTION 可防止存储过程作为 SQL Server 复制的一部分发布，防止用户使用存储过程读取存储过程的定义文本。

FOR REPLICATION：用于说明不能在订阅服务器上执行复制、创建的存储过程，该选项不能和 WITH RECOMPILE 一起使用。

sql_statement：代表过程体包含的 T-SQL 语句。

如果我们要经常性地实施插入操作，必须每次传递 SQL 语句给 SQL Server。由于每次执行 SQL 语句，SQL Server 都要进行编译，判断语句的正确性，因此执行的速度可想而知。于是，可以使用存储过程来实现这样的操作。

【例 9-1】创建存储过程 p_insert_major 向 Major 专业类别表插入记录。

```
USE Student
GO
CREATE PROCEDURE p_insert_major                          /*创建存储过程*/
@id int，@name  varchar <20)      /*声明变量分别指定要插入数据的两个列*/
    AS
    BEGIN
    INSERT INTO Major VALUES (@id，@name)  /*插入的语句*/
    END
    GO
```

执行结果后，在查询结果窗口出现“命令已成功完成”的消息。此时，在如图 9-1 所示的“对象资源管理器”中展开 Student|“可编程性”|“存储过程”，可以看到创建的 p_insert_major 存储过程。

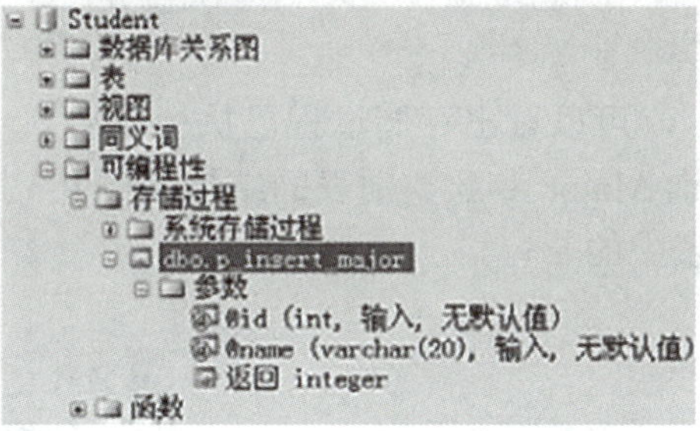

图 9-1　创建的存储过程

任务 3　执行存储过程

存储过程创建完后，要产生效果，必须执行。在 SQL Server 2008 中创建执行存储过程当需要执行存储过程时，可以使用 T-SQL 语句 EXECUTE。如果存储过程是批处理中的第一条语句，那么不使用 EXECUTE 关键字也可以执行该存储过程，其语法格式如下：

```
    Execute a stored procedure or function
    [ { EXE | EXECUTE)}]
    {
    [ @return_status=  ]
```

```
{ module_name  [;number] | @module_name_var  }
[[@parameter=]  {  value | @variable  [OUTPUT  ] |  [  DEFAULT ]
][, …n]
[  WITH RECOMPILE]
}
[; ]
```

语法参数的含义如下。

- @return_status：可选的整型变量，存储模块的返回状态。
- module_name：是要调用的存储过程或标量值用户定义函数的完全限定或者不完全限定名称。
- number：是可选整数，用于对同名的过程分组。
- @module_name_var：是局部定义的变量名，代表模块名称。
- @parameter：module_ name 的参数，与在模块中定义的相同。
- value：传递给模块或传递命令的参数值。
- @variable：是用来存储参数或返回参数的变量。
- OUTPUT：指定模块或命令字符串返回一个参数。
- DEFAULT：根据模块的定义，提供参数的默认值。
- WITH RECOMPILE：执行模块后，强制编译、使用和放弃新计划。

【例 9-3】执行 p_insert_major 存储过程。

```
USE Student
DECLARE  @id int, @name varchar (20)   /*声明变量*/
SET @id=4    /*给变量赋值*/
SET  @name='算法导论'     /*给变量赋值*/
EXEC p_insert_major @id, @name  /*执行存储过程并传递实参*/
GO
```

执行结果如图 9-2 所示，可以看出存储过程已执行成功。

使用 SELECT 语句查询 Major 专业类别表的结果如图 9-3 所示，可以看到第三条记录就是通过存储过程添加到表中的。

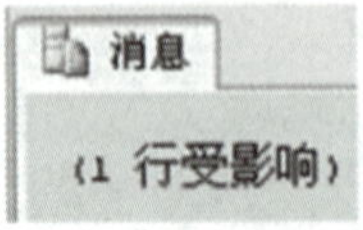

图 9-2　执行存储过程结果

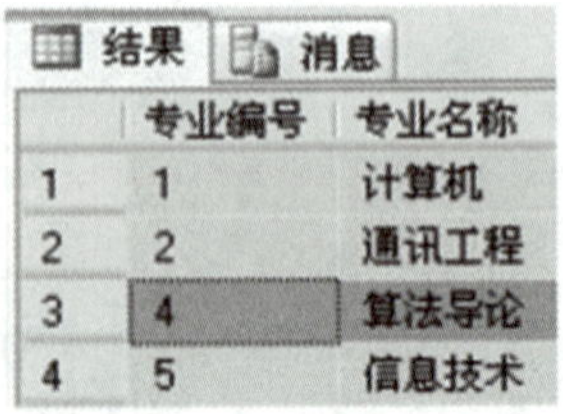

	专业编号	专业名称
1	1	计算机
2	2	通讯工程
3	4	算法导论
4	5	信息技术

图 9-3　查看表数据

任务 4　存储过程参数和返回值

在存储过程中，参数可以用来向存储过程中输入值，也可以从存储过程中输出值。下面将介绍在存储过程中使用参数的内容。

一、指定默认参数

在创建存储过程时，可以通过为参数指定默认值，而创建一个带有可选参数的存储过程。在执行该存储过程中，如果不传递该参数，则使用默认值。

如果在创建存储过程时没有为参数指定默认值，并且在调用该存储过程的程序中也没有为该参数提供值，那么系统会返回错误信息。因此指定参数的默认值是有必要的。

【例 9-4】创建为指定学生增加学分的存储过程。

```
    USE Student
    /*如果已存在名为'increaseCredit'的存储过程则先删除*/
    IF EXISTS (SELECT * FROM sys.all_objects WHERE name='increaseCredit'  and
type  ='P')
    DROP PROCEDURE increaseCredit
    GO
    CREATE PROC increaseCredit  /*创建存储过程*/
    @stuid char (20)=",  /*指定默认值为空*/
    @credit int=3    /*指定整数值为默认值*/
    AS
    BEGIN
    If  @stuid=''
  BEGIN
   PRINT '没有指定学号，更新无法完成'
   RETURN
   END
    UPDATE STUDENTINFO SET 总学分=总学分+@credit
    WHERE 学号=@stuid
  END
  GO
```

在该存储过程中指定了两个参数，@stuid 用于指定学生的学号，@credit 用于指定所要增加的学分，这两个参数都指定了默认值。其中，@stuid 参数的默认为 null，如果不能为参数指定合适的默认值时，可以指定 NULL 作为参数的默认值，并在调用程序未提供参数值的情况下，使存储过程返回一条自定义消息：参数@credit 的默认值为 3，即如果调用程序不提供该参数值，则存储过程使用该默认值，为指定的学生增加 3 学分。

执行不提供任何参数值的存储过程：

```
EXEC increaseCredit
GO
```

执行结果如图 9-4 所示。由于没有提供学号，所以显示更新无法完成的提示。

图 9-4 没有提供参数的结果

执行提供了学号参数值的存储过程：

```
EXEC increaseCredit '171001'
GO
```

执行结果在查询结果窗口中显示“1 行受影响”的消息，说明存储过程执行成功，一条记录被插入到表中，第二个参数使用的是默认值。

二、指定参数方向

当调用程序执行存储过程时，所有过程参数都可以接收输入值。如果在存储过程中为某个参数指定 OUTPUT 选项，则存储过程将在执行完毕退出时向调用程序返回该参数的当前值。调用程序在调用该存储过程时，也必须使用 OUTPUT 关键字指定相对应的实参，并且该实参必须是一个变量而不能是一个常量，这样才能将该参数的返回值保存到变量中以便在调用程序中使用。

【例 9-5】创建根据指定专业计算该专业学生的平均学分的存储过程。

```
USE Student
GO
CREATE PROC avgCreditForMajor  /*创建存储过程*/
@majorld int,    /*输入参数*/
@avg  decimal (4,1)output/*输出参数*/
AS
SELECT @avg=AVG(总学分)FROM STUDENTINFO
WHERE 专业编号=@majorld
GO
```


该过程的第一个参数为输入参数，第二个参数为输出参数，因为该参数指定了 OUTPUT 关键字。第一个参数@majorld 将接收由调用程序提供的专业编号，第二个参数@avg 将向调用程序返回指定专业的平均总学分。SELECT 语句使用 avg()聚合函数计算出指定专业的平均学分，并将该值赋予@avg 输出参数。

执行调用该存储过程的程序如下：

```
/*声明变量用于接收存储过程的输出参数值*/
DECLARE @avgCredit decimal (4,1)
/*执行存储过程。输出参数也必须指定 OUTPUT 关键字*/
/*输出参数的返回值保存到变量中*/
EXEC avgCreditForMajor 1, @avgCredit  output
/*显示存储过程的返回值*/
print('专业平均学分：  '+CAST <@avgCredit as varchar))
GO
```

程序执行结果如图 9-5 所示。

图 9-5 指定参数方向

在执行存储过程时，如果将参数指定为 OUTPUT，但在存储过程中该参数不是用 OUTPUT 定义的，那么系统会发送一条错误消息。在执行带有 OUTPUT 参数的存储过程时，可以不指定 OUTPUT。这样不会返回错误，但是无法在调用程序中使用该返回值。执行存储过程时，也可以为 OUTPUT 参数指定输入值。这样将允许存储过程从调用程序中接收一个值，使用该值进行相应的操作，并更改该参数的值，然后将新值返回到调用程序。

三、使用 RETURN 语句

RETURN 语句用于退出存储过程，返回到调用程序继续执行。在【例 9-5】中已经看到了 RETURN 语句的使用，它是一个常用的使用 RETURN 语句返回分支的例子。可以看到，当存储过程遇到 RETURN 语句后立即返回，而后续的语句将不被执行。

在存储过程中可以使用 RETURN 语句返回一个被称为返回代码的整数值，以表明存储过程的状态。通常来说，返回 0 值代表成功，非 0 值代表失败。RETURN 不能返回空值（NULL），如果某个过程试图返回空值（例如，使用 RETURN@status，而@status 为 NULL），则将生成警告消息并返回 0 值。

调用程序在执行存储过程时，与 OUTPUT 参数一样，必须将返回代码保存到一个变量中，以便在调用程序中查看和使用该返回代码值。

【例 9-6】 创建检查指定学生的姓名是否包含“梅”字。

```
USE Student
GO
CREATE PROC checkName                    /*创建存储过程*/
@cusid char (20)
AS
IF (SELECT 姓名 FROM StudentInfo  WHERE 学号=@cusid) LIKE,'%梅%'
ELSE
GO
RETURN 1
RETURN 2
```

在创建 checkName 存储过程之后，执行二次该过程并检查返回的状态。第一个显示的学生姓名中包含“梅”，第二个显示的学生姓名中包含“梅”，局部变量@ret_status 必须在使用前声明：

```
DECLARE @ret_status int    /*声明局部变量*/
EXEC @ret_status= checkName '071010-1'      /*执行存储过程并将结果赋值给变量*/
SELECT  @ret_status  as '返回状态'     /*显示变量的值*/
GO
DECLARE @ret_status int
EXEC eret_status= checkName '0710 01'
SELECT  @ret_status  as '返回状态'
GO
```

执行结果如图 9-6 所示。

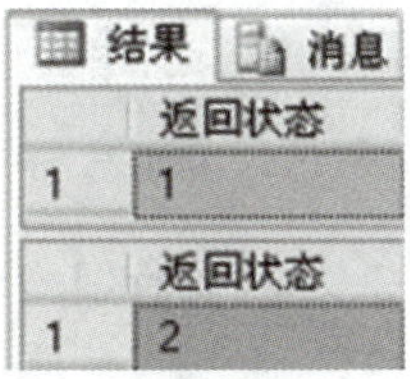

图 9-6　返回执行状态

任务 5　修改存储过程

存储过程是一段 T-SQL 代码，在使用过程中，如果它无法满足业务需要，就要对存储过程进行修改，修改存储过程通常指编辑它的参数和 SQL 语句。修改存储过程可以通过 SSMS 和 T-SQL 语句两种方式。

一、在 SSMS 中修改存储过程

在 SSMS 中修改存储过程和创建存储过程有些类似。只要在“对象资源管理器”中找到所要修改的存储过程右击，在弹出的快捷菜单中选择“修改（Y）”命令，出现“修改存储过程”的模板界面，在代码区中修改好存储过程的内容，最后单击工具栏中的“执行”按钮，即可完成对存储过程的修改。

二、使用 T-SQL 语句修改存储过程

除了使用 SSMS 外，还可以使用 ALTER PROCEDURE 语句修改存储过程，但该语句不会更改权限，也不影响相关的存储过程。其语法格式如下：

```
ALTER PROC  [  EDURE  ]  procedure_name  [;number]
[  { @parameter data_type}
[   VARYING]  [=default]  [OUTPUT]]  [,…n]
[   WITH{RECOMPILE | ENCRYPTION | RECOMPILE,  ENCRYPTION}]
[ FOR REPLICATION
AS
sql_statement  [, . . .n]
```


ALTER PROCEDURE 语句中各参数的含义与 CREATE PROCEDURE 的参数类似，这里不详细讲解。

【例 9-7】修改 checkName 存储过程为查询姓名中不包含“梅”字的学生。

```
USE Student
GO
ALTER PROC checkName              /*修改存储过程*/
@cusid char (20)
AS
IF (SELECT 姓名 FROM StudentInfo  WHERE 学号=@cusid)  NOT LIKE '%梅%'
ELSE
GO
RETURN 1
RETURN 2
```

任务 6　删除存储过程

当不再使用一个存储过程时，就要把它从数据库中删除。SQL Server 2008 提供两种删除存储过程的方法：一种是使用 SSMS，另一种是使用 T-SQL 语句。

一、使用 SSMS 删除存储过程

SSMS 删除存储过程非常简单。在“对象资源管理器”中找到所要修改的存储过程右击，在弹出的快捷菜单中选择“删除（D）”命令，弹出“删除对象”对话框，单击“确定”按钮，即可完成存储过程的删除。

二、使用 T-SQL 语句删除存储过程

T-SQL 语言删除存储过程的语句是 DROP PROCEDURE，其语法格式如下：

```
DROP {PROC | PROCEDURE} { [schema_name. ] procedure} [,…n]
```

语法参数的含义如下。

- schema_name：存储过程所属架构的名称，不能指定服务器名称或数据库名称。
- procedure：要删除的存储过程或存储过程组的名称。
- n：表示可以指定多个过程的占位符。

【例 9-8】删除 checkName 存储过程。

```
DROP PROCEDURE checkName
GO
```

使用 DROP PROCEDURE 语句可以永久地删除存储过程，在此之前，必须确认该存储过程没有任何依赖关系。

任务 7 触发器

SQL Server 2008 提供了两种主要机制来强制执行业务规则和数据完整性：约束和触发器。触发器是一种特殊的存储过程，它在程序执行 SQL 查询语句时将自动生效。

一、触发器概述

触发器与表紧密相连，可看做表格定义的一部分。触发器是在特定表上进行定义的，该表也称为触发器表。触发器不能被显式地调用，当有操作针对触发器表时，例如，在表中插入、删除、修改数据时，如果该表有相应操作类型的触发器，那么触发器就自动触发执行。使用触发器可实施更为复杂的数据完整性约束。

触发器基于一个表创建，但是可以针对多个表进行操作，所以触发器常被用来实现复杂的商业规则。例如，在 Student 数据库中存放着学生信息，还存放着与学生关联的选课信息。现在，有一个学生的信息被删除了，则所有与该学生有关的选课信息都应该删除。这种涉及两张（或更多张）表的一致性维护问题，可以使用触发器来实现。在 StudentInfo 表上设置一个 DELETE 触发器，当删除一个学生信息时，触发器自动执行，对 StudentInfo 表和 Scores 选课成绩表进行修改。

在 SQL Server 2008 中，一张表可以有多个触发器。用户可以针对 INSERT、UPDATE 或 DELETE 语句分别设置触发器，也可以针对一张表上的特定操作设置多个触发器。触发

器里可以容纳非常复杂的 T-SQL 语句。但是，不管触发器所进行的操作有多复杂，触发器都只作为一个独立的单元被执行，同时也被看做一个事务。如果在执行触发器的过程中发生错误，则整个事务将会被自动回滚。

触发器和存储过程是有区别的：存储过程是在数据库上定义的，而触发器是在特定表上进行定义的；存储过程可以由用户直接调用执行，但触发器不能直接调用执行，而是 SQL Server 自动触发执行的，并且触发器不允许带参数。

使用触发器可以实现对数据库中相关表的级联修改，完成比 CHECK 约束更为复杂的限制等操作。下面是触发器的一些明显优点。

- 触发器是自动的。它们在对表的数据作了任何修改（例如手工输入或者应用程序采取的操作）之后立即被激活。
- 触发器可以通过数据库中的相关表进行级联修改。
- 触发器可以强制限制。这些限制比用 CHECK 约束所定义的限制更复杂。与 CHECK 约束不同的是，触发器可以引用其他表中的列。
- 使对表的修改符合规则。使用触发器在修改表数据时，一个表中数据发生变化，则另一个表中的数据会做相应的变化，如果对数据的修改不符合条件，则修改数据会遭受失败。

虽然触发器的功能很强大，但也要谨慎使用，因为每次访问表时都可能激活某个触发器，这样会给数据库带来负担，所以，尽量用触发器执行别的方法不能执行的操作，例如，如果可以使用约束处理某个触发器的事情，就使用约束而不要使用触发器。

另外，有一些 SQL 语句不能在触发器中执行，如 CREATE DATABASE、ALTER DATABASE、DROP DATABASE、LOAD DATABASE、RECONFIGURE、RESTORE LOG、DISK INIT、DISK RESIZE、LOAD LOG 和 RESTORE DATABASE。

二、触发器类型

SQL Server 2008 提供了：AFTER 和 INSTEAD OF 两种触发器。这两种触发器的差别在于被激活的时机不同。

1. AFTER 触发器

AFTER 触发器在触发它们的语句和约束检查完成后执行。如果该语句因错误（如违反约束或语法错误）而失败，触发器将不会执行。不能为视图指定 AFTER 触发器，只能为表指定该触发器。可以为每个触发操作（INSERT、UPDATE 或 DELETE）指定多个 AFTER 触发器。如果表有多个 AFTER 触发器，可使用 sp_settriggerorder 存储过程定义哪个 AFTER 触发器最先激发，哪个最后激发。除第一个和最后一个触发器外，所有其他的 AFTER 触发器的激发顺序不确定，并且无法控制。在 SQL Server 2008 中 AFTER 是默认触发器。

2. INSTEAD OF 触发器

INSTEAD OF 触发器用于替代引起触发器执行的 T-SQL 语句，简单地讲就是，AFTER 触发器是告诉 T-SQL 语句执行了 INSERT、UPDATE 或者 DELETE 操作后干什么。

可以在表和视图上指定 INSTEAD OF 触发器。在 SQL Server 2008 中，不能为每个触发操作（INSERT、UPDATE 和 DELETE）定义多个 INSTEAD OF 触发器。INSTEAD OF 触发器在约束检查之前执行。

三、inserted 表和 deleted 表

在使用触发器过程中，SQL Server 使用到了两个特殊的临时表：inserted 表和 deleted 表。这是两个逻辑表，由系统来维护，不允许用户直接对这两个表进行修改。这两张表都存在与高速缓存中（如果内存不够用，也可能存储在硬盘上），实际上是事务日志的视图，它们与被该触发器作用的表的结构相同。触发器工作完成后，这两个表也会被删除。

用户可以使用这两张临时表来检测某些修改操作所产生的效果。例如，可以使用 SELECT 语句来检查 INSERT 语句和 UPDATE 语句执行的插入操作是否成功，触发器被这些语句触发等。但是不允许用户直接修改 inserted 和 deleted 临时表中的数据。

inserted 和 deleted 表都是针对当前触发器的局部临时表，这些表只对应于当前触发器的基本表。如果在触发器中使用存储过程，或者是产生了嵌套触发器的情况，则不同的触发器将会使用属于自己基本表的 inserted 和 deleted 临时表。

1. inserted 表

存储着被 DELETE 和 UPDATE 语句影响的新的数据行。当用户执行 DELETE 或 UPDATE 语句时，新的数据行被添加到 inserted 表中，同时这些数据行的备份被复制到 inserted 临时表中。

2. deleted 表

存储着被 DELETE 和 UPDATE 语句影响的旧的数据行。在执行 DELETE 或 UPDATE 语句过程中，指定的数据行被用户从基表中删除，然后转移到了 deleted 表中。一般来说，在基表和 deleted 表中不会存在有相同的数据行。

表 9-2 列出了在执行 INSERT、UPDATE 和 DELETE 触发器时，inserted 表和 deleted 表所起的作用。

表 9-2　inserled 表和 deleted 表的作用

触发器类型	inserted 表	delete 表
INSERT	存储所插入的记录的副本	无
UPDATE	存储更新/的记录的副本	存储更新前的原始记录的副本
DELETE	无	存储所删除的原始记录的副本

任务 8　创建触发器

现在，我们对触发器有了一定的了解，接下来学习如何创建触发器。但在创建触发器之前，需要考虑以下一些注意事项。

- CREATE TRIGGER 语句必须是一个批处理中的第一条语句。
- 创建触发器的权限默认是属于表的所有者的，而且不能再授权给他人。
- 触发器是数据库对象，它的命名必须符合命名规则。

- 只能在当前数据库中创建触发器，但触发器可以引用其他数据库的对象。
- 触发器不能在临时表或系统表上创建，触发器中可引用临时表，但不能引用系统表。
- 尽管 TRUNCATE TABLE 语句很像一个没有 WHERE 子句的 DELETE 语句（二者都是删除表中的所有行），但 TRUNCATE TABLE 的操作不被记入事务日志，所以它也不会激活 DELETE 触发器。WRITETEXT 语句不会激活 INSERT 或 UPDATE 触发器。
- 如果指定触发器所有者名限定触发器，要以相同的方式限定表名。
- 在同一个 CREATE TRIGGER 语句中，可以为多种操作定义相同的触发器操作。
- 如果一个表的外键在 DELETE、UPDATE 操作上定义了级联，则不能在该表上定义 INSTEAD OF DELETE、INSTEAD OF UPDATE 触发器。
- 在触发器内可以指定任意的 SET 语句，所选择的 SET 选项在触发器执行期间有效，并在触发器执行完后恢复到以前的设置。
- 触发器不能返回任何结果，为了阻止从触发器返回结果，不在触发器定义中包含 SELECT 语句或变量赋值。如果必须在触发器中进行变量赋值，则应该在触发器的开头使用 SET NOCOUNT 语句，以免返回任何结果集。

创建触发器可以使用 SSMS 来完成，也可以使用 T-SQL 语句来完成。

一、使用 T-SQL 语句创建触发器

创建触发器的 T-SQL 语句是 CREATE TRIGGER，其语法格式如下：


```
    Trigger on an INSERT, UPDATE, or DELETE statement to a table or view (DML
Trigger)
  CREATE TRIGGER [ schema_name. ]trigger_name
  ON{table | view)
     [ WITH <dml_trigger_option> [,…n] ]
     { FOR | AFTER | INSTEAD OF}
     { [ INSERT] [ , ] [UPDATE] [ , ] [DELETE] }
  [ WITH APPEND]
  [ NOT FOR REPLICATION ]
  AS { sql_statement [ ; ] [...n ]
```

语法参数的含义如下。

- trigger_name：表示触发器的名称，并且在数据库中必须唯一。
- table | view：表示在其上执行触发器的表或视图，有时称为触发器表或触发器视图。
- WITH ENCRYPTION：可防止将触发器作为 SQL Server 复制的一部分发布。
- AFTER：指定触发器只有在触发 SQL 语句中指定的所有操作都已成功执行后才激发。如果仅指定 FOR 关键字，则 AFTER 是默认设置。AFTER 不能作用于视图。
- INSTEAD OF：指定执行触发器而不是执行触发 SQL 语句，从而替代触发语句的操作。
- DELETE：指明是 DELETE 触发器，每当一个 DELETE 语句从表中删除一行时激发触发器。

- INSERT：指明是 INSERT 触发器，每当一个 INSERT 语句向表中插入一行时激发触发器。
- UPDATE：指明是 UPDATE 触发器，每当 UPDATE 语句修改由 OF 子句指定的列值时，激发触发器。如果忽略 OF 子句，每当 UDPATE 语句修改表的任何列值时，DBMS 都将激发触发器。
- WITH APPEND：指定应该添加现有类型的其他触发器。WITH APPEND 不能与 INSTEAD OF 触发器一起使用，或者，如果显式声明 AFTER 触发器，也不能使用该子句。
- NOT FOR REPLICATION：表示当复制进程更改触发器所涉及的表时，不应执行该触发器。
- AS：是触发器要执行的操作。
- sql_statement：是触发器的条件和操作。触发器条件指定其他准则，以确定 DELETE、INSERT 或 UPDATE 语句是否导致执行触发器操作。
- IF UPDATE (column)：测试在指定的列上进行的 INSERT 或 UPDATE 操作，不能用于 DELETE 操作。可以指定多列。
- column：表示要测试 INSERT 或 UPDATE 操作的列名。

【例 9-9】创建实现当 Major 专业类别表发生任何更新时显示操作成功的触发器。

```
USE Student
GO
CREATE TRIGGER tri_Student      /*创建触发器*/
ON Major    /*触发器作用的表*/
AFTER  INSERT, UPDATE, DELETE    /*指定 AFTER 触发器*/
AS
  BEGIN
    PRINT '触发器操作已成功'
  END
GO
```

以上语句中使用 AFTER 触发器同时基于 INSERT、UPDATE、DELETE 语句来创建，而不是分别创建三个触发器。执行后在查询结果窗口会显示“命令已成功完成”的消息。此时，在如图 9-7 所示的“对象资源管理器”中依次展开 Student|“表”|dbo.Major|“触发器”，可以看到创建的 tri_Student 触发器。

执行以下插入、修改和删除 Major 表的语句，每执行一次测试语句，都会触发创建的触发器。

```
/*执行插入、修改和删除语句测试触发器的效果*/
INSERT INTO Major VALUES (3, '数据结构')
UPDATE Major SET 专业名称='网络编程' WHERE 专业编号=3
DELETE FROM Major WHERE  专业编号=3
GO
```

执行结果如图 9-8 所示。

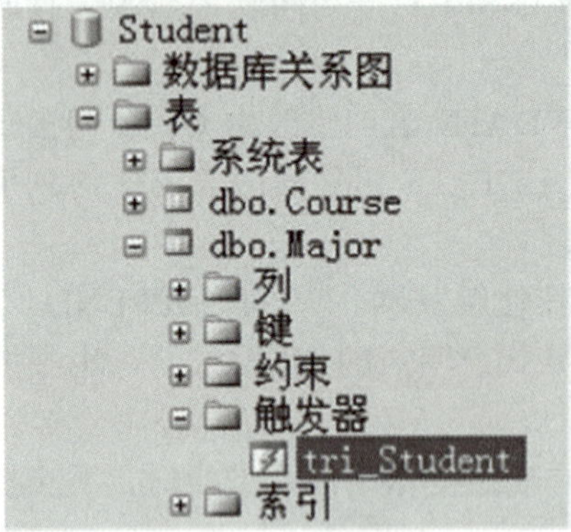

图 9-7　创建的触发器

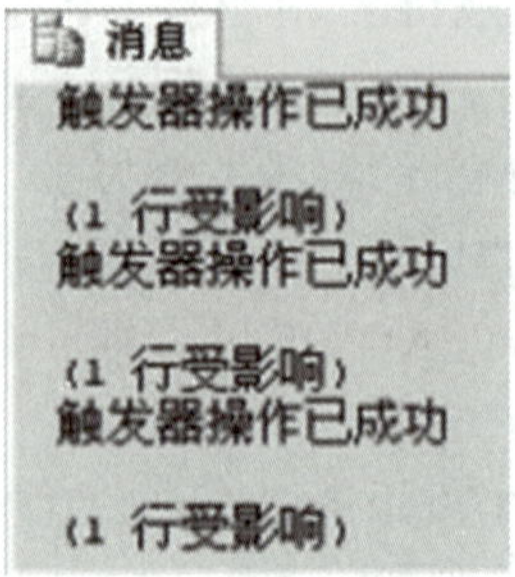

图 9-8　触发器被触发

三、INSERT 触发器

当向表中插入数据时，将执行 INSERT 触发器。INSERT 触发器可以确保添加到表中的数据是有效的。要插入的数据先保存在 inserted 表，然后添加到触发器所依赖的表中。对于插入操作，由于没有删除数据，所以没有 deleted 表。

当试图向表中插入数据时，INSERT 触发器执行下列操作：

（1） 向 inserted 表中插入一个新行的副本。

（2）检查 inserted 表中的新行是否有效，如果有效则插入表中，否则阻止该插入操作。

可以通过检查 inserted 表中的数据，来确定是否需要或者该如何执行触发器操作。

【例 9-10】在 Scores 选课成绩表上创建一个 INSERT 触发器 insertScore。本例创建 INSERT 触发器 insertScore 的功能是：当向 Scores 表插入一条记录，如果该记录中成绩的值大于等于 60，则在 StudentInfo 学生表中为该学生的总学分加上该门课程的学分值，课程的学分值在 Course 课程表中定义。

```
USE Student
GO
CREATE TRIGGER insertScore    /*创建触发器*/
ON Scores    /*指定触发器所要作用的表*/
FOR INSERT   /*指定是 INSERT 触发器*/
AS
IF (SELECT 成绩 FROM inserted)>=60
BEGIN
  /*声明触发器中使用的变量*/
  DECLARE @stuid char (6), @could char (10), @credit  int
  /*从 inserted 表中找出学生编号和课程编号，存放在变量中*/
  SELECT @stuid=学号, @could=课程编号 FROM inserted
  /*从课程表中根据课程编号找到该门课程的学分*/
  SELECT @credit=学分 FROM Course WHERE 课程编号=@could
  UPDATE StudentInfo SET 总学分=总学分+@credit WHERE 学号=@stuid
END
GO
```

在这个触发器中应用了 inserted 表，触发器从中取得了用户所插入数据的所有信息，并利用这些信息完成了后续的操作。当触发器需要查询用户操作的数据时，引用 inserted 表和 deleted 表是唯一的途径。

下面来测试该触发器的效果。假定要为编号为 071001 的学生添加编号为 B03 的课程成绩。查询原始数据的语句如下：

```
SELECT * FROM StudentInfo WHERE 学号='071001'
SELECT * FROM Course WHERE 课程编号='B03'
GO
```

执行结果如图 9-9 所示。可以看到学号为 071001 的学生的总学分为 50，编号为 B03 的课程的学分为 4 分。

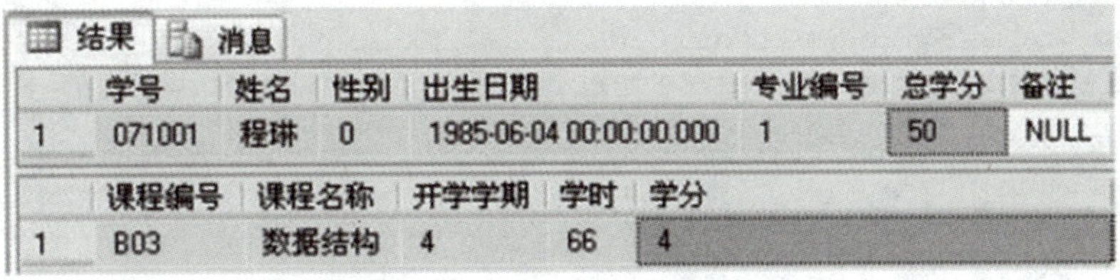

	学号	姓名	性别	出生日期	专业编号	总学分	备注
1	071001	程琳	0	1985-06-04 00:00:00.000	1	50	NULL

	课程编号	课程名称	开学学期	学时	学分
1	B03	数据结构	4	66	4

图 9-9　原始数据

现在向 Scores 表中为该学生和该课程插入 70 分，插入的语句如下：

```
INSERT  INTO  Scores  VALUES('071001',TB031, 70)
SELECT * FROM StudentInfo WHERE 等生号='071001'
GO
```

执行这条语句将使前面创建的 insertScore 触发器被触发。由于成绩大于等于 60 分，触发器将会为学号为 071001 的学生的总学分增加 4 分。在执行这条语句后再执行查询语句查看结果。执行结果如图 9-10 所示，可以看到触发器被触发执行，数据更新成功。

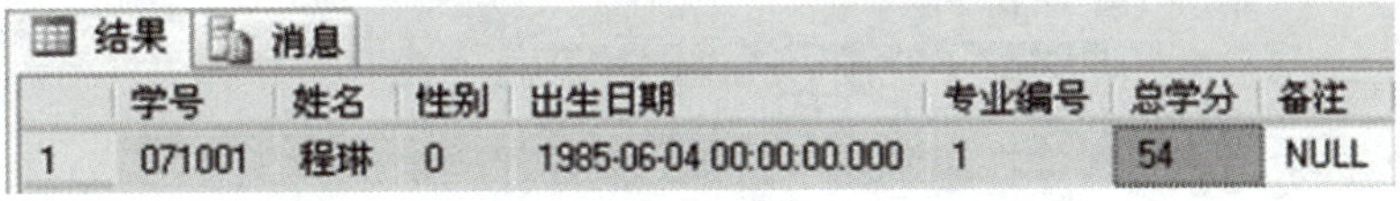

	学号	姓名	性别	出生日期	专业编号	总学分	备注
1	071001	程琳	0	1985-06-04 00:00:00.000	1	54	NULL

图 9-10　更新后的总学分

四、UPDATE 触发器

当对表执行更新操作时，将执行 UPDATE 触发器。当在表上执行更新操作时，UPDATE 触发器会执行下列操作：

（1） 将原始数据行移动到 deleted 表中。

（2） 将一个新行先插入到 inserted 表中，然后再插入到触发器所依赖的表中。 可以创建 UPDATE 触发器来验证对整个表的更新，也可以创建 UPDATE 触发器对单个列的更新进行验证。

【例 9-11】在 Course 课程表上创建一个 UPDATE 触发器 updateConHour。本例的功能为：我们允许在课程表中修改一门课程的课时数，但是规定一门课的总课时只能减少，不能增加，并且一门课的课时不能少于 50 课时。在 Course 课程表上创建的 UPDATE 触发器，用于检查修改的课时是否超出了范围，并作相应的处理。

```
USE Student  /*范例-13*/
GO
CREATE TRIGGER updateCouHour/*创建触发器*/
On Course    /*指定触发器作用的表*/
FOR UPDATE    /*指定是 UPDATE 触发器*/
AS
DECLARE  @oldnum int, @newnum int  /*声明局部变量*/
BEGIN
/*从 DELETE 表中找出旧的课时数*/
SELECT @oldnum=学时 from deleted
/*从 insert 表中找出更新的课时数*/
SELECT @newnum=学时 FROM inserted
/*如果所更新的课时数超出了规定范围。通过 rollback 语句将原 update 语句回退*/
IF  @newnum>@oldnum or @newnum<50
BEGIN
PRINT '课时数不能高于原课时数并且不能低于'
     ROLLBACK TRAN
  END
END
GO
```

在创建了 updateCouHour 触发器后，对 Course 表的任何更新操作都会启动该触发器。执行下面的 UPDATE 语句来验证该触发器：

```
UPDATE  Course SET 学时=学时+2 WHERE 课程编号 LIKE 'A01'
GO
```


执行结果如图 9-11 所示。

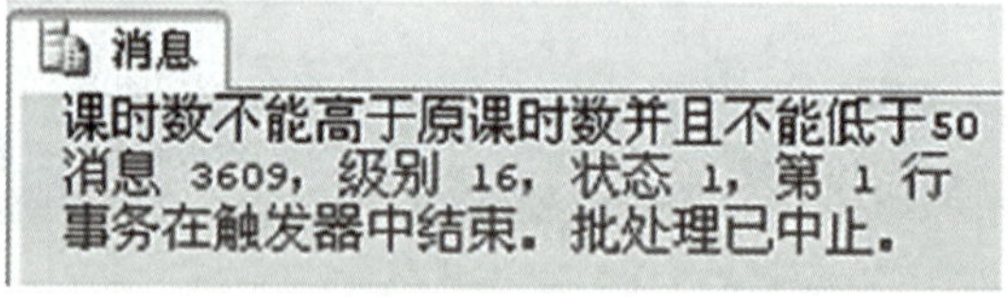

图 9-11　更新触发器的作用

五、DELETE 触发器

当试图从表中删除数据行时，将执行 DELETE 触发器。在 DELETE 触发器操作中，由于不会将行插入到目标表中去，因此不会使用 inserted 表。

当试图从表中删除数据行时，DELETE 触发器会执行下列操作：

（1） 从触发器表中删除行。

（2） 将删除的行插入到 deleted 表中。

可以通过检查 deleted 表中的数据，来确定是否需要或者该如何执行触发器操作。

【例 9-12】在 Major 课程表上创建一个 DELETE 触发器 delMajor。

本例的具体要求是：对于 Major 专业类别表，当删除一个专业时，确保编号为 1 的专业（计算机专业）不会被删除。为此，可以在该表上创建一个 DELETE 触发器。

```
USE Student
GO
CREATE TRIGGER delMajor   /*创建触发器*/
ON Major    /*创建触发器作用的表*/
FOR DELETE /*指定创建 DELETE 触发器*/
AS
IF (SELECT 专业编号 FROM deleted)=1
BEGIN
PRINT '不能删除计算机专业'
ROLLBACK TRAN    /*回滚事务*/
END
GO
```

在测试该触发器之前，需要先将 Major 表中的所有关系删除，否则，该触发器无法运行。例如，在 StudentInfo 表中有一个外键 FK StudentInfo_Major 引用了 Major 表中的主键。先将该外键删除，然后在 Major 表上执行 DELETE 语句来测试该触发器。执行语句如下：

```
ALTER TABLE StudentInfo        /*修改学生表*/
DROP CONSTRAINT FK_StudentInfo_Major /*删除外键关系*/
GO
DELETE FROM Major WHERE 专业编号=1
GO
```

执行结果如图 9-12 所示。

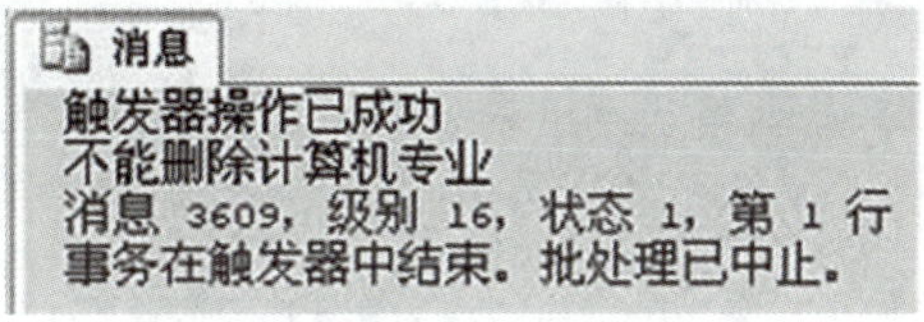

图 9-12　删除触发器操作成功

六、INSTEAD OF 触发器

INSTEAD OF 触发器与 AFTER 触发器的工作流程是不一样的。AFTER 触发器是在 SQL Server 服务器接到执行 SQL 语句请求之后，先建立临时的 inserted 表和 deleted 表，然后实际更改数据，最后才激发触发器的。而 INSTEAD OF 触发器看起来就简单多了，在 SQL Server 服务器接到执行 SQL 语句请求后，先建立临时的 inserted 表和 deleted 表，然后就触发了 INSTEAD OF 触发器，至于那个 SQL 语句是插入数据、更新数据还是删除数据，就一概不管了，把执行权全权交给了 INSTEAD OF 触发器，由它去完成之后的操作。

INSTEAD OF 触发器可以同时在数据表和视图中使用，通常在以下几种情况下，建议使用 INSTEAD OF 触发器。

- 数据库里的数据禁止修改。例如电信部门的通话记录是不能修改的，一旦修改，则通话费用的计数将不正确。在这时就可以用 INSTEAD OF 触发器来跳过 UPDATE 修改记录的 SQL 语句。
- 有级联关系的多表删除。
- 有可能要回滚修改的 SQL 语句。
- 在视图中使用触发器。因为 AFTER 触发器不能在视图中使用，如果想在视图中使用触发器，就只能用 INSERT OF 触发器。

- 用自己的方式去修改数据。如果不满意使用 SQL 语句直接修改数据的方式，可以用 INSERT OF 触发器来控制数据的修改方式和流程。

【例 9-13】在 StudentInfo 学生表上创建一个 INSERT OF 触发器 delStuBackup,本例的要求如下：当从 StudentInfo 学生表中删除某个学生的记录时，如果在 Sorces 选课成绩表中有相应的成绩记录与该学生记录有主外键关联，则删除操作将失败，相应的触发器也无法执行。这时，就可以让所有相关的操作都在 INSTEAD OF 触发器中执行。

```
USE Student
GO
CREATE TRIGGER DELSTUBACKUP     /*创建触发器*/
ON StudentInfo    /*创建触发器作用的表*/
INSTEAD OF DELETE    /*指定创建盼是 INSTEAD OF 触发器*/
AS
DECLARE  @stuid char (6)
BEGIN TRY
    BEGIN TRAN    /*开始事务*/
    /*从 deleted 表中找出将要删除的学生学号*/
    SELECT @stuid=学号 FROM deleted
    /*删除该学生的所有成绩记录*/
    DELETE FROM Scores WHERE 学号=@stuid
/*删除学生记录*/
    DELETE FROM StudentInfo WHERE 学号=@stuid
    COMMIT TRAN    /*提交事务*/
    PRINT '操作成功'
END TRY
BEGIN CATCH
    ROLLBACK TRAN    /*回滚事务*/
END CATCH
GO
```

在该触发器中，我们把所有更改数据表的操作看做一个事务，如果全部成功则提交，否则回退整个事务，使表中的数据保持一致性。接下来执行 DELECT 语句测试该触发器，例如，删除编号为 071002 的学生：

```
DELETE  FROM  StudentInfo  WHERE 学号='071002'
GO
```

执行结果如图 9-13 所示。

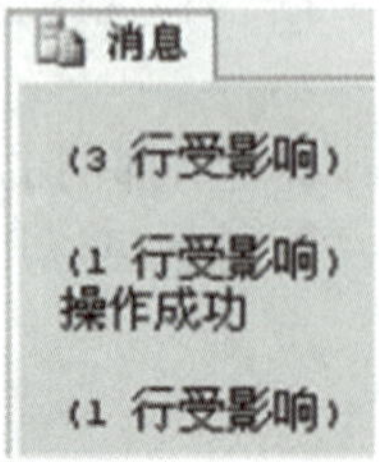

图 9-13　INSTEAD OF 触发器操作成功

任务 9 修改触发器

触发器的定义和属性，修改触发器可以使用 SSMS 和 T-SQL 语句两种方式。

一、使用 SSMS 修改触发器

使用 SSMS 修改触发器和创建触发器很类似。只要在“对象资源管理器”中找到所要修改的触发器并右击，在弹出的快捷菜单中选择“修改（M）”命令，出现“修改触发器”的模板界面，在代码区中修改好触发器的内容，最后单击工具栏中的“执行”按钮，即可完成对触发器的修改。

二、使用 T-SQL 语句修改触发器

除了使用 SSMS 外，还可以使用 ALTER TRRIGER 语句修改存储过程，但该语句不会更改权限，也不影响相关的存储过程。其语法格式如下：

```
ALTER TRIGGER trigger_name
ON (table | view)
  [ WITH ENCRYPTION]
{ ( FOR | AFTER | INSTEAD OF ) { [ DELETE ] [ , ] [ INSERT ] [ , ] [ UPDATE ]
 [ NOT FOR REPLICATION]
AS
sql_statement  [...n  ]
```

ALTER TRIGGER 语句中各参数的含义与 CREATE TRIGGER 的参数类似，这里不再详细讲解。

【例 9-14】修改 delStuBackup 触发器。

```
USE Student
GO
ALTER PROC delStuBackup/*修改触发器*/
ON StudentInfo
INSTEAD OF DELETE
AS
 PRINT '触发器已修改'
GO
```

任务 10 删除触发器

当不再需要某个触发器时，可以将它删除。触发器被删除时，触发器所在表中的数据不会因此改变。当某个表被删除时，该表上的所有触发器也自动被删除。SQL Server 2008 提供两种删除触发器的方法：一种是使用 SSMS，另一种是使用 T-SQL 语句。

一、使用 SSMS 删除触发器

使用 SSMS 删除触发器非常简单。在“对象资源管理器”中找到所要修改的触发器右击，在弹出的快捷菜单中选择“删除（D）”命令，弹出“删除对象”对话框，单击“确定”按钮，即可完成触发器的删除。

二、使用 T-SQL 语句删除触发器

T-SQL 语言删除触发器的语句是 DROP TRIGGER，其语法格式如下：

```
DROP TRIGGER schema_name.trigger_name [ ,…n] [ ; ]
```

【例 9-15】删除 delStuBackup 触发器。

```
USE StudentInfo
GO
DROP TRIGGER delStuBackup  /*删除触发器*/
GO
```

任务 11　关闭和启用触发器

当不再需要某个触发器时，可将其关闭，关闭触发器不会删除该触发器。该触发器仍然作为对象存在于当前数据库中。但是，当执行任意 INSERT、UPDATE 或 DELETE 语句（在其上对触发器进行了编程），触发器将不会激发。已关闭的触发器可以被重新启用。启用触发器会以最初创建它时的方式将其激发。默认情况下，创建触发器后会自动启用触发器。

关闭触发器有两种方法：一种是通过 SSMS，其步骤与使用 SSMS 修改触发器类似，只是在弹出的快捷菜单中选择“禁用”命令，如启用触发器，则选择“启用”命令。另一种方法是使用 T-SQL 的 ALTER TABLE 语句，其语法格式如下：

```
ALTER TABLE 数据表名
DISABLErIRIGGER 触发器名
或
ENABLE TRIGGER 触发器名
```

Disable 关键字是关闭触发器，Enable 关键字是启用触发器，如要关闭或启用所有的触发器，使用参数 ALL 代替所有的触发器。

【例 9-16】先关闭再启用 delStuBackup 触发器。

```
USE Student
GO
ALTER TABLE StudentInfo
DISABLE TRIGGER delStuBackup  /*关闭触发器*/
ALTER TABLE StudentInfo
ENABLE TRIGGER delStuBackup   /*启用触发器*/
GO
```

习　题

一、填空题

1. 在无法得到定义该存储过程的脚本文件。而又想知道存储过程的定义语句时，使用________系统存储过程，可以查看定义存储过程的 T-SQL 语句。

2. 针对每一种触发动作，在每个表或视图中只能有一个________类型的触发器。

3. 在 SQL Server 2008 中，触发器分为 INSTEAD OF 触发器和________触发器。

4. 为了接收某一存储过程的输出参数值，需要一个变量来存放该值，在该存储过程的调用语句中，必须为这个变量加上________声明。

5. 系统存储过程创建和保存在________数据库中，都以________为名称的前缀，可以在任何数据库中使用系统存储过程。

二、选择题

1. 以 CREATE PROCEDURE 为关键字的创建语句可以包括（　）。
   A. CREATE TABLE　　B.DROP TABLE
   C. ALTER TABLE　　D.CREATE DEFAUT
2. 在一个表上可以有（　）不同类型的触发器。
   A. 一种　　B. 两种　　C. 三种　　D. 无限制
3. 要查看 overorders 储存过程的内容，可以使用的语句是（　）。
   A. EXEC sp_helptext overorders
   B. EXEC sp_help overOrders
   C. EXEC sp_restored_procedures overOrders
   D. EXEC sp_ depends overOrders
4. 下面选项中属于存储过程优点的是（　）。
   A. 增强代码的重用性和共享性
   B. 可以使运行加快速度，减少网络流量
   C. 可以作为安全性机制
   D. 编辑简单
5. 执行存储过程（　）不可提供 Windows 本地组列表。
   A. sp_configurc　　B. xp_enumgroups　　C. sp_dbcmptlevel　　D. xp_logininfo

实训项目

一、简单存储过程的使用

实验目的：了解存储过程的概念和作用，掌握存储过程的创建过程，存储过程的使用，了解系统存储过程。

实验任务：在产品销售管理系统数据库中使用简单的存储过程。

实验提示：

（1） 启动 SSMS 后，新建一个查询，打开查询窗口。

（2） 创建名为 showProduct 的存储过程，显示类别编号为 3 的所有商品的编号、名称和单价。

（3） 使用关键字来执行 showProduct 存储过程。

（4） 修改 showProduct 存储过程，使其能够通过传递商品编号参数来查询指定的商品。

（5） 在调用存储过程时传递参数的编号为 1。

二、使用返回数据的存储过程

实验目的：了解存储过程的概念和作用，掌握存储过程的创建过程，存储过程的使用，以及在存储过程中返回数据。

实验任务：在产品销售管理系统数据库的存储过程中返回数据。

实验提示：

（1） 启动 SSMS 后，新建一个查询，打开查询窗口。

（2）创建名为 customerPayAmount 的存储过程，声明两个局部变量@cusld 和@amount，分别用于客户编号和获取订单总价，然后根据客户编号，计算该客户所有订单的总价。

（3） 在调用存储过程时，声明一个局部变量@result 用来接收订单的总价。

（4）使用关键字调用 customerPayAmount 存储过程，使用 OUTPUT 关键字指定@result 变量获得订单的总价。

（5） 显示客户编号和订单总价。

三、使用 INSERT 触发器

实验目的：了解 INSERT 触发器的概念和作用，掌握 INSERT 触发的创建过程和 INSERT 触发的使用。

实验任务：在产品销售管理系统数据库中使用 INSERT 触发器。

实验提示：

（1） 启动 SSMS 后，新建一个查询，打开查询窗口。

（2） 创建名为 insertOrders 的 INSERT 触发器，当 Orders 订单表插入一条新的订单记录触发。

（3） 声明一个局部变量@amount 用来获取订单产品数量。

（4） 查询 inserted 表获得订单产品数量并赋值给@amount 变量。

（5） 判断如果插入的产品数量小于 10，则回退插入操作并给出提示信息。否则，执行插入操作。

（6） 执行对 Orders 订单表的插入操作验证触发器能否被成功地执行。

四、使用列级 UPDATE 触发器

实验目的：了解 UPDATE 触发器的概念和作用，掌握 UPDATE 触发器的创建过程和 UPDATE 触发器使用。

实验任务：在产品销售管理系统数据库中使用 UPDATE 触发器。

实验提示：

（1） 启动 SSMS 后，新建一个查询，打开查询窗口。

（2） 创建名为 checkSalPrice 的 UPDATE 触发器，当 Product 产品表更新产品单价列时触发。

（3） 声明一个局部变量@salPrice 用来获取产品的单价。

（4） 查询 inserted 表获得产品数量并赋值给@salPrice 变量。

（5） 判断如果更新产品的单价小于 1，则回退更新的操作并给出提示信息，否则，执行更新数据的操作。

（6） 执行对 Product 产品表的更新操作验证触发器能否被成功执行。

五、使用 INSTEAD OF 触发器

实验目的：了解 INSTEAD OF 触发器的概念和作用，掌握 INSTEAD OF 触发器的创建过程和 INSTEAD OF 触发器的使用。

实验任务：在产品销售管理系统数据库中使用 INSTEAD OF 触发器。

实验提示：

（1） 启动 SSMS 后，新建一个查询，打开查询窗口。

（2） 创建名为 cust_order 视图，连接 Customer 客户表和 Orders 订单表。

（3） 执行 DELETE 语句删除视图中的第一条记录，观察是否可以执行成功。

（4） 确认无法删除成功后，创建名为 delCustomerAndOrders 的 INSTEAD OF 触发器来实现上面未能完成的功能。

（5） 再次执行 DELETE 语句删除视图中的第一条记录，观察是否可以执行成功，如能成功，请思考这次能够成功的原因。

模块 10

SQL Server 安全管理

学习目标

通过对本模块的学习，了解 SQL Server 2008 的安全机制、服务器和数据库角色以及应用程序角色的概念与管理，掌握用户账户的建立与管理、数据库用户的管理以及权限的概念和种类等内容。

主要内容

（1） 掌握 SQL Server 2008 安全管理机制及认证模式。
（2） 掌握 SQL Server 2008 登录方式的配置。
（3） 掌握 SQL Server 2008 用户管理及配置。
（4） 掌握 SQL Server 2008 角色、权限管理及配置。

重点与难点

（1） SQL Server 2008 登录方式的配置。
（2） SQL Server 2008 用户管理及配置。
（3） SQL Server 2008 角色、权限管理及配置。

任务 1　SQL Server 2008 安全管理策略

SQL Server 2008 对数据库的数据有充分的安全防护。SQL Server 2008 在两个级别上对登录的用户进行安全检查，首先进行登录身份的验证，其次进行数据库账户和角色的验证，每一级验证从不同的层次控制用户访问，以拒绝非法用户，保证数据的安全。

一、SQL Server 2008 的安全机制

在 SQL Server 2008 中，数据库中的所有对象都位于架构内。每一架构的所有者都是角色，而不是独立的用户，允许多用户管理数据库对象。用户仅需更改架构的所有权，而不用去更改每一个对象的所有权。

SQL Server 2008 中广泛使用安全主体和安全对象管理安全。一个请求服务器、数据库或架构资源的实体称为安全主体。每一个安全主体都有唯一的安全标识符（Security

Identifier，SID)。安全主体在 3 个级别上管理：Windows、SQL Server 和数据库。安全主体的级别决定了安全主体的影响范围。通常，Windows 和 SQL Server 级别的安全主体具有实例级的范围，而数据库级别的安全主体的影响范围是特定的数据库。表 10-1 列出了每一个级别的安全主体。

表 10-1 安全主体级别和所包括的主体

主体级别	包括的主体
Windows 级别	Windows 域登录、Windows 本地登陆 Windows 组
SQL Server 级别	服务器角色、SQL Server 登录 SQL Server 登录映射为非对称密钥 SQL Server 登录映射为证书 SQL Server 登录映射为 Windows 登录
数据库级别	数据库用户、应用程序角色、数据库角色，公共数据库角色 数据库映射为非对称密钥 数据库映射为证书 数据库映射为 Windows 登录

以上这些安全主体，包括 Windows 组、数据库角色和应用程序角色，它们能包括其他安全主体。这些安全主体也称为集合，每个数据库用户属于公共数据库角色。当一个用户在安全对象上没有被授予或拒绝给予特定权限的时候，用户则继承了该安全对象上授予公共角色的权限。

安全主体能在分等级的实体集合（也称为安全对象）上分配特定的权限，如表 10-2 所示。

表 10-2 安全对象范围和包括的安全对象

安全对象范围	包括的安全对象
服务器	服务器（当前实例）、数据库、端点、登录、服务器角色
数据库	应用程序角色、程序集、非对称密钥 证书、合同、数据库角色 全文目录、消息类型、远程服务绑定 略由、架构、服务、对称密钥、用户
架构	聚合、函数、过程 队列、同义词、表 类型、视图、XML 架构集合

表 10-2 中最顶层的三个安全对象是服务器、数据库和架构。这三个安全对象每一个又都可以包含除自身以外的其他安全对象，从而形成嵌套的层次结构，这些嵌套的层次结构称为范围。因此，也可以说在 SQL Server 2008 中的安全对象范围是服务器、数据库和架构。

二、SQL Server 2008 登录认证模式

认证指当用户请求访问系统时，系统服务器对请求者的账户和口令的确认，认证模式即是确认过程，认证的内容包括检查请求者的用户账户的有效性，是否能够建立与数据库安装实例的连接等。

由于 SQL Server 2008 是构建在 Windows 操作系统之上的，Windows 操作系统已经有一个完整有效的安全认证机制，SQL Server 2008 可以借助 Windows 操作系统的安全机制来实现自身的安全屏障，也可以建立自身的安全认证机制，所以用户请求登录 SQL Server 2008 可以有两种方式：一是通过 Windows 操作系统登录认证即可登录，一是通过 SQL Server 2008 自身的登录认证来登录。无论哪一种认证，都需要请求者有 Windows 操作系统的登录账号，即请求者应是 Windows 操作系统的合法用户。

1. Windows 登录认证

Windows 登录认证是指用户通过 Windows 用户账户连接时，SQL Server 使用 Windows 操作系统中的账户名和密码。SQL Server 数据库系统通常运行在 Windows 服务器上，而 Windows 作为网络操作系统，本身就具备管理登录、验证用户合法性的能力，所以 Windows 登录认证正是利用这一用户安全性和账户管理的机制，允许 SQL Server 也可以使用 Windows 的用户名和口令。用户只要通过 Windows 的认证就可连接到 SQL Server，而 SQL Server 本身也没有必要管理一套登录数据。但并不意味着所有能登录 Windows 操作系统的账户都能访问 SQL Server。必须要由数据库管理员在 SQL Server 中创建与 Windows 账号对应的 SQL Server 账号，然后用该 Windows 账号登录 Windows 操作系统，才能不用登录直接访问 SQL Server。SQL Server 2008 默认本地 Windows 组可以不受限制地访问数据库。

2. SQL Server 登录认证

SQL Server 2008 登录认证是由 SQL Server 2008 自己管理登录者的所有信息，验证身份时不用回叫 Windows 操作系统，SQL Server 2008 自己检查该用户的合法信息。

安装 SQL Server 2008 服务器实例时，系统提供两种登录模式可供选择，即 Windows 登录模式和混合登录模式。

如果 SQL Server 2008 服务器设置的登录模式为 Windows 登录认证，则以后对于请求登录的用户，登录认证只能是 Windows 系统身份验证，也就是对于请求登录的用户，将检查是否为 Windows 系统合法账户。

如果 SQL Server 2008 服务器设置的登录模式为混合模式，则以后当用户登录 SQL Server 2008 时，SQL Server 的认证既可以是 Windows 身份验证，也可以是 SQL Server 2008 身份验证。也就是说，对于任何请求登录的用户，系统将首先检查该用户是否拥有 SQL Server 2008 合法账号，如果没有，则检查该用户是否是 Windows 系统合法账号。在这种情况下，SQL Server 2008 将会确定 Windows 账户是否有连接到服务器的权限。如果账户有权限，连接被接受；否则，连接被拒绝。

在使用 SQL Server 2008 登录认证时，用户必须提供登录名称和密码，SQL Server 2008 通过检查是否注册了该 SQL Server 2008 登录账户或指定的密码是否与以前记录的密码相匹配来自己进行身份认证。如果 SQL Server 2008 未设置登录账户，则身份验证将失败。

三、配置登录认证模式

在第一次安装 SQL Server 2008 或者使用 SQL Server 2008 连接其他服务器的时候，需要指定登录认证模式。对于已指定的认证模式的 SQL Server 2008 服务器还可以进行设置。

【例 10-1】登录认证模式的设置。

（1） 启动 SSMS，连接到本地数据库实例，选择其右键快捷菜单的“属性”命令，打开如图 10-1 所示的“服务器属性”对话框。在默认打开的“常规”选项卡中显示了 SQL Server 2008 服务器的常规信息，包括 SQL Server 2008 的版本、操作系统版本、运行平台。默认语言以及内存和 CPU 等。

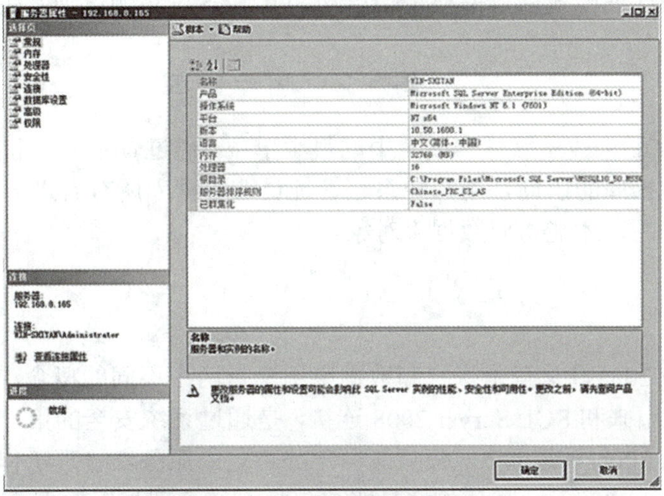

图 10-1　“服务器属性”对话框

（2） 从左侧的“选择页”列表中单击“安全性”标签，打开如图 10-2 所示的“安全性”标签页选项，在此选项中可以设置登录身份验证模式。通过单选按钮来选择所使用的 SQL Server 2008 服务器登录认证模式，不管使用哪种模式，都可以通过审核来跟踪访问 SQL Server 的用户、默认时仅审核失败的登录。当启用审核后，用户的登录被记录于 Windows 应用程序日志、SQL Server 2008 错误日志或两者之中，这取决于如何配置 SQL Server 2008 的日志。可用的审核选项如下。

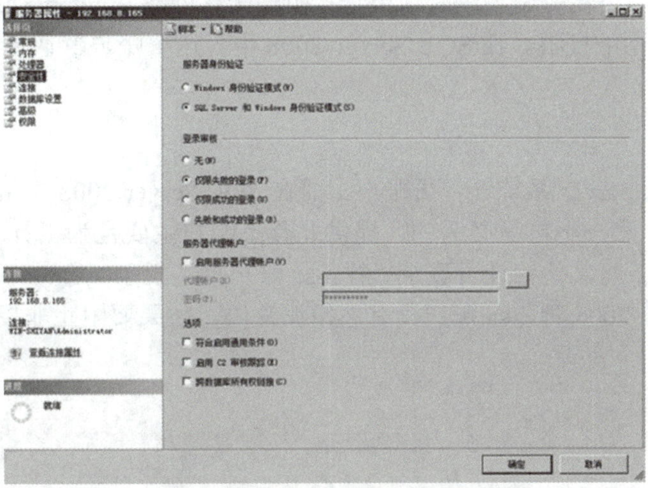

图 10-2　“安全性”选项页

- 无：禁止跟踪审核。
- 仅限失败的登录：默认设置，选择后仅审核失败的登录尝试。
- 仅限成功的登录：仅审核成功的登录尝试。
- 失败和成功的登录：审核所有成功和失败的登录尝试。

（3） 在“服务器身份验证”区域，选择自己想要的身份验证模式，然后单击“确定”按钮。在更改登录认证模式后，需要重新启动 SQL Server 实例以使其生效。

任务 2 用户管理

用户是配置 SQL Server 服务器安全中的最小单位，通过登录账户和数据库用户来管理用户对系统及其数据库的访问，用户经系统管理员或数据库所有者进一步授权（分配语句权限和对象权限）后，才能访问数据库对象。

一、登录账户

在 SQL Server 2008 中，登录账户和数据库用户是两个不同的概念，但它们的名字可能相同。登录账户仅用来和 SQL Server 2008 连接，是通过系统安全的第一道关卡，成为有资格进入 SQL Server 2008 系统的人，但只能做一些特定的服务器管理工作，无权使用数据库对象。在 SQL Server 2008 中，默认的登录账户包括系统管理员组、管理员用户和 sa 账户。

1. 系统管理员组

SQL Server 2008 中系统管理员组在数据库服务器上属于本地组，这个组的成员通常包括本地管理员用户账户和任何设置为管理员本地系统的其他用户。在 SQL Server 2008 中，此组默认授予 sysadmin 服务器角色。

2. 管理员用户账户

管理员用户账户是在 SQL Server 2008 服务器上的本地用户账户，这个账户提供对本地系统的管理权限，主要在安装系统时使用它。如果计算机是 Windows 域的一部分，管理员账户通常也有域范围的权限。在 SQL Server 2008 中，这个账户默认授予 sysadmin 服务器角色。

3. sa 账户

sa 账户是 SQL Server 系统管理员账户。而在 SQL Server 2008 中采用了新的集成和扩展的安全模式，sa 账户不再是必需的，提供此登录账户主要是为了针对以前 SQL Server 版本的向后兼容性。与其他管理员登录一样，sa 账户默认授予 sysadmin 服务器角色。在默认安装 SQL Server 2008 时，sa 账户没有被指派密码，如果要阻止非授权访问服务器，可以为 sa 账户设置一个密码。

二、数据库用户

登录账户只允许用户登录到 SQL Server 2008，他们无权访问各个数据库，要访问数据库还要求在数据库中为登录账户建立相应的数据库用户。数据库用户信息存储在每个数据库的 sysusers 系统表中。SQL Server 2008 中数据库有 dbo 和 guest 两个特殊用户。

1. dbo 用户

dbo 用户是数据库的拥有者，在安装 SQL Server 2008 时，被设置到 model 数据库中，而且不能被删除，所以 dbo 用户在每个数据库中都存在且每个数据库只有一个 dbo 用户。dbo 用户是数据库的最高权利拥有者，可在数据库范围内执行一切操作。dbo 用户永远无法从数据库中删除并且它的用户 ID 总是 1。dbo 用户对应于创建数据库的登录账户，所有系统数据库的 dbo 用户都对应于 sa 登录账户。

2. guest 用户

guest 用户可以使任何已经登录到 SQL Server 2008 服务器的用户都能够访问数据库。在系统数据库中除 model 以外都内置了 guest 用户，但用户自己的数据库则无法创建该用户。当具有登录账户的用户在数据库中没有对应的用户名，而它又要访问该数据库时，SQL Server 2008 就查找该数据库中是否有 guest 用户，如果存在该用户，就允许他使用 guest 用户的权限访问数据库，否则将拒绝其访问。

除了 dbo 和 guest 两个用户外，系统管理员或数据库所有者还可以为已建立登录账户的用户创建数据库用户，数据库用户名可以和登录账户相同，也可以不同。

三、创建和管理登录账户

对应于 SQL Server 2008 中不同的两种登录认证模式，创建和管理登录账户也有两种，分别是 Windows 登录账户和 SQL Server 登录账户。

1. 创建和管理 Windows 登录账户

使用 Windows 系统登录认证，登录的账号由 Windows 系统创建，需要在 SQL Server 2008 中注册用户名，可以通过 SSMS 和命令方式来建立和删除这种登录账户的注册。

1） 使用 SSMS 管理 Windows 登录账户。

使用 SSMS 管理 Windows 登录账户要求在 Windows 操作系统中存在需要注册的用户，所以在注册前要确保该用户的存在，然后才能进行注册。

【例 10-2】 将名为 test 的 Windows 用户注册到 SQL Server 2008。

（1） 以管理员身份登录到 SQL Server Management Studio，在“对象资源管理器”中依次展开“数据库实例”|“安全性”，选择“登录名”对象，右击，弹出如图 10-3 所示的快捷菜单。

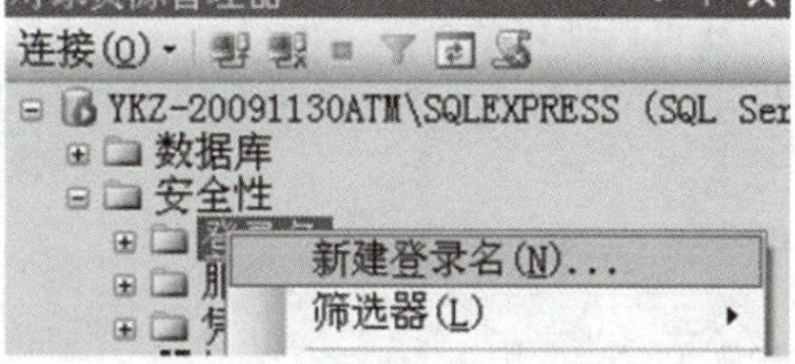

图 10-3　“新建登录名”命令

（2） 选择“新建登录名”命令，弹出如图 10-4 所示的“登录名-新建”对话框。

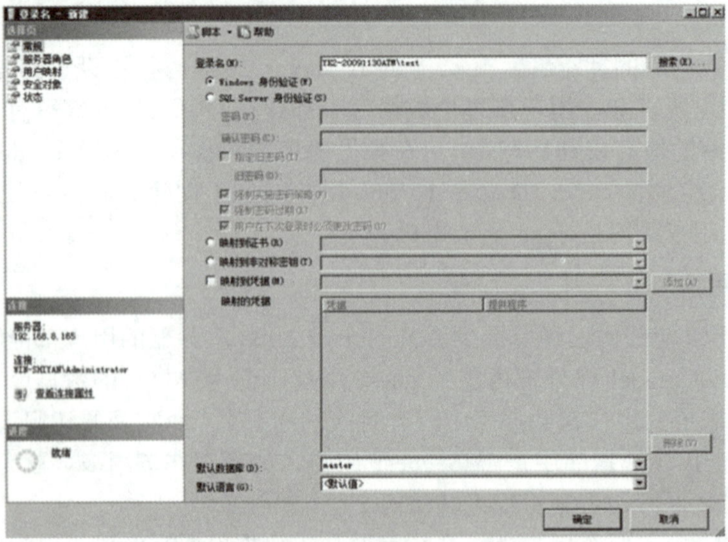

图 10-4 “登录名-新建”对话框

（3） 在对话框中可以通过单击“常规”选项页中的“搜索”按钮，在“选择用户或组”对话框中选择相应的用户名或用户组添加到 SQL Server 2008 登录用户列表中，本例的登录名为 YK2-20091130ATM\test(YK2-20091130ATM 为本地计算机名)。登录认证方式选择“Windows 身份验证”模式，在默认数据库下拉列表中选择 master。

（4） 在“用户映射”选项页中选中 master 数据库前面的复选框以允许用户访问这个默认的数据库。

（5） 设置完毕后单击“确定”按钮，即可新建一个 Windows 登录认证方式的登录账户。

（6） 在“对象资源管理器”中的“数据库实例”I“安全性”I“登录名”下，将出现如图 10-5 所示的 test 登录账户。如果要删除已建立的登录账户，只要在窗口中选择要删除的登录账户，右击，在弹出的快捷菜单中选择“删除”命令，在打开的“删除对象”对话框中单击“确定”按钮即可。

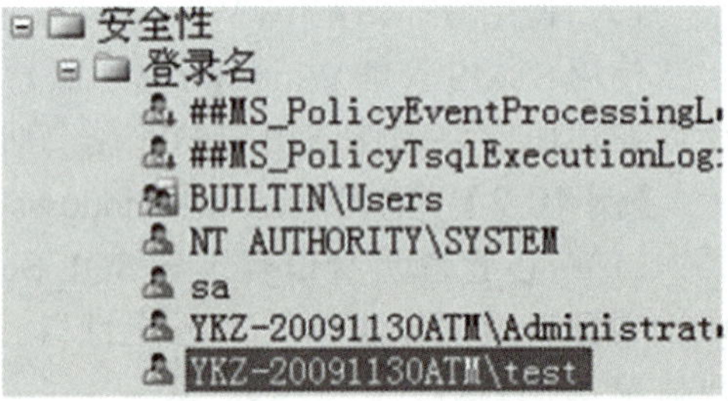

图 10-5 创建的登录账号

2） 使用命令方式管理 Windows 登录账户。

在 SQL Server 2008 中还可以使用命令方式管理 Windows 登录账户，创建 Windows 登录账号要使用到 CREATE LOGIN 命令，其语法格式如下：

```
CREATE  LOGIN  login_name {
   FROM {
WINDOWS [WITH<DEFAULT_DATABASE=datebase
| DEFAULT_LANGUAGE=language   > [ , ... ]  ]
```

```
  | CERTIFICATE certname
  | ASYMMETRIC KEY asym_key_name
  }
  }
```

语法参数的含义如下。

- Login_name：是创建的登录账户名称，要符合“[域用户名]”的格式，“域”为本地计算机名。
- FROM 关键字：表示创建的是 Windows 登录账户。
- WINDOWS 关键字：指定将登录名映射到 Windows 登录名。
- DEFAULT_DATABASE：指定默认数据库。
- DEFAULT_LANGUAGE：指定默认语言。
- CERTIFICATE：指定将与登录名关联的证书名称。
- ASYMMETRIC KEY：指定将与此登录名关联的非对称密钥的名称。

【例 10-3】使用命令方式创建 Windows 登录账户。

```
CREATE LOGIN[YK2-20091130ATM\test]  FROM WINDOWS
WITH DEFAULT_DATABASE=master  /*指定默认数据库*/
```

命令执行成功后，在“对象资源管理器”中的“数据库实例”|“安全性”|“登录名”下，将出现 test 的登录账户。

删除 Windows 登录账户要使用 DROP LOGIN 命令，其语法格式如下：

```
DROP LOGIN [login_name]
```

【例 10-4】使用命令方式删除 Windows 登录账户。

```
DROP  LOGIN   [YK2-20091130ATM\test ]
```

2. 创建和管理 SQL Server 登录账户

要建立 SQL Server 登录账户，首先应将登录认证模式设置为混合模式。如果用户在安装 SQL Server 时认证模式没有设置为混合模式，则要按照【例 10-1】的步骤操作。在 SQL Server 2008 中创建和管理 SQL Server 登录账户，可以通过 SSMS 和命令方式来进行。

1） 使用 SSMS 管理 SQL Server 登录账户。

【例 10-5】创建用户名为 wjn 的 SQL Server 2008 登录账户。

（1） 以管理员身份登录到 SQL Server Management Studio，在“对象资源管理器”中依次展开“数据库实例”|“安全性”，选择“登录名”对象，右击，弹出快捷菜单。

（2） 选择“新建登录名（N）”命令，弹出“登录名-新建”对话框。

（3） 在对话框中的“登录名”文本框中输入用户名 wjn，选中“SQL Server 身份验证”选项，输入密码，取消选择“强制密码过期”复选框，设置完毕单击“确定”按钮。

（4） 在“对象资源管理器”中单击“连接”图标，在下拉列表框中选择“数据库引擎”，弹出“连接到服务器”对话框。

（5） 在对话框中，选择“SQL Server 身份验证”，“登录名”输入 wjn，输入密码，单击“连接”按钮，就能连接 SQL Server 了。登录后的“对象资源管理器”界面显示为如图

10-6 所示。

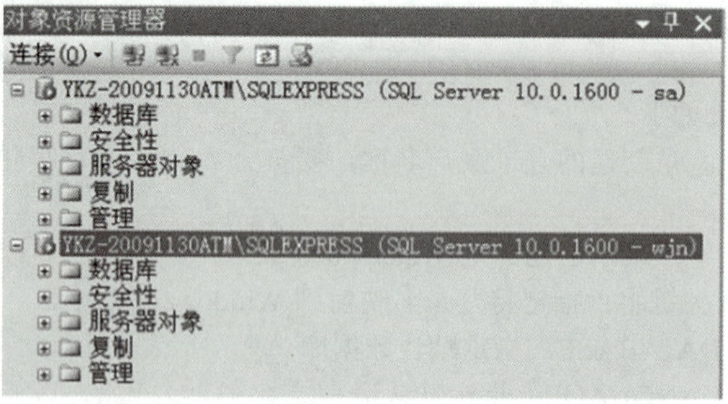

图 10-6　创建的 SQL Server 登录账号

2）　使用命令方式管理 SQL Server 登录账户。

在 SQL Server 2008 中还可以使用命令方式管理 SQL Server 登录账户，创建 SQL Server 登录账户同样要使用到 CREATE LOGIN 命令，其语法格式如下：

```
CREATE  LOGIN  login_name {
WITH   PASSWORD= 'password' [ HASHED] [MUST_CHANGE] [,
      SID-sid
     | DEFAULT_DATABASE-datebase
     | DEFAULT_LANGUAGE=language
     | CHECK_EXPIRATION= { ON | OFF }
     | CHECK_POLICY={ONIOFF }
     |  CREDENTIAL=credential_name ]  [ , ... ] ]
     | CERTIFICATE certname
     |  ASYMMETRIC KEY asym_key_name
```

语法主要参数的含义如下。

- PASSWORD：指定正在创建的登录名的密码，password 为密码字符串。HAST 选项指定在 PASSWORD 参数后输入的密码已经过哈希运算，如果未选择此选项，则再将作为密码输入的字符串存储到数据库之前，对其进行哈希运算。如果指定 MUST_CHANGE 选项，则 SQL Server 会在首次使用新登录名时提示用户输入新密码。
- SID：指定新 SQL Server 登录名的全局唯一标识符，如果未选择此选项，则自动指派。
- CHECK EXPIRATION：指定是否对此登录名强制实施密码过期策略，默认值为 OFF。
- CHECK POLICY：指定应对此登录名强制实施运行 SQL Server 的计算机的 Windows 的密码策略，默认值为 ON。

【例 10-6】使用命令方式创建 SQL Server 登录账户。

```
CREATE LOGIN wjn
WITH PASSWORD=-123456'
DEFAULT_DATABASE=master
```

命令执行成功后，在“对象资源管理器”中的“数据库实例”|“安全性”|“登录名”下，将出现 wjn 登录账户。

删除 SQL Server 登录账户要使用 DROP LOGIN 命令，其语法格式如下：

```
DROP LOGIN login_name
```

【例 10-7】使用命令方式删除 SQL Server 登录账户。

```
DROP LOGIN wjn
```

四、创建和管理数据库用户

每个登录账户都有一个默认登录访问的数据库，如果没有设置默认登录访问的数据库，系统将默认为 master 数据库。作为系统管理员，还可以设置某个数据库用户可访问的其他数据库和不可访问的数据库，也可以为某个数据库添加或删除数据库用户。由于登录用户成为数据库用户，管理 SQL Server 2008 登录用户实际就是管理数据库用户。和登录账户一样，可以通过 SSMS 和命令方式来创建和删除数据库用户。

1. 使用 SSMS 管理数据库用户

在实现了数据库的安全登录后，检验用户权限的下一个安全等级就是数据库的访问权。数据库的访问权是通过映射数据库的用户与登录账户之间的关系来实现的。一个登录名连接上 SQL Server 2008 以后，就需要设置用户访问数据库的权限。为此，需要创建数据库用户账户，然后给这些用户账户授予权限。设置权限以后，用户就可以用这个账户连接 SQL Server 2008 并访问能够访问的数据库。

【例 10-8】为 Student 数据库创建用户 text。

（1） 以管理员身份登录到 SQL Server Management Studio，在“对象资源管理器”中依次展开“数据库”|Student|“安全性”，选择“用户”项，右击，弹出快捷菜单。

（2） 选择“新建用户（N）”命令，弹出如图 10-7 所示的“数据库用户-新建”对话框。

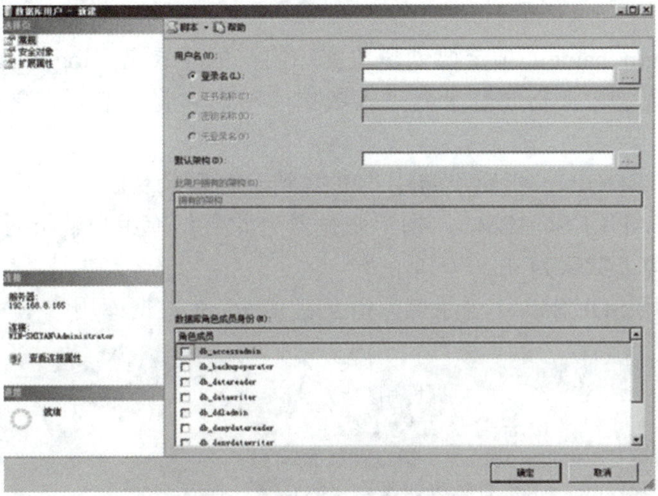

图 10-7　“数据库用户-新建”对话框

（3） 在“用户名”文本框中输入一个数据库用户的名称 wtest，或者在“数据库角色成员身份”列表中选择新建用户应该属于的数据角色如 db_owner；选中“登录名”单选按钮，单击后面的“搜索”按钮，在弹出的“选择登录名”对话框中选择要登录的账户 test；单击默认架构后的“搜索”按钮，在弹出的“选择架构”对话框中选择 dbo 选项。

（4） 设置完毕后单击“确定”按钮，即可在数据库中创建一个新的用户账户。

（5） 用户创建成功后，在“对象资源管理器”中的“数据库”|Student |“安全性”|“用户”下将出现如图 10-8 所示的 wtest 用户。如果要删除已建立的数据库用户时，只要在窗口中选择要删除的数据库用户，右击，在弹出的快捷菜单中选择“删除”命令，在打开的“删除对象”对话框中单击“确定”按钮即可。

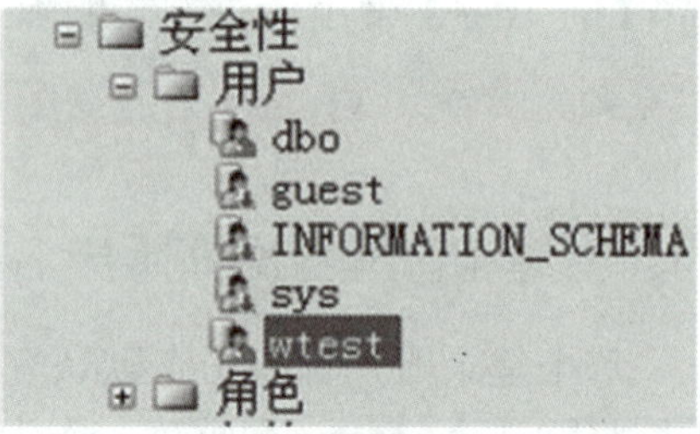

图 10-8 创建的数据库用户

2. 使用命令方式管理数据库用户

在 SQL Server 2008 中还可以使用 CREATE USER 命令方式管理数据库用户，其语法格式如下：

```
CREATE USER uscr_name
[ { FOR | FROM} {
LOGIN login_name
| CERTIFICATE cert_name
| ASYMMETRIC KEY asym_key_name
}
| WITHOUT LOGIN
WITH   DEFAULT_SCHEMA=schema_name ]
```

语法参数的含义如下。

- User_name：用于指定数据库用户名。FOR 或 FROM 子句用于指定相关联的登录名。
- LOGIN login_name：指定要创建数据库用户的登录名。login_name 必须是服务器中有效的登录名。当此登录名进入数据库时，它将获取正在创建的数据库用户的名称和 ID。
- WITHOUT LOGIN：指定不将用户映射到现有登录名。
- WITH DEFAULT SCHEMA：指定服务器为此数据库用户解析对象名称时将搜索的第一个架构，默认为 dbo。

【例 10-9】使用 SQL Server 登录名 wjn 创建 Student 数据库用户 wwjn。

```
USE Student
CREATE USER wwjn  /*创建数据库用户*/
FOR LOGIN wjn    /*关联登录的账户名*/
WITH DEFAULT_SCHEMA=dbo  /*指定默认架构*/
EXEC SP_HELPUSER/*执行查看数据库用户的存储过程*/
GO
```

执行结果如图 10-9 所示，在列表中可以查到我们添加的数据库角色。

结果　消息

	UserName	RoleName	LoginName	DefDBName	DefSchemaName	UserID	SID
1	dbo	db_owner	sa	master	dbo	1	0x01
2	guest	public	NULL	NULL	guest	2	0x00
3	INFORMATION_SCHEMA	public	NULL	NULL	NULL	3	NULL
4	sys	public	NULL	NULL	NULL	4	NULL
5	wwjn	public	wjn	master	dbo	5	0x888AE422C631E04EAF3E61190A0E4482

图 10-9　创建的数据库用户

删除数据库用户要使用到 DROP USER 命令，其语法格式如下：

```
DROP USER user_name
```

语法中的参数 user_name 为要删除数据库用户的名称，在删除之前要使用 USE 语句指定数据库。

【例 10-10】使用命令方式删除数据库用户 wwjn。

```
USE Student
GO
DROP USER wwjn
EXEC SP_HELPUSER/*执行查看数据库用户的存储过程*/
GO
```

执行结果在列表中可以看到该数据库用户已经被成功地删除。

任务 3　角色管理

角色是 SQL Server 2008 用来管理数据库或服务器权限的概念。角色好比是一个职位，数据库管理员将操作数据库的权限赋予角色，就像把职权赋予了一个职位。然后，数据库管理员可以将角色再赋给数据库用户或登录账户，就像将一个职位交给某一个人一样。

在 SQL Server 2008 中，通过角色可将用户分为不同的类，对相同的类用户（相同角色的成员）进行统一管理，赋予相同的操作权限。SQL Server 2008 给用户提供了预定义的服务器角色（固定服务器角色）和数据库角色（固定数据库角色），固定服务器角色和固定数据库角色都是 SQL Server 2008 内置的，不能进行添加、修改或删除操作。用户可根据需要，创建自己的数据库角色，以便对具有同样操作的用户进行统一管理。

一、服务器角色

服务器角色独立于各个数据库，是 SQL Server 在安装时就创建好的用于分配服务器级管理权限的实体。服务器角色是一些系统定义好操作权限的用户组，其中的成员是登录账号。服务器角色不能增加或删除，只能对其中的成员进行修改。如果在 SQL Server 中创建一个登录账号后，要赋予该登录者管理服务器的权限，此时可设置该登录账号为服务器角色的成员。

SQL Server 提供以下固定服务器角色。

- 系统管理员（sysadmin）：拥有 SQL Server 所有的权限许可。

- 服务器管理员（serveradmin）：管理 SQL Server 服务器端的设置。
- 磁盘管理员（diskadmin）：管理磁盘文件。
- 进程管理员（processadmin）：管理 SQL Server 系统进程。
- 安全管理员（securityadmin）：管理和审核 SQL Server 系统登录。
- 安装管理员（setupadmin）：增加、删除连接服务器，建立数据库复制以及管理扩展存储过程。
- 数据库创建者（dbcreator）：创建数据库，并对数据库进行修改。
- 批量数据输入管理员（bulkadmin）：管理同时输入大量数据的操作。

用户只能将一个用户登录账户添加为上述某个固定服务器角色的成员，不能自行定义服务器角色。可以通过 SSMS 和系统存储过程将用户登录账户加入到固定服务器角色。

1. 使用 SSMS 添加固定服务器角色

在添加用户登录账户到固定服务器角色前，首页要确认该登录账户已经存在，如果不存在，就要创建该登录账户。

【例 10-11】将名为 test 的 Windows 登录账户添加到 sysadmin 角色。

（1） 以管理员身份登录到 SQL Server Management Studio，在“对象资源管理器”中依次展开“安全性”|“登录名”，选择 YK2-20091130ATM\test 登录账户，右击，弹出快捷菜单。

（2） 选择“属性（R）”命令，弹出如图 10-10 所示的“登录属性-YK2-20091130ATM\test”对话框。

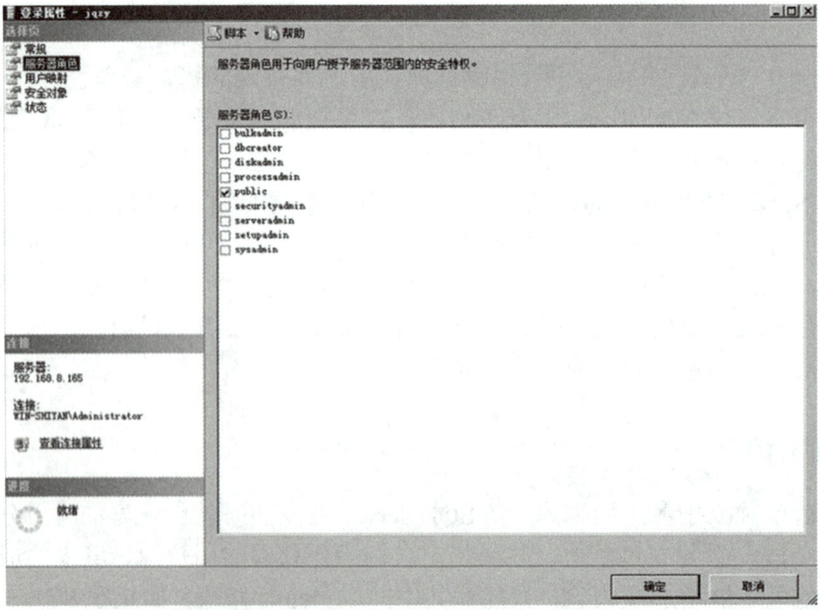

图 10-10 “登录属性”对话框

（3） 在该对话框中选择“服务器角色”选项页，在登录属性右边列出了所有的固定服务器角色，用户可以根据需要，选择服务器角色对应的复选框，来为登录账户添加相应的服务器角色。这里选择 sysadmin 固定服务器角色，单击“确定”按钮完成添加。这里要说明服务器角色的设置也可以在新建用户登录名时进行。

如果要删除该登录账户的某个固定服务器角色，只需在图 10-10 中取消选择相应的固定服务器角色复选框。

2. 使用系统存储过程添加固定服务器角色

除了可以使用 SSMS 添加固定服务器角色外，还可以使用系统存储过程添加固定服务器角色。

使用 sp_addsrvrolemember 系统存储过程将一个登录账户添加到某个固定数据库角色中，使其成为固定数据库角色的成员，使用 sp_dropsrvrolemember 系统存储过程删除某个固定数据库角色成员，其语法格式分别如下：

```
sp_addsrvrolemember [ @loginame= ] 'login',[ @rolename= ] 'role'
sp_dropsrvrolemember [ @loginame=] ' login ',[ @ rolename=]' role'
```

语法参数的含义如下。

- login：添加到固定服务器角色的登录账户名。
- role：可以是 SQL Server 登录或 Windows 用户登录账户，对于 Windows 登录账户，如果还没有授权 SQL Server 访问权限，将自动对其授予访问权限。role 必须为 sysadmin、Securityadmin、Serveradmin、Setupadmin、Processadmin、Dbcreator、Bulkadmin 之一。

在固定服务器角色中添加和删除 SQL Server 登录账户或 Windows 用户账户时应注意：

（1） 不能更改 sa 用户角色成员资格，不能删除 sa 用户登录名。

（2） 不能在用户定义的事务内执行 sp_dropsrvrolemember 和 sp_addsrvrolemember。

（3） sysadmin 固定服务器角色的成员可以将任何固定服务器角色添加到某个登录账户，其他的固定服务器角色的成可以执行 sp_dropsrvrolemember 为某个登录账户添加同一个固定服务器角色。

（4） 如果不想让用户有任何管理权限，就不要将他们指派给服务器角色，这样就可以将他们限定为普通用户。

（5） sysadmin 固定服务器角色的成员执行 sp_dropsrvrolemember，可删除任意固定服务器角色中的登录账户，其他的固定服务器角色的成员只可以删除相同固定服务器角色中的其他成员。

【例 10-12】将 Windows 用户 test 添加到 sysadmin 固定服务器角色。

```
EXEC sp_addsrvrolemember 'YK2-20091130ATM\test','sysadmin'
```

【例 10-13】从 sysadmin 固定服务器角色中删除 Windows 用户 test。

```
EXEC sp_dropsrvrolemember 'YK2-2009113 0ATM\test','sysadmin'
```

二、数据库角色

数据库角色是为某一用户或某一组用户授予管理或访问数据库的不同权限，这些权限是数据库专有的，并且还可以使一个用户具有属于同一数据库的多个角色。SQL Server 2008 提供了两种类型的数据库角色：固定的数据库角色和用户自定义的数据库角色。

1. 固定数据库角色

固定的数据库角色是指 SQL Server 2008 已经定义了这些角色所具有的管理、访问数据库的权限，而且 SQL Server 2008 管理者不能对其所具有的权限进行任何修改。SQL Server 中的每一个数据库中都有一组固定的数据库角色，在数据库中使用固定的数据库角色可以将不同级别的数据库管理工作分给不同的角色，从而有效地实现工作权限的传递。SQL Server 提供了以下固定数据库角色。

- db_owner：数据库的所有者，可执行数据库的所有管理操作。
- db_accessadmin：数据库访问权限管理者，具有添加、删除数据库使用者、数据库角色和组的权限。
- db_securityadmin：数据库安全管理员，可管理数据库中的权限，如设置数据库表的增加、删除、修改和查询等存取权限。
- db_ddladmin：数据库 DLL 管理员，可增加、删除或修改数据库中的对象。
- db_backupoperator：数据库备份操作员，具有执行数据库备份的权限。
- db_datareader：数据库数据读取者。
- db_datawriter：数据库数据写入者，具有对表进行增、删、修改的权限。
- db_denydatareader：数据库拒绝数据读取者，不能读取数据库中任何表的内容。
- db_denydatawriter：数据库拒绝写入者，不能对任何表进行增、删、修改操作。
- public：是一个特殊的数据库角色，每个数据库用户都是 public 角色的成员，因此不能将用户、组或角色指派为 public 角色的成员，也不能删除角色的成员。通常将一些公共的权限赋给 public 角色。

可以通过 SSMS 和系统存储过程将数据库用户加入到数据库角色中，从而授予其管理数据库的权限。

1） 使用 SSMS 添加固定数据库角色成员。

在将数据库用户加入到数据库角色前，首先要确认该数据库用户已经存在，如果不存在，则要先进行创建。

【例 10-14】 将 wtest 数据库用户添加到 db_ owner 固定数据库角色中。

（1） 以管理员身份登录到 SQL Server Management Studio，在“对象资源管理器”中依次展开“数据库”|“Student”|“安全性”|“用户”，选择 wtest 数据库用户并右击。

（2） 在弹出的快捷菜单选择“属性（R）”命令，弹出如图 10-11 所示的“数据库用户-wtest”对话框。

（3） 在对话框“常规”选项页中的“数据库角色成员身份”列表中，用户可以根据需要，选择数据库角色复选框，来为数据库用户添加相应的数据库角色，本例选择 db_owner 数据库服务器角色复选框，然后单击“确定”按钮即可。

如果要删除该用户的某个固定数据库角色成员，只需取消选择数据库服务器角色复选框。

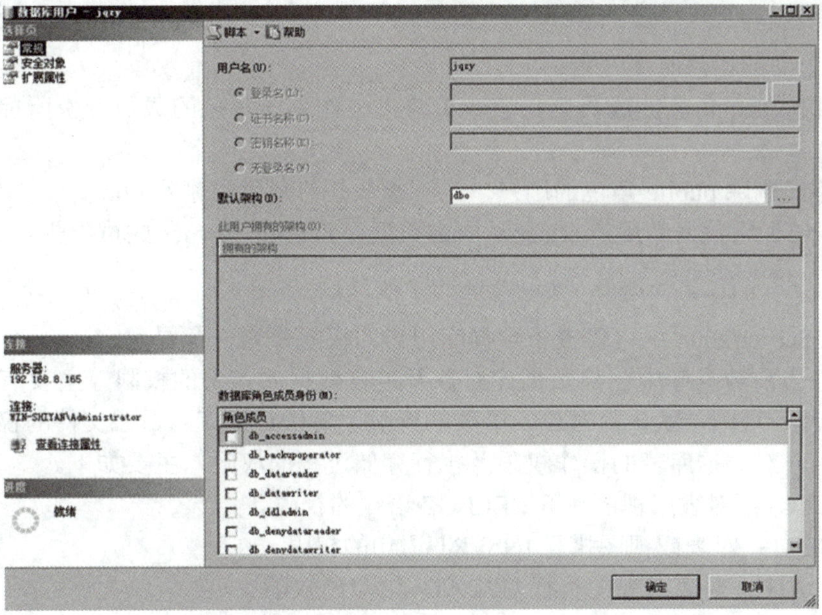

图 10-11　“数据库用户-wtest”对话框

2） 使用系统存储过程添加固定数据库角色成员。

除了可以使用 SSMS 添加固定数据角色外，还可以使用系统存储过程 sp_addrolemember 添加固定数据库角色，其语法格式如下：

```
sp_addrolemember [ @ rolename= ]'role', [ @membe rname= ]'securit y_account'
```

语法参数的含义如下。

- role：当前数据库中的数据库角色的名称。
- security_account：添加到该角色的安全账户，可以是数据库用户或当前数据库角色。

在添加固定数据库角色时应注意以下事项：

（1） 当使用 sp_ addrolemember 将用户添加到角色时，新成员将继承所有应用到角色的权限。

（2） 不能将固定数据库或固定服务器角色或者 dbo 添加到其他角色。例如，不能将 db_owner 固定数据库角色添加成为用户定义的数据库角色的成员。

（3） 在用户定义的事务中不能使用 sp_addrolemember。

（4） 只有 sysadmin 固定服务器角色和 db_owner 固定数据库角色中的成员可以执行 sp_addrolemember，以将成员添加到数据库角色。

（5） db_securityadmin 固定数据库角色的成员可以将用户添加到任何用户定义的角色。

【例 10-15】将 Student 数据库上的数据库用户 wtest 添加为固定数据库角色 db_owner 的成员。

```
EXEC sp_addrolemember 'db_owner','wtest'
```

利用系统存储过程 sp_droprolemember 可以将某一成员从固定数据库角色中删除，其语法格式如下。

```
sp_droprolemember [ @ rolename= ] 'role', [ @membername= ]'securit y_account'
```

在使用上面的语法时要注意：

（1） 删除某一角色的成员后，该成员将失去作为该角色的成员身份所拥有的任何权限。

（2） 不能删除 public 角色的用户，也不能从任何角色中删除 dbo。

【例 10-16】将数据库用户 wtest 从固定数据库角色 db_owner 成员中删除。

```
EXEC sp_droprolemember 'db_owner','wtest'
```

在 SQL Server 2008 中，可授予数据库用户的权限分为三个层次。

（1） 在当前数据库中创建数据库对象及进行数据库备份的权限，主要有创建表、视图、存储过程、规则、默认值对象、函数的权限及备份数据库、日志文件的权限。

（2） 用户对数据库表的操作权限及执行存储过程的权限，主要如下。

- SELECT：对表或视图执行 SELECT 语句的权限。
- INSERT：对表或视图执行 INSERT 语句的权限。
- UPDATE：对表或视图执行 UPDATE 语句的权限。
- DELETE：对表或视图执行 DELETE 语句的权限。
- REFERENCES：用户对表的主键和唯一索引字段生成外码引用的权限。
- EXECUTE：执行存储过程的权限。

（3） 用户对数据库中指定表字段的操作权限，主要如下。

- SELECT：对表字段进行查询操作的权限。
- UPDATE：对表字段进行更新操作的权限。

2. 自定义数据库角色

很多时候，固定服务器角色并不能满足需要，用户的需求并不总是能够映射到一个固定的数据库角色，或有时数据库管理员要给一些设置相同的权限，但他没有管理 Windows 用户和组的权限，不能将这些用户组织在一个 Windows 组中，这时可以通过自定义数据库角色统一管理这些用户的权限。

可以通过 SSMS 和命令方式创建自定义数据库角色，然后就可以将数据库用户添加到自定义的数据库角色。

1） 使用 SSMS 创建自定义数据角色。

在使用自定义数据库角色成员前，首先要创建一个新的自定义数据库角色。

【例 10-17】在 Student 数据库中创建一个自定义数据库角色 NewRole。

（1） 以管理员身份登录到 SQL Server Management Studio，在“对象资源管理器”中依次展开“数据库”|Student|“安全性”，选择“角色”项，右击。

（2） 在弹出的快捷菜单中选择“新建（N）”|“新建数据库角色（N）”命令，弹出如图 10-12 所示的“数据库角色-新建”对话框。

（3） 在对话框中选择“常规”选项页并输入要定义的角色名称 NewRole，选择所有者为 wtest，选择角色用户的架构为 dbo，添加角色成员 wtest。完成以上配置后，单击“确定”按钮即可完成数据库角色的创建。

（4） 在“对象资源管理器”中依次展开“数据库”|Student|“安全性”|“角色”，可以看到如图 10-13 所示的新创建的自定义数据库角色 NewRole。

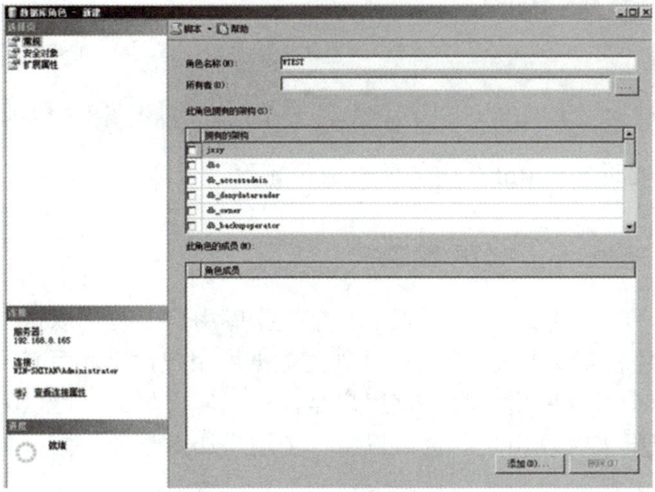

图 10-12　“数据库角色-新建”对话框

图 10-13　创建的自定义数据库角色

如果要删除已建立的自定义数据库角色，只要在“对象资源管理器”中选择要删除的自定义数据库角色，右击，在弹出的快捷菜单中选择“删除”命令，在弹出的“删除对象”对话框中单击“确定”按钮即可。

2） 使用命令方式创建自定义数据库角色。

除了可以使用 SSMS 创建自定义数据库角色外，还可以使用命令 CREATE ROLE 语句创建自定义数据库角色，其语法格式如下：

```
CREATE ROLE role_name [AUTHORIZATION owner_name]
```

语法参数的含义如下。

- role_name：要创建的数据库角色的名称。
- AUTHORIZATION owner_name：用于指定新的数据库角色的所有者，如果未指定，则执行 CREATE ROLE 的用户将拥有的新角色。

【例 10-18】 在 Student 数据库中创建名称为 NewRole2 的新角色。

```
USE Student
GO
CREATE ROLE NewRole2
AUTHORIZATION dbo  /*指定数据库角色的拥有者*/
```

要删除一个数据库角色可以使用 DROP ROLE 命令语句，其语法格式如下：

```
CREATE ROLE role_name
```

在使用 DROP ROLE 命令语句时要注意以下问题。

（1） 无法从数据库删除拥有安全对象的角色。如果要删除拥有安全对象的数据库角色，必须首先转移这些安全对象的所有权，或从数据库删除它们。

（2） 无法从数据库删除拥有成员的角色。如果要删除拥有成员的数据库角色，必须首先删除角色的所有成员。

（3） 不能使用 DROP ROLE 删除固定数据库角色。

【例 10-19】删除自定义数据库角色 NewRole2。

```
USE Student
GO
DROP ROLE NewRole2
```

在删除 NewRole2 之前，首先需要将 NewRole2 中的所有成员删除，否则无法删除。

任务 4　权限管理

权限是 SQL Server 2008 安全性管理的重要内容，它表示一个数据库用户所有可以执行的操作范围。简单来讲就是“用户能不能做某个操作”。一旦创建数据库用户，随之而来的便是管理这些用户的权限。在创建一个数据库用户时，该用户是没有任何权限的。可以为一个用户赋予相应的访问数据库的权限来管理用户。也可以将一个用户加入一个数据库角色使该用户获得该角色所拥有的权限。

在 SQL Server 2008 中使用 GRANT、REVOKE 和 DENY 等命令来管理用户的权限。

sysadmin 固定服务器角色的成员、db_owner 固定数据库角色的成员以及数据库对象的所有者都可授予、废除或拒绝某个用户或某个角色的权限。SQL Server 2008 中有两个特殊的用户账号，即 public 角色和 guest 用户，public 角色的权限可应用于数据库中的所有用户，guest 用户的权限可被所有在数据库中没有账号的用户使用。

一、权限的分类

SQL Server 2008 的用户权限可以划分为三类：对象权限、语句权限和隐含权限。

1. 对象权限

对象权限是指用户对数据库中的表、视图、存储过程等对象的操作权限。具体包括：对表和视图是否可以执行 SELECT、INSERT、UPDATE、DELETE；对表和视图的列是否可以执行 SELECT、UPDATE；对存储过程是否可以执行 EXECUTE。

2. 语句权限

语句权限是指用户执行数据库操作的权限，即用户执行某些 T-SQL 语句的权利。只有 sysadmin、db_owner、db_securityadmin 角色的成员才能授予语句权限。具体的语句权限包括 BACKUP DATABASE、BACKUP LOG、CREATE DATABASE、CREATE DEFAULT、CREATE FUNCTION、CREATE PROCEDURE、CREATE RULE、CREATE TABLE、CREATE VIEW。

3. 隐含权限

系统安装以后有些用户和角色不必授权就拥有的权限。这些角色包括固定的服务器角色和固定的数据库角色；这些用户包括数据库所有者和数据库对象所有者。隐含权限不能明确地赋予和撤销。

二、权限的操作

- 数据表和数据列存储了应用程序需要获取及创建的数据。对这些数据的访问是通过 SQL Server 2008 的权限层次结构进行管理的。可以使用 GRANT、DENY 和 REVOKE 语句来管理这个权限层次结构。
- GRANT：允许一个数据库用户或角色执行所授权限指定的操作。
- DENY：拒绝一个数据库用户或者角色的特定权限，并且阻止他们从其他角色中继承这个权限。
- REVOKE：取消先前被授予或拒绝的权限。

可以用命令方式和 SSMS 来设置用户的语句权限和对象权限。

1. 使用命令方式设置用户的语句权限

使用 T-SQL 的命令语句可以实现对语句权限的管理，对语句权限的管理包括授予、拒绝和取消。其语法格式如下：

```
GRANT /DENY/REVOKE {ALL  I  statement[,..n]}
TO security_account[, …n]
```

语法参数的含义如下。

- ALL：表示授权所有可以应用的权限。在授予命令权限时，只有固定服务器角色 sysadmin 成员可以使用 ALL 关键字。
- statement：表示可以授予权限的 T-SQL 语句。
- security_account：是被授予权限的对象，可为当前数据库用户、数据库角色和许可登录的 Windows 用户或用户组。

【例 10-20】给数据库用户 wtest 授予创建数据库和数据表的权限。

```
USE Student
GO
GRANT CREATE DATABASE, CREATE TABLE/*授予创建数据库和表的权限*/
TO wtest
```

【例 10-21】取消数据库用户 wtest 创建数据库和数据表的权限。

```
USE Student
GO
REVOKE CREATE DATABASE, CREATE TABLE/*取消创建数据库和表的权限*/
TO wtest
```

2. 使用命令方式设置用户的对象权限

数据库对象的操作权限也是用 GRANT、REVOKE 和 DENY 的 T-SQL 命令来设置的，其语法格式如下：

```
GRANT/REVOKE/DENY {ALL [PRIVILEGES]| permission [,…n] }
   (column [,…n]  )    ] ON  {table  | view}
ON  {table | view} [ (column [,…n] ) ]
ON  { stored_procedure   } lextended procedure }
```

```
ON { user_defined_function }
TO security_account [,…n]
[WITH GRANT OPTION]  [CASCADE]  [AS { group | role } ]
```

语法参数的含义如下。

- ALL：指定所有可用的权限，sysadmin 角色成员和数据库对象所有者可以使用 ALL。
- permission：指定授予权限的类型，取值为可以被授权或拒绝的操作。
- column：为当前数据库中授予权限的列名。
- table：为当前数据库中授予权限的表名。
- view：为当前数据库中授予权限的视图名。
- stored procedure：为当前数据库中授予权限的存储过程名。
- extended_procedure：为当前数据库中授予权限的扩展存储过程名。
- user_defined_function：为当前数据库中授予权限的用户定义函数名。
- WITH GRANT OPTION 子句：允许 security_account 用户将对象权限转授给其他用户和角色，仅对于 GRANT 命令有效。
- CASCADE：指定取消 security_account 用户授权的任何其他用户、角色的权限，对于 REVOKE 和 DENY 命令有效。

【例 10-22】允许 wtest 数据库用户对 StudentInfo 表进行编辑修改的操作。

```
USE Student
GO
/*赋予用户对表的编辑修改操作*/
GRANT  INSERT, UPDATE, DELETE  ON  StudentInfo  TO  wtest
```


【例 10-23】不允许 wtest 数据库用户对 StudentInfo 表的学号列进行访问的操作。

```
USE Student
GO
/*阻止用户对表列的查询操作*/
DENY SELECT（学号） ON StudentInfo TO wtest
```

【例 10-24】取消 wtest 数据库用户对 StudentInfo 表的编辑修改的操作。

```
USE Student
GO
/*取消用户对表的编辑修改操作*/
REVOKE  INSERT, UPDATE, DELETE  ON  StudentInfo  TO  wtest
```

3. 使用 SSMS 设置用户的权限

除了可以使用 T-SQL 命令语句设置用户权限以外，还可以通过使用 SSMS 来设置用户的权限。

【例 10-25】给数据库用户 wtest 授予创建表的语句权限。

（1）以系统管理员身份登录到 SQL Server Management Studio，在“对象资源管理器”中依次展开“数据库”，选择 Student 数据库，右击。

（2）在弹出的快捷菜单中选择“属性（R）”命令，弹出如图 10-14 所示的“数据库属性-Student”对话框。

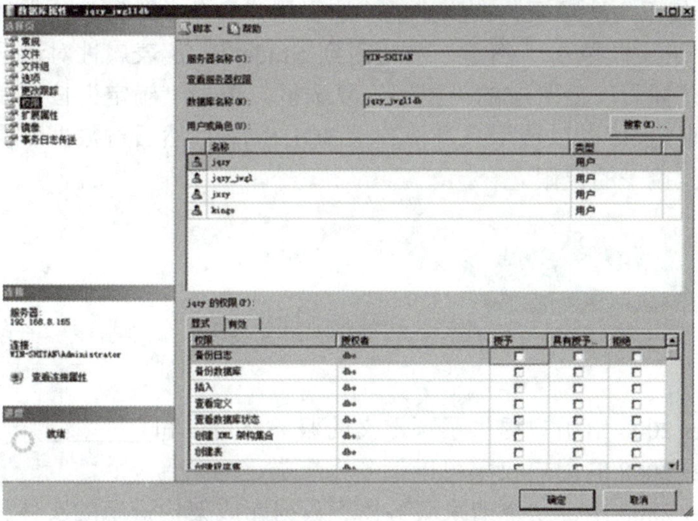

图 10-14　“数据库属性-Student”对话框

（3） 在用户或角色栏中选择需要授予权限的用户 wtest，在下方列出的列表中找到相应的权限，选择“创建表”权限对应的“授予”复选框。如果需要授予权限的用户在列出的用户列表中不存在，则可以单击“添加”按钮将该用户添加到列表中再选择。选择用户后单击“有效权限”按钮可以查看该用户在当前数据库中有哪些权限。

（4） 单击“确定”按钮即可完成对权限的授予。

【例 10-26】给数据库用户 wtest 授予 StudentInfo 表上查询和插入的对象权限。

（1） 以系统管理员身份登录到 SQL Server Management Studio，在“对象资源管理器”中依次展开“数据库”|Student|“表”|StudentInfo，选择 StudentInfo 学生表，右击。

（2） 在弹出的快捷菜单中选择“属性（R）”命令，弹出如图 10-15 所示的“表属性-StudentInfo”对话框。

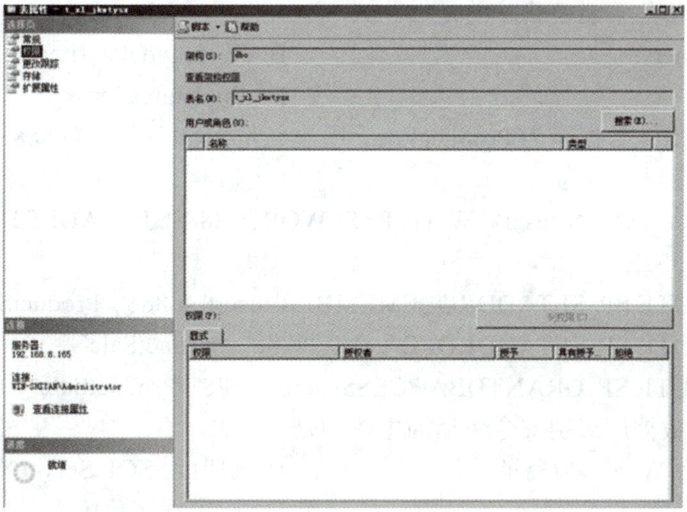

图 10-15　“表属性-StudentInfo”对话框

（3） 选择“权限”选项页，在弹出的“选择用户和角色”窗口中单击“浏览”按钮，选择需要的用户 wtest，单击“确定”按钮回到 StudentInfo 表属性对话框。在权限列表中选择“选择”和“插入”后对应的“授予”复选框，单击“确定”按钮完成授权。

用户授予权限后，可以以该用户身份登录 SQL Server，然后对数据库执行相关的操作，以测试是否得到已授予的权限。

习　题

一、填空题

1. SQL Server 2008 给用户提供了预定义的服务器角色和________。
2. SQL Server 2008 的用户权限可以划分为三类：________、________和________。
3. SQL Server 2008 中，一个请求服务器、数据库或架构资源的实体称为________，它具有唯一的________。
4. 对于表和视图，拥有者可以授予数据库用户 INSERT、UPDATE、DELETE、和________五种权限。
5. SQL Server 登录有两种模式，分别是________和________。

二、选择题

1. 下列选项中属于 Windows 身份验证模式的是（　）。

A. BUILTIN\ZHT　　B. PYP\Hoker.som

C. PYP\ZHT　　D. dbo

2. SQL Server 2005 的 sysusers 表所在的数据库为（　）。

A. master 数据库　　B. 所有用户创建的数据库

C. 所有数据库　　D. 注册表

3. 在数据库角色不能被删除的是（　）。

A. db_owner　　B. db_denydatawriter

C. public　　D. db_datarcader

4. 创建一个默认数据库为 ProductSale，用户名是 userl，密码为 8888 的 SQL Server 身份验证连接，使用语句应为（　）。

A. CREATE LOGIN tuserl', WITH PASSWORD '8888', DEFAULT DATABASE= ProductSale

B. EXECUTE SP_SETADDROLEMEMBER tuserl', '8888', 'ProductSale'

C. EXECUTE SP_SETADDROLE 'userl', '8888', 'ProductSale'

D. EXECUTE SP_GRANTDBACCESSuserl', '8888', 'ProductSale'

5. 下列属于数据库级别安全包括的主体的是（　）。

A. 映射为 Windows 登录　　B. 映射为 SQL Server 登录

C. 数据库角色　　D. 应用程序角色

实训项目

一、练习数据库的身份验证

实验目的：了解 SQL Server 2008 的安全特性、掌握 SQL Server 2008 的验证模式、创建 Windows 登录账户的方法、创建 SQL Server 登录账户的方法。

实验任务：为 Windows 用户授权登录 SQL Server 2008。

实验提示：

（1） 在 Windows 操作系统中，通过计算机管理新建一个 Windows 用户 juice。

（2） 启动 SSMS 后，新建一个查询，打开查询窗口。

（3） 通过命令方式为用户 juice 授权登录 SQL Server 2008，并使该用户登录后的默认数据库为 ProductSale。

（4） 注销 Windows 操作系统，并以 juice 用户登录到 Windows，启动 SQL Server 2008 的 SQL Server Management Studio，以 Windows 身份验证方式登录到 SQL Server 2008。

（5） 观察如果在上一步中选择“SQL Server 身份验证”进行连接是否可以登录 SQL Server 2008 成功。

二、映射数据库用户

实验目的：了解数据库用户的概念，掌握数据库用户的创建过程和使用。

实验任务：为产品销售管理系统数据库创建关联的登录账户。

实验提示：

（1） 启动 SSMS 后，新建一个查询，打开查询窗口。

（2） 创建名为 happyjuice 的数据库用户并将其映射到 juice 登录账户。

（3） 在“对象资源管理器”中查看 happyjuice 数据库用户是否创建成功，并通过其属性了解该用户的信息。

（4）以 juice 用户的身份重新启动 SSMS，打开一个新的查询窗口，执行 SELECT USER 语句，查看当前用户的情况。

（5） 执行查询 Customer 客户表和创建新表的语句，观察查询和创建的操作能否成功执行。

三、为数据库用户创建角色

实验目的：了解数据库角色的概念，掌握数据库角色的创建过程和使用。

实验任务：为 ProductSale 数据库的用户创建角色。

实验提示：

（1） 启动 SSMS 后，新建一个查询，打开查询窗口。

（2） 创建一个名为 PS_Role 的数据库角色，并使用 dbo 的架构。

（3） 将数据库用户 happyjuice 添加到 PS Role 的数据库角色中。

（4） 使用 SSMS 图形化方法，在“对象资源管理器”中验证上述操作的正确性。

四、为数据库用户授权

实验目的：了解 SQL Server 2008 的权限，掌握使用命令方式和使用图形工具管理权限。

实验任务：为数据库用户 juice 授予权限。

实验提示：

（1） 启动 SSMS 后，新建一个查询，打开查询窗口。

（2） 为数据库用户 happyjuice 授予在 Product 产品表上执行查询的权限。

（3） 为数据库用户 happyjuice 授予在 Customer 客户表上执行查询的权限。

（4） 为数据库用户 happyjuice 授予在 Order 订单表上执行查询、插入、修改和删除的权限。

（5） 以 juice 用户的身份登录到 SQL Server，并测试上面所赋予他的权限能否成功地执行。

五、删除数据库用户和角色

实验目的：了解预定义数据库角色，掌握标准登录的使用、数据库用户的操作和数据库角色的操作。

实验任务：使用 SSMS 图形化方式删除数据库用户和角色。

实验提示：

（1） 连接到 SQL Server 2008 服务器，在“对象资源管理器”的“数据库角色”节点下选择 PS Role 角色。

（2） 通过“属性”命令，打开“数据库角色属性”对话框，在“此角色的成员”列表中单击并选择 happyjuice 成员，单击“删除”按钮再单击“确定”按钮返回。

（3） 右击“对象资源管理器”中的 PS Role 角色节点，选择“删除”命令，打开“删除对象”对话框，单击“确定”按钮删除角色。

（4） 使用相同的方法，在“对象资源管理器”中的“用户”节点下对 juice 用户进行删除操作。

参考文献

[1] 姚永一．SQL Server 数据库实用教程[M]．北京：电子工业出版社，2010．

[2] 高云，崔艳春．SQL Server 2008 数据库技术实用教程[M]．北京：清华大学出版社，2011．

[3] 何玉洁，梁琦．数据库原理与应用（第二版）[M]．北京：机械工业出版社，2011．

[4] 壮志剑．数据库原理与 SQL Server[M]．北京：高等教育出版社，2008．

反侵权盗版声明

电子工业出版社依法对本作品享有专有出版权。任何未经权利人书面许可，复制、销售或通过信息网络传播本作品的行为；歪曲、篡改、剽窃本作品的行为，均违反《中华人民共和国著作权法》，其行为人应承担相应的民事责任和行政责任，构成犯罪的，将被依法追究刑事责任。

为了维护市场秩序，保护权利人的合法权益，我社将依法查处和打击侵权盗版的单位和个人。欢迎社会各界人士积极举报侵权盗版行为，本社将奖励举报有功人员，并保证举报人的信息不被泄露。

举报电话：（010）88254396；（010）88258888

传　　真：（010）88254397

E-mail：　dbqq@phei.com.cn

通信地址：北京市万寿路南口金家村 288 号华信大厦

电子工业出版社总编办公室

邮　　编：100036